危险化学品从业人员安全培训教材

主编　方文林

中国石化出版社

内 容 提 要

本书从危险化学品基础管理、法规标准、生产安全、储运与经营安全、使用安全、设备安全和应急处置等方面全面系统介绍了危险化学品相关知识，最后一章是危险化学品相关案例。

本书适用于危险化学品企业相关领导、安全管理人员和作业人员培训使用，可作为危险化学品相关科研院所和大专院校相关专业学生的教材，也可供国家各级政府应急管理部门危险化学品监管人员参考。

图书在版编目(CIP)数据

危险化学品从业人员安全培训教材 / 方文林主编.
— 北京 ：中国石化出版社，2020.4（2024.5 重印）
ISBN 978-7-5114-5756-1

Ⅰ. ①危… Ⅱ. ①方… Ⅲ. ①化工产品-危险物品管理-安全培训-教材 Ⅳ. ①TQ086.5

中国版本图书馆 CIP 数据核字(2020)第 058794 号

中国石化出版社出版发行

地址：北京市东城区安定门外大街 58 号
邮编：100011　电话：(010)57512500
发行部电话：(010)57512575
http://www.sinopec-press.com
E-mail:press@sinopec.com
北京科信印刷有限公司印刷
全国各地新华书店经销

*

787毫米×1092 毫米 16 开本 13.75 印张 332 千字
2020 年 5 月第 1 版　2024 年 5 月第 2 次印刷
定价：49.00 元

《危险化学品从业人员安全培训教材》

编　委　会

主　　编： 方文林

编写人员： 方文林　方铂中　綦长茂　马洪金

鲜爱国　张鲁涛

审稿专家： 李东洲　常云海

前言

PREFACE

目前世界上所发现的化学品已超过1000余万种，在为人类生产生活提供必要便利的同时，不少化学品固有的易燃、易爆、有毒、有害的危险特性也给人类生存带来了一定的威胁。在危险化学品的生产过程中，由于对危险化学品的管理、防护不当及生产过程固有的危险性，发生事故的总起数和死亡人数占危险化学品事故的近八成。可以说，这些事故的发生，严重损害人体健康，同时造成财产损毁、生态环境污染，因此，严格控制危险化学品生产、经营、使用、储运等企业的准入，全面提高危险化学品从业单位的安全生产水平，准确执行危险化学品相关标准，严格按照企业取得生产许可应具备的基本条件设立企业，就成了重中之重。

危险化学品生产、经营、使用企业“新改扩”建设项目必须符合“三同时”制度的要求，必须提高生产、经营、使用、储运设施的安全技术水平，提高国家重点监管的危险化工工艺、典型化学反应基本安全技术水平，提高从物料输送、加热过程等12个化工单元操作的基本操作技术水平，加强对生产装置开工、停工的安全监控管理。危险化学品重大危险源的生产、经营、使用设施还必须强化安全监控技术，并与应急指挥平台的建设有机地融为一体。

近年来，国内外曾发生多起在使用危险化学品过程中发生的泄漏、燃烧、爆炸、中毒等安全生产事故或环境污染事故，造成大量人员伤亡、环境污染和财产损失。危险化学品的使用单位量大且普遍存在，必须加强使用危险化学品的化工行业和非化工行业安全生产工作，全面落实危险化学品的使用单位主体责任和政府主管部门监管责任，建立、健全使用危险化学品的安全管理规章制度和安全操作规程，保证危险化学品的安全使用。危险化学品使用过程的安全控制措施、技术措施和管理措施，对于保证工作场所使用危险化学品安全至关重要。

一个好的包装，将会很好地保护危险化学品，防止或减少运输过程中的破损，使危险化学品安全地到达用户手中。包装方法得当，就会降低储存、运输中的事故发生率，否则，就有可能导致重大事故。危险化学品必须储存在经公安部门批准设置的专门的危险化学品仓库中，经销部门自管仓库储存危险化学品及储存数量必须经公安部门批准，并根据危险品性能分区、分类、分库储存。应根据“谁使用、谁维护、谁负责”的原则，实行“定人员、定设备、定责任、定目标”管理，确保设备完好，实现安全运行。

涉危企业、大专院校、科研单位等的实验室工作时会使用大量危险化学品，有些实验室还会使用剧毒化学品，使用危险化学品总量较大，品种涉及7大类1000余种。实验室在使用危险化学品过程中所涉及的采购、使用、储存、废弃物处置等环节存在问题较多，实验室内危险化学品的储存不规范，有的储存量过多等原因，造成事故隐患很多，也曾发生过多起安全事故，必须做好实验室、试剂间、气瓶间的安全储存和管理。

危险化学品运输包括公路运输、铁路运输、水路运输、航空运输等，其中道路运输约占运输总量的30%左右。据统计，我国95%以上的危险化学品涉及异地运输问题，例如液氨的年流动量达80多万吨，液氯的年流动量达170多万吨，其中80%是通过公路运输的。国内外统计表明，危险化学品运输事故占危险化学品事故总数的30%~40%。为此，我国在危险货物运输法规制定和宣传、建设项目立项、运输经营的管理、运输过程中的申报、检验、现场安全监督检查，以及技术培训和消防应急演练等各方面初步形成了一整套管理体系，并取得了一定的管理成效和经验。管道运输由于其方便、快捷、成本低、安全性高等特点，成为危险化学品运输的五种方式之一，例如天然气长输管道(西气东输)、厂际之间的乙烯、丙烯管道、成品油输送管道等。因此，加强危险化学品管道运输的安全管理也成为安全监管人员一项重要的工作。

企业设备设施大型化、密集化、关联化程度越来越高，安全风险将由单一风险向关联风险转变，危险化学品生产安全面临着前所未有的新形势和新挑战。设备设施是危险化学品企业生产、经营、储运、使用的主要组成部分，其本质安全水平和运行状况直接影响到企业的安全生产。2015年4月6日18时56分，某公司发生火灾爆炸事故，起因是芳烃装置和周边的常压渣油储罐发生漏油着火。设备是现代生产的核心，然而，随着生产率的提高，设备又给生产现场带来危险。

发生事故必须启动应急管理，开展救援，这是企业安全生产的最后一道关口。企业应急管理就是对企业生产经营中的各种安全生产事故和可能给企业带来人员伤亡、财产损失的各种外部突发公共事件，以及企业可能给社会带来损害的各类突发公共事件的预防、处置和恢复重建等工作，是企业管理的重要组成部分。

为了防止和减少生产安全事故，保障人民群众生命和财产安全，针对从事危险化学品生产、经营、储存、运输、使用、废弃处理的企业日常安全管理、应急管理和突发事件的处置，编者联合《危险化学品从业人员安全培训系列教材》丛书的写作专家，对我国的危险化学品安全生产技术、经营技术、使用技术、储运技术、设备安全技术和应急处置技术进行了全面的归类梳理，编写了《危险化学品从业人员安全培训教材》，对危险化学品企业的安全、应急管理要求和具体内容进行了归纳整理，由浅至深，由表及里；结合理论实际，汇集案例法规；既着眼微观，囊括技术细节，又放眼宏观，展望发展方向。

由于时间仓促和水平有限，书中不妥之处请读者提出宝贵意见和建议，以便再版时修正。

CONTENTS 目录

第一章　危险化学品基础管理

第一节　危险化学品基础知识

人类在日常生活和生产活动中接触多种化学品，由于各种化学品的组成和分子结构不同，性质也就各不相同。掌握化学品的一般知识，了解物质的一般结构和理化性质的规律，有助于正确认识危险化学品的性质。

化学品是指各种化学元素构成的单质、由单质组成的化合物及其混合物，包括天然的或者人造的。化学元素组成的最小单位是原子，原子由原子核和电子组成。

危险化学品指具有毒害、腐蚀、爆炸、燃烧、助燃等性质，对人体、设施、环境具有危害的剧毒化学品和其他化学品。

危险货物是指容易引起燃烧、爆炸、腐蚀、中毒或有放射性的物品，在运输、储存过程中容易造成人身伤亡和财产损失，必须采用特殊防护设施与措施的货物。

剧毒化学品指具有剧烈急性毒性危害的化学品，包括人工合成的化学品及其混合物和天然毒素，还包括具有急性毒性易造成公共安全危害的化学品。

民用爆炸品、放射性物品、核能物质和城镇燃气不属于危险化学品。

纯净物由同一种分子构成，包括单质和化合物。危险化学品的纯度与安全性有很大关系，有的越纯越危险，有的则相反。在日常工作中应该注意化学品的纯度问题。

由同种元素构成的物质称为单质，如纯粹的硫、磷、金、铜等。单质可分为金属和非金属两类，金属具有导电性和延展性，有特殊的金属光泽，其中铁、锰、铬称为黑色金属，黑色金属以外的称为有色金属。非金属不易导电(炭除外)，无延展性，绝大多数没有金属光泽，除溴以外，常温下为固态或气态。

由两种或两种以上元素经化学反应产生的化学物质称为化合物，化合物又分为无机化合物与有机化合物两类。无机化合物是分子中不含碳原子的化合物以及碳酸盐和无机氰化物等，例如无机氧化物、酸、碱、盐；有机化合物是指分子结构中含有碳原子的化合物(无机碳酸盐和无机氰化物除外)，有机化合物的品种繁多，占所有化合物中的大多数。

由两种或两种以上纯净物混合在一起所组成的物质称为混合物，混合物中各物质仍保持各自原有的理化性质。

有些化学物质的混合物会大大增加燃烧爆炸危险，例如，氧化剂硝酸钾与易燃固体硫黄、还原性物质木炭三者加水磨匀晾干即为黑火药。因此化学物品不得随意混合。

一、危险化学品的辨识方法

列入《危险化学品目录》(2015 版)的化学品就属于危险化学品或剧毒化学品。安全监管总局会同工业和信息化部、公安部、生态环境部、交通运输部、农业农村部、国家卫生计生委、质检总局、铁路局、民航局制定了《危险化学品目录》(2015 版)，于 2015 年 2 月 27 日以 2015 年第 5 号公告予以发布，2015 年 5 月 1 日起实施。

《危险化学品目录》(2015 版)，除列明的 2827 条目属于危险化学品或剧毒化学品外，符合第 2828 条规定的相应条件的，均属于危险化学品。其中最后一条"2828 含易燃溶剂的合成树脂、油漆、辅助材料、涂料及其他制品(闭杯闪点≤60℃)"，属于类属条目，表示的是含易燃溶剂的若干条目。

二、常用危险化学品分类及其特性

在对危险化学品进行分类时，掌握"择重归类"的原则，即根据该化学品的主要危险性来进行分类。

化学品分类及标记全球协调制度(Global Harmonization of Hazard Classification and Labeling Systems，缩写 GHS)是 1992 年由联合国正式提出，建议各国应开展国际间化学品分类与标记协调工作，以减少化学品对人类和环境造成的危险，以及减少化学品跨国贸易时必须符合各国不同分类与标记的要求所产生的成本。旨在对世界各国不同的危险化学品分类方法进行统一，最大限度地减少危险化学品对人类健康和环境造成的危害。

根据联合国《化学品分类及标记全球协调制度》(GHS_ 2011 年第四修订版)对危险化学品危险性分类及公示的要求，2013 年国家标准化委员会发布了新版的《化学品分类和标签规范》系列国家标准(GB 30000. 2—2013~GB 30000. 29—2013)，从理化危险、健康危险和环境危险三个方面，将危险品分为 28 大类，其中包括 16 个理化危险性分类种类，10 个健康危害性分类种类以及 2 个环境危害性分类种类。具体分类如下：

(1)物理化学危害(共 16 类)：①爆炸物；②易燃气体；③易燃气溶胶；④氧化性气体；⑤压力下气体；⑥易燃液体；⑦易燃固体；⑧自反应物质；⑨自燃液体；⑩自燃固体；⑪自热物质；⑫遇水放出易燃气体的物质；⑬氧化性液体；⑭氧化性固体；⑮有机过氧化物；⑯金属腐蚀物。

(2)健康危害(共 10 类)：①急性毒性；②皮肤腐蚀/刺激；③严重眼睛损伤/眼睛刺激性；④呼吸或皮肤过敏；⑤生殖细胞突变性；⑥致癌性；⑦生殖毒性；⑧特异性靶器官系统毒性一次接触；⑨特异性靶器官系统毒性反复接触；⑩吸入危险。

(3)环境危害(共 2 类)：①危害水环境物质；②危害臭氧层物质。

《危险货物分类和品名编号》(GB 6944—2012)按危险货物具有的危险性或最主要的危险性分为爆炸品、气体、易燃液体、易燃固体和易于自燃的物质及遇水放出易燃气体的物质、氧化性物质和有机过氧化物、毒性物质和感染性物质、放射性物质、腐蚀性物质、杂项危险物质和物品九大类，共 21 项。

三、危险化学品的标志

危险化学品的种类、数量较多，危险性也各异，为了便于对危险化学品的运输、储存及使用安全，有必要对危险化学品进行标识。危险化学品的安全标志是通过图案、文字说明、颜色等信息鲜明、形象、简单的表征危险化学品危险特性和类别，向作业人员传递安全信息的警示性资料。

《化学品分类和危险性公示 通则》(GB 13690—2009)中规定下列了危险符号是 GHS 中应当使用的标准符号，见图 1-1。

象形图			
符号名称	爆炸弹	火焰	圆圈上方火焰
代码	GHS01	GHS02	GHS03
象形图			
符号名称	高压气瓶	腐蚀	骷髅和交叉骨
代码	GHS04	GHS05	GHS06
象形图			
符号名称	感叹号	健康危害	环境
代码	GHS07	GHS08	GHS09

图 1-1　GHS 中应当使用的标准符号

GHS 使用的所有危险象形图都应是设定在某一点的方块形状，应当使用黑色符号加白色背景，红框要足够宽，以便醒目。

四、监控化学品(化学武器)

“化学武器”是合指或单指以下几种：

(1) 有毒化学品及其前体，但预定用于《禁止化学武器公约》(全称《关于禁止发展、生产、储存和使用化学武器及销毁此种武器的公约》)，不加禁止的目的者除外，只要种类和数量符合此种目的；

(2) 经专门设计通过使用而释放出的(1)项所指有毒化学品的毒性造成死亡或其他伤害的弹药和装置；

(3) 经专门设计其用途与本款(2)项所指弹药和装置的使用直接有关的任何设备。

“前体”是指在以无论何种方法生产一有毒化学品的任何阶段参与此一生产过程的任何化学反应物。其中包括二元或多元化学系统的任何关键组分。

监控化学品类别包括：

第一类：可作为化学武器的化学品；

第二类：可作为生产化学武器前体的化学品；

第三类：可作为生产化学武器主要原料的化学品；

第四类：除炸药和纯碳氢化合物外的特定有机化学品。“特定有机化学品”是指可由其化学名称、结构式和化学文摘社登记号辨明的属于除碳的氧化物、硫化物和金属碳酸盐以外的所有碳化合物所组成的化合物族类的任何化学品。

上述各类监控化学品的名录由国务院主管部门提出，报国务院批准后公布。

五、易制毒化学品

《易制毒化学品管理条例》是对易制毒化学品的管理条例，自 2005 年 11 月 1 日起实施。共有八章四十五条。

国家对易制毒化学品的生产、经营、购买、运输和进口、出口实行分类管理和许可制度。易制毒化学品分为三类。第一类是可以用于制毒的主要原料。第二类、第三类是可以用于制毒的化学配剂。第三类是甲苯、丙酮、甲基乙基酮、高锰酸钾、硫酸、盐酸等。易制毒化学品的具体分类和品种，由《易制毒化学品的分类和品种目录》(2018 年版)列示。

六、易制爆化学品

“易制爆”化学品是指其本身不属于爆炸品，但是可以作为原料或辅料而制成爆炸品的化学品。易制爆化学品由《易制爆危险化学品名录》(2017 年版)列示。

七、高毒、剧毒品

毒物具有以下基本特征：①对机体不同水平的有害性(但具备有害性特征的物质并不全是毒物，如单纯性粉尘)；②经过毒理学研究之后确定的；③必须能够进入机体，与机体发生有害的相互作用。具备上述三点才能称之为毒物。而毒物造成机体损害的能力称为毒性。

按 WHO 急性毒性分级标准，将毒物分为剧毒、高毒、中等毒、低毒、微毒五级。

(1) 剧毒：毒性分级 5 级。成人致死量：小于 0.05g/kg 体重；60kg 成人致死总量：0.1g。

(2) 高毒：毒性分级 4 级。成人致死量：0.05～0.5g/kg 体重；60kg 成人致死总量：3g。

(3) 中等毒：毒性分级 3 级。成人致死量：0.5～5g/kg 体重；60kg 成人致死总量：30g。

(4) 低毒：毒性分级 2 级。成人致死量：5～15g/kg 体重；60kg 成人致死总量：250g。

(5) 微毒：毒性分级 1 级。成人致死量：大于 15g/kg 体重；60kg 成人致死总量：大于 1000g。

中华人民共和国职业危害程度分级以毒性、扩散性、蓄积性、致癌性、生殖毒性、致命性、刺激与腐蚀性、实际危害后果进行分级，中华人民共和国职业卫生标准《职业性接触毒物危害程度分级》(GB Z230—2010)将毒物分为极度危害、高度危害、中度危害、轻度危害和轻微危害五种级别。

剧毒化学品定义为具有非常剧烈毒性危害的化学品，包括人工合成的化学品及其混合物(含农药)和天然毒素。剧毒化学品毒性判定界限为大鼠试验，经口 $LD_{50} \leq 50mg/kg$，经皮 $LD_{50} \leq 200mg/kg$，吸入 $LC_{50} \leq 500ppm$(气体)或 2.0mg/L(蒸气)或 0.5mg/L(尘、雾)。经皮 LD_{50} 的试验数据，可参考兔试验数据。

剧毒化学品由《危险化学品目录》(2015 版)列示，剧毒品的数量为 148 种，比较典型和常见的有 54 种。

八、重点监管的危险化学品

2011 年 6 月，国家安全监管总局分别公布两批重点监管的危险化学品名录：首批重点监管的危险化学品共 60 种，第二批重点监管危险化学品共 14 种。

九、危险化学品重大危险源

1. 危险化学品重大危险源的辨识方法

危险化学品重大危险源是指长期或临时地生产、加工、搬运、使用或储存危险物质，且危险物质的数量等于或超过临界量的单元(包括场所和设施)。危险化学品重大危险源的判别以列入《危险化学品重大危险源辨识》(GB 18218—2018)且单元内达到临界量的化学品为准。

《危险化学品重大危险源辨识》(GB 18218—2018)将重大危险源分为生产单元和储存单元分别辨识，生产单元包括生产装置和设施，以切断阀作为分割界限划分为独立的单元；储存单元包括储罐区和仓库，储罐区以罐区防火堤为界限划分为独立的单元，仓库以独立库房(独立建筑物)为界限划分为独立的单元。危险化学品实际存在量按照设计最大量确定。危险化学品混合物的处理方法：如果混合物与其纯物质属于相同危险类别，则视为纯物质，按混合物整体进行计算；如果混合物与其纯物质不属于相同危险类别，则应按新危险类别考虑临界量。

危险化学品重大危险源的辨识依据是危险化学品的危险特性及其数量。依据 GB 18218—2018 标准中临界量和企业实际储存量进行计算。

计算公式：

$$S=q_1/Q_1+q_2/Q_2+\cdots+q_n/Q_n\geqslant 1$$

式中 q_1，q_2，…，q_n——每一种危险物品的实际储存量；

Q_1，Q_2，…，Q_n——对应危险物品的临界量。

单元内存在的危险化学品为单一品种，该危险化学品的数量即为单元内危险化学品的总量，若等于或超过相应的临界量，则定为重大危险源；单元内存在的危险化学品为多品种时，则按上式计算，若上式值大于等于 1，则定为重大危险源。

2. 重大危险源分级

重大危险源分级的目的在于按其危险性进行初步排序，便于对重大危险源的安全评估、监测监控、应急演练周期等安全管理工作提出不同的要求，也便于各级安全监管部门根据重大危险源级别进行重点监管。

GB 18218—2018 根据危险程度将重大危险源由高到低划分为一级、二级、三级、四级四个级别，取代了《危险化学品重大危险源监督管理暂行规定》对重大危险源的分级标准。考虑到重大危险源分级方法属于具体的技术性和专业性内容，该标准在条文中直接明确重大危险源分级方法，确定了分级指标及其计算方法，以及分级标准。

(1)重大危险源分级的原则

采用单元内各种危险化学品实际存在量与其在 GB 18218—2018 中规定的临界量比值，经校正系数校正后的比值之和 R 作为分级指标。

(2)R 的计算方法

$$R=\alpha\left(\beta_1\frac{q_1}{Q_1}+\beta_2\frac{q_2}{Q_2}+\cdots+\beta_n\frac{q_n}{Q_n}\right)$$

式中 q_1，q_2，…，q_n——每种危险化学品实际存在量，t；

Q_1，Q_2，…，Q_n——与各危险化学品相对应的临界量，t；

β_1，β_2…，β_n——与各危险化学品相对应的校正系数；

α——该危险化学品重大危险源厂区外暴露人员的校正系数。

(3)分级标准

根据计算出来的 R 值，按表 1-1 确定危险化学品重大危险源的级别。

表 1-1　危险化学品重大危险源级别和 R 值的对应关系

危险化学品重大危险源级别	R 值	危险化学品重大危险源级别	R 值
一级	$R\geq100$	三级	$50>R\geq10$
二级	$100>R\geq50$	四级	$R<10$

第二节　危险化学品危害

一、危险化学品的理化危害

1. 可燃气体的火灾危险性与理化性质的关系

(1) 爆炸极限下限越低、范围越宽，火灾危险性越大。爆炸极限是衡量可燃气体危险性的主要指标，不同品种的可燃气体，它们的爆炸极限各不相同。乙炔的爆炸极限为2%~80%，氢为4%~75%，丙烷为2.1%~9.5%，氨为15.7%~27.4%，所以它们的危险性依次是：乙炔>氢>丙烷>氨。爆炸极限下限越低，形成爆炸的条件越容易；爆炸极限越宽，形成爆炸浓度的机会越多，因此火灾危险性也越大。

(2) 着火能量越小，火灾危险性越大。可燃气体的着火能量都比较小，但是不同品种的可燃气体的最小着火能量可相差一二十倍，氢的最小着火能量为0.019MJ，甲烷为0.28MJ。所以氢气的火灾危险性比甲烷大。

(3) 化学性质越活泼，火灾危险性越大。含有双键(如乙烯)和三键(如乙炔)的可燃气体化学性质活泼，极易与卤素等起加成反应，放出热量，且易聚合，发生燃爆危险。

(4)具有氧化剂性质、稳定性差。易分解的可燃气体(如环氧乙烷)危险性大，一旦与其他可燃气体相混，易发生燃烧爆炸。因此应严防泄漏，防止与其他可燃气体相混。

(5)可燃气体的密度与危险性的关系。气体越轻，越容易迅速上升扩散而消失，火灾危险性相对小些。若可燃气体的密度与空气接近，或比空气大，容易在局部积聚，形成爆炸性混合物不易散失，从而使火灾危险性增加。

2. 易燃液体的火灾危险性与理化性质的关系

(1) 闪点越低，火灾危险性越大。可燃液体与易燃液体是以闪点作为划分标准的，闪点≤61℃的可燃液体称为易燃液体；闪点>61℃的即为可燃液体。闪点低，表示在很低的温度下就能闪燃，因此该液体容易着火燃烧。

(2) 密度小，火灾危险性较大。一般说来，液体的密度越小，蒸发速度越快，越容易使空气中的蒸气浓度增加而危险性也增加。同样原理，沸点越低，危险性也就越大。

(3)着火能量越小，火灾危险性越大。一般易燃液体的最小着火能量在0.2~0.8MJ之间，但是也有更小的，例如二硫化碳(CS_2)的最小着火能量仅为0.0019MJ。因此虽然二硫化碳的密度大(比水重)，但仍极危险。一般加水使液面上有水层封闭，以减少危险性。

3. 易燃固体的危险性与理化性质的关系

(1) 越易进行氧化反应，火灾危险性越大。例如，赤磷等极易与氧迅速反应而猛烈燃烧，危险性大。

(2) 本身可燃，具有还原剂倾向，性质不稳定，容易起氧化还原反应的，火灾危险性大。例如，氨基钠等遇明火猛烈燃烧，甚至有爆炸危险，因为氨基钠具有较强的还原剂性质，增加火灾危险性。

(3) 燃烧时，物质分子越容易分解，火灾危险性越大。例如，硝化棉、二硝基化合物等燃烧时分子迅速分解，迅速放出热量，使燃烧变得十分猛烈，危险性大。

(4) 粉末状物质，又容易被空气氧化的，火灾危险性大。锰粉、铝粉、硫黄粉等易氧化，粉尘表面积大，飞扬时与空气大面积接触，燃烧速度就快，往往发生爆炸。

4. 爆炸物品的危险性与理化性质的关系

(1) 对摩擦、撞击敏感度越高，分解速度越快，爆炸危险性越大。例如，利用质量为10kg的落锤、落高25cm的落锤机试验100次，泰安爆炸100次，苦味酸为24~32次，TNT为4~12次，所以爆炸危险性为：泰安>苦味酸>TNT。

对于一般爆炸品，分解速度越快，危险性越大。例如，TNT爆炸时分解速度较铵油炸药快，所以TNT的危险性较铵油炸药大。

(2) 对温度越敏感，危险性越大。例如，TNT的爆炸温度为300℃，而雷汞仅为165℃，后者在较低的温度下就能起爆，所以危险性较前者大。

(3) 爆炸物品分子结构中官能团的性质越不稳定，越易分解，危险性越大。例如，含乙炔基(—C ═C—)的乙炔银(AgC ═CAg)较含亚硝基(—N—O)的亚硝基苯酚更加危险，因为乙炔基较亚硝基更加不稳定，更易分解。

5. 氧化性物质的危险性与理化性质的关系

(1) 对元素而言，非金属性越强，夺取电子的能力越强，氧化性就越强，危险性越大。例如，氟的非金属性较碘强，所以氟较碘更危险。

(2) 带正电荷越多的离子，越容易夺得电子，氧化性越强，危险性越大。例如，4价的锡离子较2价的锡离子氧化性强，危险性也较大。

(3) 化合物中元素的化合价越高，氧化性越强，危险性也较高。例如，亚硝酸钠中的氮原子为正3价，在硝酸钠中氮原子为正5价，所以硝酸钠较亚硝酸钠的危险性大。

(4) 分子结构中含有活泼的金属原子或活泼的非金属原子，氧化性强，危险性也大。例如，氯酸钾中的氯原子较溴酸钾中的溴原子活泼，因此氯酸钾的危险性较溴酸钾大；又如，氯酸钾中的钾原子较氯酸镁中的镁原子活泼，所以氯酸钾的危险性较氯酸镁大。

(5) 与酸反应越剧烈的氧化剂危险性越大。例如，高锰酸钾与浓硫酸剧烈反应，有爆炸危险；有机过氧化物含有过氧基，容易分解放出氧，也有一定的氧化作用，因为其分子结构中含有碳和氢原子，物质本身进行氧化还原反应，极易发生燃烧爆炸，危险性很大。

6. 遇湿易燃物品的危险性与理化性质的关系

(1) 物质的性质越活泼，与水反应越激烈，短期放出大量的热量与氢，越易发生燃烧爆炸，危险性越大。例如，金属钠与水反应剧烈，金属钙相对温和，所以金属钠较金属钙的危险性大。

（2）本身越不稳定的遇湿易燃品危险性较大。例如，二硼氢不稳定，钠硼氢相对来说比较稳定，所以二硼氢的危险性较大。

7. 毒害物质的危险性与理化性质的关系

（1）溶解性。一般说来，在水中、油中均溶解的毒害物质，毒性最大；水中溶解，油中不溶，毒性第二；水中不溶，油中溶解，毒性第三；水中、油中均不溶，毒性最小。一般说来，毒性大，危险性也大，但并非绝对如此。

（2）中毒危险性。毒害品的中毒危险性与毒性并不成绝对正比，而与以下因素有关：沸点越低，挥发性越大，空气中的浓度就越高，容易中毒；粉尘越细、越轻，越容易吸入肺泡而吸收中毒；无嗅无味无色，越不易发觉，越容易中毒。例如，一氧化碳无嗅无色无味，中毒者甚多；而氨气臭味浓烈，中毒者较少。

（3）易燃、有机毒害物质遇火源或氧化剂引起燃烧，越易燃烧，燃烧时越能放出有毒气体的，危险性越大。例如，丙烯腈、二甲胺、敌敌畏等燃烧时放出有毒气体，危险性大。

（4）皮肤越容易吸收的毒害品，危险性越大。例如，苯容易通过皮肤吸收，危险性大。

（5）对皮肤的刺激、腐蚀性越大，危险性越大。例如，氟、Ⅱ硒酸钠等对皮肤有强烈腐蚀作用，所以危险性大。

8. 腐蚀性物品的危险性与理化性质的关系

（1）腐蚀性物品在水溶液中电离度越高，产生的氢离子或氢氧根离子浓度越高，酸碱性越强，危险性越大。例如，盐酸在水溶液中的电离度高，氢离子浓度大，而柠檬酸在水溶液中的电离度小，氧离子浓度小，所以盐酸的危险性较柠檬酸大。

（2）氧化性越强，危险性越大。例如，浓硝酸的氧化性强，而盐酸不论浓淡，均无氧化性，所以硝酸的危险性较盐酸大。

（3）腐蚀性物品与水作用越剧烈，危险性越大。例如，浓硫酸与水相混，作用剧烈，产生大量热，发生突沸甚至爆炸，而浓盐酸与水相混无此作用，故硫酸的危险性较盐酸大。

（4）与蛋白质作用越强烈，危险性越大。烧碱溶液能溶解蛋白质，故危险性大。甲醛非酸非碱，但能使蛋白质变性，因此被列为腐蚀性物品。

二、危险化学品的健康危害

1. 途径

毒物主要是以三种不同途径进入人体：

生命离不开呼吸，因此在工业生产中，通过呼吸吸入气体、蒸气或飘尘，再通过肺部吸收是毒物进入人体的最主要途径。其次，许多毒物通过与皮肤直接接触而被身体吸收。毒物也可经口腔、食道进入人体，但比较次要。

（1）呼吸道吸入

呼吸道是工业生产中毒物进入体内的最重要的途径。凡是以气体、蒸气、雾、烟、粉尘形式存在的毒物，均可经呼吸道侵入人体内。人的肺脏由亿万个肺泡组成，肺泡壁很薄，壁上有丰富的毛细血管，毒物一旦进入肺脏，很快就会通过肺泡壁进入血液循环而被运送到全身。通过呼吸道吸收最重要的影响因素是其在空气中的浓度，浓度越高，吸收越快。

(2) 皮肤吸收

在工业生产中，毒物经皮肤吸收引起中毒亦比较常见。皮肤是人体最大的器官，具有能和毒物接触的最大表面积。某些毒物可渗透过皮肤进入血液，再随血液流动到达身体的其他部位。甲苯等有机溶剂都是能被皮肤吸附并渗透的化学品，在油漆生产中使用的矿物溶剂等都是很容易经皮肤渗透的。脂溶性毒物经表皮吸收后，还须有水溶性，才能进一步扩散和吸收，所以水、脂都溶的物质(如苯胺)易被皮肤吸收。如果皮肤受到损伤，如切伤、擦伤或皮肤病变时，毒物更易通过皮肤进入体内。

(3) 消化道摄入

食入是毒物进入人体内的第三条主要途径。在工业生产中，毒物经消化道吸收多半是由于个人卫生习惯不良，手沾染的毒物随进食、饮水或吸烟等进入消化道。食入的另一种情况是毒物由呼吸道吸入后经气管转送到咽部，然后被咽下。

2. 毒物对人体的危害

毒物经吞食、吸入或皮肤接触进入人体后，累积达到一定的量，能与体液和器官组织发生生物化学作用或生物物理学作用，扰乱或破坏肌体的正常生理功能，引起某些器官和系统暂时性或持久性的病理改变，甚至危及生命。有毒物质对人体的危害主要为引起中毒。化学品的毒性效应可分成急性和慢性，取决于暴露的浓度和暴露时间的长短。毒物对人体的毒副作用因暴露的形式和类型不同又分为多种临床类型。

3. 毒物的职业危害因素

在生产工艺过程、劳动过程和工作环境中产生和(或)存在的，对职业人群的健康、安全和作业能力造成不良影响的一切要素或条件，统称为职业危害因素。职业病危害因素包括职业活动中存在的各种有害的化学、物理、生物因素以及在作业过程中产生的其他职业有害因素。一般可以将职业病危害因素理解成法律上认定的职业危害因素。

职业危害因素所致的各种职业性损害，包括工伤和职业性疾患，统称职业性病损，可由轻微的健康影响到严重的损害，甚至导致伤残或死亡，故必须加强预防。

职业性病疾包括职业病和职业有关疾病两大类。当职业危害因素作用于人体的强度与时间超过一定限度时，人体不能代偿其所造成功能性或器质性病理改变，从而出现相应的临床征象，影响劳动能力，这类疾病通称职业病。新修改的《中华人民共和国职业病防治法》规定："本法所称职业病，是指企业、事业单位和个体经济组织等用人单位的劳动者在职业活动中，因接触粉尘、放射性物质和其他有毒、有害因素而引起的疾病。""职业病的分类和目录由国务院卫生行政部门会同国务院应急管理部门、劳动保障行政部门制定、调整并公布。"

劳动者在生产过程中接触化学毒物所致的疾病状态称为职业中毒。如工人接触到一定量的化学毒物后，化学毒物或其代谢产物在体内负荷超过正常范围，但工人无该毒物的临床表现，呈亚临床状态，称为毒物的吸收，如铅吸收。

我国职业中毒人数在职业病发生人数中占有相当大的比例，是职业病防治重点。由于化学毒物的毒性、工人接触程度和时间、个体差异等因素，根据发病的快慢，职业中毒可表现为急性、亚急性、慢性和迟发型中毒。

职业中毒临床表现非常复杂，与中毒类型、毒物的靶器官有明确关系。有的毒物因其毒性大，蓄积作用又不明显，在生产事故中常引起急性中毒，如一氧化碳、硫化氢、氯气和光气等。2012 年 2 月 16 日 18 时，甘肃省某化工有限公司发生硫化氢中毒事故，造成 3 人死亡。有些毒物在生产条件下，常表现为慢性中毒，如金属类毒物。同一毒物，不同中毒类型对人体的损害有时可累及不同的靶器官，例如，苯急性中毒主要表现为对中枢神经系统的麻醉作用，而慢性中毒主要为造血系统的损害；镉和镉化合物引起的中毒也有急性、慢性中毒之分。吸入含镉气体可致呼吸道症状，经口摄入镉可致肝、肾症状。这些在有毒化学品对肌体的危害作用中是一种很常见的现象。此外，有毒化学品对肌体的危害尚取决于一系列因素和条件，如毒物本身的特性(化学结构、理化特性)，毒物的剂量、浓度和作用时间，毒物的联合作用，个体的敏感性等。总之，肌体与有毒化学品之间的相互作用是一个复杂的过程，中毒后的表现也多种多样。

职业中毒事故的发生，充分暴露出部分企业无视国家法律法规和劳动者生命健康，职业病危害预防责任和措施不落实，劳动者安全健康意识和防范能力差；一些地区非法违法生产经营的问题还比较突出，职业卫生监管工作还存在漏洞和薄弱环节。所以，我们安全监管执法人员要深刻吸取事故教训，杜绝此类事故再次发生，切实保护劳动者生命安全健康及其相关权益。

三、危险化学品的环境危害

随着化学工业的发展，各种化学品的产量大幅度增加，新化学品也不断涌现，人们在充分利用化学品的同时，也制造了大量的化学废物，其中不乏有毒有害物质。由于毫无控制的随意排放及化学品其他途径的泄放，严重污染了环境，并给人的生命带来威胁。

1. 毒物进入环境的途径

随着工农业迅猛发展，有毒有害污染源随处可见，而给人类造成的灾害要数有毒有害化学品为最重。化学品侵入环境的途径几乎是全方位的，其中最主要的侵入途径可分为以下四种：

① 人为施用直接进入环境。如农药、化肥的施用等。

② 生产废物排放。在生产、加工、储存过程中，作为化学污染物，以废水、废气和废渣等形式排放进入环境；

③ 事故排放。在生产、储存和运输过程中由于着火、爆炸、泄漏等突发性化学事故，致使大量有害化学品外泄进入环境；

④ 人类活动中废弃物的排放。在石油、煤炭等燃料燃烧过程以及家庭装饰等日常生活使用中直接排入或者使用后作为废弃物进入环境。

2. 对环境的危害

进入环境的有害化学物质会对人体健康和环境造成严重危害或潜在危险。

(1) 对大气的危害

① 破坏臭氧层

研究结果表明，含氯化学物质，特别是氯氟烃进入大气会破坏同温层的臭氧，另外，N_2O、CH_4 等对臭氧也有破坏作用。

臭氧可以减少太阳中的紫外线对地表的辐射，臭氧减少导致地面接收的紫外线辐射量增加，从而导致皮肤癌和白内障的发病率大幅提升。

② 导致温室效应

大气层中的某些微量组分能使太阳的短波辐射透过而加热地面，地面增温所放出的热辐射都被这些组分吸收，使大气增温，这种现象称为温室效应。这些能使地球大气增温的微量组分，称为温室气体。主要的温室气体有 CO_2、N_2O、CH_4、氟氯烷烃等，其中 CO_2 是造成全球变暖的主要因素。

温室效应产生的影响主要为使全球变暖和海平面的上升。全球海平面，在过去的百年里平均上升了 14.4cm，我国沿海地区的海平面平均上升了 11.5cm，海平面的升高将严重威胁低地势岛屿和沿海地区人民的生产和生活。

③ 引起酸雨

由于硫氧化物(主要为二氧化硫)和氮氧化物的大量排放，在空气中遇水蒸气形成酸雨，对动物、植物、人类等均会造成严重影响。

④ 形成光化学烟雾

光化学烟雾主要有两类：

a. 伦敦型烟雾

大气中未燃烧的煤尘、二氧化硫，与空气中的水蒸气混合并发生化学反应所形成的烟雾，称为伦敦型烟雾，也称为硫酸烟雾。1952 年 12 月 5~8 日，英国伦敦上空因受冷高压的影响，出现了无风状态和低空逆温层，致使燃煤产生的烟雾不断积累，造成严重空气污染事件，在一周内导致 4000 人死亡，“伦敦型烟雾”由此得名。

b. 洛杉矶型烟雾

汽车、工厂等排入大气中的氮氧化物或碳氢化合物，经光化学作用生成臭氧、过氧乙酸硝酸酯等，该烟雾称为洛杉矶型烟雾。20 世纪 40 年代初，美国洛杉矶市有汽车 250 多万辆，每天耗油约 1600×10^4L，向大气排放大量的碳氢化合物、氮氧化物、CO，汽车排出的尾气在日光作用下，形成臭氧、过氧乙酰酯酸酰为主的光化学烟雾。1946 年夏发生过一次危害，1954 年又发生过一次很严重的大气污染危害，在 1955 年的一次污染事件中，仅 65 岁以上的老人就死亡 400 多。

在我国兰州西固地区，氮肥厂排放的 NO_2、炼油厂排放的碳氢化合物，在光的作用下，也产生过光化学烟雾。

(2) 对土壤的危害

据统计，我国每年向陆地排放有害化学废物 2242×10^4t，由于大量化学废物进入土壤，可导致土壤酸化、土壤碱化和土壤板结。

(3) 对水体的污染

水体中的污染物概括地说可分为四大类：无机无毒物、无机有毒物、有机无毒物和有机有毒物。无机无毒物包括一般无机盐和氮、磷等植物营养物等；无机有毒物包括各类重金属(汞、镉、铅、铬)和氧化物、氟化物等；有机无毒物主要是指在水体中的比较容易分解的有机化合物，如碳水化合物、脂肪、蛋白质等；有机有毒物主要为苯酚、多环芳烃和多种人工合成的具积累性的稳定有机化合物，如多氯醛苯和有机农药等。有机物的污染特征是耗氧，有毒物的污染特征是生物毒性。

① 植物营养物污染的危害

含氮、磷及其他有机物的生活污水、工业废水排入水体，使水中养分过多，藻类大量繁殖，海水变红，称为“赤潮”。由于其造成水中溶解氧的急剧减少，严重影响鱼类生存。

② 重金属、农药、挥发酚类、氰化物、砷化合物等污染物可在水中生物体内富集，造成生物损害、死亡，破坏生态环境。

③ 石油类污染可导致鱼类、水生生物死亡，还可引起水上火灾。

第三节　危险化学品安全管理

一、危险化学品安全生产管理原理

危险化学品安全生产管理原理是把握安全生产规律，开展安全生产管理应遵循的基本法则，是分析、解决安全管理问题的基本思路。

1. 系统原理

指运用系统的观点、理论和方法对管理活动进行充分的系统分析，以达到管理的优化目标，即从系统论的角度来认识和处理管理中出现的 HSE 问题。系统原理是现代管理科学中的一个最基本的原理。系统原理包括：

(1) 动态相关性原则：构成管理系统的各要素是运动和发展的，它们相互联系又相互制约。

(2) 整分合原则：高效的现代安全生产管理必须在整体规划下明确分工，在分工基础上有效综合。

(3) 反馈原则：反馈是控制过程中对控制机构的反作用。成功、高效的管理，离不开灵活、准确、快速的反馈。

(4) 封闭原则：在任何一个管理系统内部，管理手段、管理过程等必须构成一个连续封闭的回路，才能形成有效的管理活动。

2. 人本原理

在 HSE 管理中必须把人的因素放在首位，体现以人为本的指导思想。运用人本原理时应坚持以下原则：

(1) 动力原则：推动管理活动的基本力量是人，管理必须有能够激发人的工作能力的动力。对于管理系统，有三种动力，即物质动力、精神动力和信息动力。

(2) 能级原则：在管理系统中，建立一套合理能级，根据单位和个人能量的大小安排其工作，发挥不同能级的能量，保证结构的稳定性和管理的有效性。做到既要避免管理的真空，即没人管，又要避免管理的重叠，即多人管又没人管。

(3) 激励原则：管理中的激励就是利用某种外部诱因的刺激，调动人的积极性和创造性。以科学的手段，激发人的内在潜力，使其充分发挥积极性、主动性和创造性。人的工作动力来源于内在动力、外部压力和工作吸引力。

3. 预防原理

HSE 管理工作应当以预防为主，即通过有效的管理和技术手段，防止人的不安全行为和物的不安全状态出现，从而使事故发生的概率降到最低，使事故的危害和损失降到最小，这就是预防原理。运用预防原理时应坚持的主要原则有以下几种：

(1) 偶然损失原则：事故后果以及后果的严重程度，都是随机的、难以预测的，反复发生的同类事故，并不一定产生完全相同的后果。偶然损失原则告诉我们，无论事故损失大小，都必须做好预防工作。

(2) 因果关系原则：事故的发生是许多因素互为因果，发生连锁反应的最终结果，只要诱发事故的因素存在，发生事故是必然的，只是时间或迟或早而已。因此，预防事故，必须从消除事故原因即起始事件和中间事件开始。

(3) 3E 对策原则：造成人的不安全行为和物的不安全状态的原因可归结为四个方面：技术原因、教育原因、生理心理原因及管理原因。因此，针对这四个方面的原因，应综合采取三种预防对策，即工程技术（Engineering）对策、教育（Education）对策和法制管理（Enforcement）对策。

(4) 本质安全化原则：指从一切项目、活动的一开始和从设计、原料、工艺、设备等本质上实现安全化，从根本上消除事故发生的可能性，从而达到预防事故发生的目的。

4. 强制原理

采取强制管理的手段，控制和纠正不符合 HSE 要求的意愿和行动，使个人的活动、行为等受到安全管理要求、程序、规范的约束，从而避免违章作业，实现有效的 HSE 管理。运用强制原理应坚持的原则有以下两种：

(1) 安全第一原则：安全工作放在一切工作的首要位置。当生产和其他工作与安全发生矛盾时，要以安全为主，服从于安全，这就是安全第一原则。

(2) 监督原则：指在安全工作中，为了使安全生产法律法规和企业规章得到落实，必须明确 HSE 管理职责，对企业生产中的守法和执法情况进行监督检查和考核。

二、安全管理方案

安全管理方案或安全工作计划，是根据安全风险分析的结果，为控制、降低和消除风险而制定的对策措施和实施方法。安全管理方案有年度的综合管理方案、项目专项安全管理方案、专业安全管理方案、阶段性安全管理方案等。

1. 安全管理方案的制定依据

安全工作计划或管理方案的制定依据为：

(1) 根据安全风险分析的结果；

(2) 技术可行、经济适用；

(3) 考虑员工作业要求，即可操作性；

(4) 法规、标准、规章与其他要求。

2. 安全管理方案的主要内容

年度综合安全管理方案，即企业每年发布的 1 号文件，主要包括指导思想、HSE 工作目标、主要管理措施和实施要求等，一般较为宏观、原则。年度综合安全管理方案顺利实施，需要专业安全管理方案的有力支撑。

项目或专项安全管理方案，是为实施某项任务而制定，内容也较为具体、详尽，具有较强的操作性，其主要内容包括：

(1) 方案名称；

(2) 涉及的单位或工作场所；
(3) 目标和任务；
(4) 实施程序、步骤和时间控制；
(5) 实施的方法、手段；
(6) 具体的分工与职责；
(7) 经费预算及来源；
(8) 效果验证与跟踪管理等。

3. 安全管理方案的制定执行

安全管理方案的制定，一般遵循下列步骤：
(1) 进行任务和目标分析；
(2) 进行危害识别和安全风险分析；
(3) 编制管理方案；
(4) 审查、论证安全管理方案；
(5) 下发方案或计划，进行技术交底、宣贯培训；
(6) 监督检查安全管理方案的执行情况，进行跟踪管理和考核。

三、安全目标与绩效管理

安全目标是指引员工开展安全工作的努力方向，是提升安全管理绩效的主要手段。而安全考核和激励，则是实现企业安全目标指标，并将安全目标指标变成现实的重要管理方法。

企业应建立安全目标与绩效管理办法，采取分层次、分专业签订安全目标任务书的方式，对职能部室、直属单位领导班子的安全绩效，进行定期检查考核；同时，制订专业管理考核细则，采取月度、季度检查的绩效管理方法，对直属单位的安全过程管理绩效进行检查、考核。

1. 安全目标指标

我国的安全生产控制考核指标体系，由事故死亡人数总量控制指标、绝对指标、相对指标、重大和特大事故起数控制考核指标 4 类、27 个具体指标构成。“无事故、无污染、无伤害”为相关企业的 HSE 管理目标，各企业采取分阶段、分年度控制和持续改进的管理方式，努力实现 HSE 总体目标。安全控制指标包括事故控制指标和主动管理指标两大部分。

(1) 事故控制指标包括：

① 伤害频率(LTIF)，也就是，每百万个工作小时引起一天以上不能工作的工伤人数。

② 可记录事件率，也就是每百万个工作小时引起的可记录事件的数量，可记录事件包括生产事故、设备事故、损失工时事件、医疗处理事件、简单处理事件、失去知觉事件、工作受限事件等；

③ 物料泄漏跑冒：油品、化学品的泄漏，统计一次泄漏 150L 及以上的泄漏次数和量(回收量和泄漏总量都需要统计报告)。

④ 非计划停车时间和次数。

(2) 主动管理指标，包括但不限于：

① 隐患治理项目整改完成率；

② 设备完好率；

③ 员工不安全行为发生纠正率；

④ 职业病危害因素的监测率、合格率；

⑤ 员工职业健康体检的覆盖率；

⑥ 未遂事件报告、经验共享率；

⑦ 设备、仪表的检验检测率；

⑧ 其他相关工作指标，如作业活动风险控制率。

2. 安全考核方案

安全目标指标的完成情况，是通过安全管理考核方案来进行评估。考核方案应视企业的具体情况而定，至少包括：

（1）对职能部门、直属单位的安全生产考核

主要考核内容为层层分解的目标指标落实情况，包括主动的管理指标和事故控制指标，可参照表1–2。

表1–2 职能部门、直属单位的安全生产考核表（表项）

责任单位	考核项目	考核指标	考核分数	考核标准（目标、指标）	考核部门

（2）对基层单位、员工的安全生产考核

主要指规章制度的执行情况、不安全行为的发生情况等，可参照表1–3。

表1–3 基层单位、员工的安全生产考核表（表项）

考核单位	考核项目（制度名称）	考核内容（制度条款内容）	考核标准	考核分值（+、–）	检查方法	被考核单位

考核方案不应只包含对未完成指标的处罚，还应包含激励干部职工遵章守纪，实现安全生产的奖励。如：

① 全面落实安全生产责任制目标，单位事故指标得到有效控制，经考核取得优异成绩的；

② 在安全生产竞赛等专项活动中取得突出成绩的；

③ 严格执行安全生产规章制度，在制止和纠正违章作业、违章指挥上坚持原则，对安全生产作出特殊贡献者；

④ 精心操作，保持生产稳定，认真执行巡回检查制度，及时发现和消除事故隐患成绩显著者；

⑤ 在实现安全生产和改善劳动条件中，推行现代化安全管理方法，进行技术改进，有发明创造，为生产作出特殊贡献者；

⑥ 避免重大事故或在事故抢救中处理果断，奋勇抢救人员和企业财产，防止事故扩大、减少事故损失贡献突出者；

⑦ 在重大事故隐患项目整改治理工作中尽职尽责，措施得力，作出突出成绩者；

⑧ 在实现安全生产中有其他突出贡献者。

3. 安全考核的注意事项

安全考核与激励方案的建立，应以目标指标管理为基础，是对目标指标管理情况和过程管理绩效的综合考核。安全考核与激励方案的制定实施中应注意：

（1）必须符合工作实际，有利于安全管理

安全考核和激励方案的制定实施是为了提高安全执行力，因此要根据企业内各单位生产性质、危险程度、管理难度的不同划定标准。根据生产性质差异、管理难度不同的单位，适当加权平均。

不合理的考核方案非但不能提高安全绩效，反而会在员工中产生抵触情绪。

（2）细化考核内容

安全考核和激励方案是对安全管理制度的细化，因此应对应条款，量化细化考核指标。考核方案的条款要具体、清楚，概念明确、措辞严谨、便于操作。

（3）一致性

安全考核和激励方案是对企业内各项安全管理制度的深化，对安全管理制度中不够明确或完善的内容做进一步的补充、完善、深化。要注意与企业内各项相关制度，特别是安全管理制度的一致性。

第四节　现代安全管理及精细化管理技术

一、杜邦安全管理

美国杜邦公司是世界500强企业中历史最悠久的企业，在其生存发展的200年中，取得了骄人的安全业绩。在美国工业界，“杜邦”与“安全”几乎是同义词。杜邦在其企业的生产经营活动中，一直推动着安全理念、技术与制度的不断进步。

（1）杜邦的核心价值观有四个关键内容：安全与健康、保护环境、最高标准的职业操守、尊重他人与平等待人。

（2）杜邦安全管理的十项原则：

① 所有的安全事故是可以预防的。从高层到低层，都要有这样的信念，采取一切可能的方法防止、控制事故的发生。

② 各级管理层对各自的安全直接负责。因为安全包括公司各个层面、每个角落、每位员工点点滴滴的事，只有公司高层管理层对所辖区的范围安全负责，下属对各自范围安全负责，车间主任对车间的安全负责，生产组长对辖区的范围安全负责，再到小组长对员工的安全负责，涉及每个层面、每个角落安全都有人负责，这个公司的安全才会真正有人负责。安全管理部门不管有多强，人员都是有限的，不可能深入每个角落、每个地方，24小时监督，所有安全必须是从高层到各级管理层到每位员工自身的责任，安全部门从技术上提供强有力的支持。每位员工是每个单位的元素，企业由员工组成，每个员工、组长对安全负责，安全才有人负责，最后总裁才有信心说我对企业安全负责，否则，总裁、高级管理层对底下安全哪里出问题都不知道。这就是直接负责制，是员工对各自领域安全负责，是相当重要的一个理念。

③ 所有的安全操作隐患是可以控制的。在生产安全过程中所有的隐患都要有投入、有计划地治理、控制。

④ 安全是被雇佣的条件。在员工与杜邦的合同中明确写着，只要违反操作规程，随时可以被解雇。每位员工参与工作的第一天就意识到这家公司是将安全与人事管理结合起来，从法律上讲只要违反公司安全规定就可以被解雇。

⑤ 员工必须接受严格的安全培训。让员工安全，要求员工安全操作，就要进行严格的安全培训，要想尽可能的办法，对所有操作进行培训。要求安全部门与生产部门合作，知道这个部门要进行哪些培训。

⑥ 各级主管必须进行安全检查。这个检查是正面的、鼓励性的，以收集数据、了解信息，然后发现问题、解决问题为主的。如发现一名员工的不安全行为，不是先批评，而是先分析好的方面在哪里，然后通过交谈，了解这名员工为什么会这样做，还要分析领导有什么责任。这样做的目的是拉近距离，让员工谈出内心的想法，为什么会有这样的不安全动作，知道真正的原因在哪里，是这个员工不按操作规程做，安全意识不够强，还是上级管理不够，重视不够。这样，拉近管理层与员工的距离，鼓励员工通过各种途径把对安全的想法反映到管理层来，只有知道了底下的不安全行为、因素，才能对整个企业的安全提出规划、整改。如果不了解这些信息，抓安全是没有针对性的，不知道抓什么。当然安全部门也要抓安全，重点是检查下属、同级管理员有没有抓安全，效果如何，对这些人员的管理做出评估，让高层管理人员知道这个人在这个岗位对安全的重视程度怎么样，为管理提供信息。这是两个不同层次的检查。

⑦ 发现安全隐患必须及时更正。在安全检查中会发现许多隐患，要分析隐患发生的原因是什么，哪些是可以当场解决的，哪些是需要不同层次管理人员解决的，哪些是投入力量来解决的。重要的是把发现的隐患及时加以整理、分类，知道这个部门的安全隐患主要有哪些，解决需要多长时间，不解决会造成多大的风险，哪些是可以立即加以解决的，哪些是需要加以投入的。安全管理真正落到实处，就有了目标。这是发现隐患必须整改的真正含义。

⑧ 工作外的安全与工作内的安全同样重要。从这个角度，杜邦提出 8 小时外的预案，对员工的教育就变成了 7 天 24 小时的要求，想方设法要求员工积极参与，进行各种安全教育。旅游如何注意安全，运动如何注意安全，用气如何注意安全等等。

⑨ 良好的安全就是一门好的生意。这是一种战略思想，如何看待安全投入，如果把安全投入放在对业务发展投入同样重要的位置考虑，就不会说是成本，而是生意。这在理论上是一个概念，实际上也是很重要的。抓好安全是帮助企业发展，有个良好的环境、条件，实施企业的发展目标。否则，企业每时每刻都在高风险下运作。

⑩ 员工的直接参与是关键。没有员工的参与，安全是空想，因为安全是每名员工的事，没有员工的参与，公司的安全就不能落到实处。

二、陶氏化学

陶氏化学公司是世界最大的以科技为主的跨国化学公司之一，是主要研制生产系列化工产品、塑料及农化产品的跨国企业，其 110 年的化学品从业历史使其在化学品安全管理和事故应急救援方面积累了大量的成功经验。陶氏化学的过程风险管理标准便是其中一项重要的安全管理方法。

陶氏化学从事的是高危化学产品的研制与生产，火灾、爆炸、毒物泄漏等突发性危险无时无刻地伴随在生产过程中。如何规避这些存在的风险，降低其发生的概率，达到一种安全的状态，对于企业而言，最有效和最直接的方式便是预防风险的发生。从事化学工业110年的陶氏化学，很早就认识到了风险防范的重要性。他们以安全、健康为起点，追求“零”目标——零事故，零工伤，对环境零破坏。为了实现这个目标，陶氏化学的企业发展一直把安全和环境保护作为企业的传统坚持下来。陶氏化学非常重视工艺和设备的安全管理，建立了一套完善的安全管理系统，制定了自己的企业标准，在其所属企业中大力推广陶氏化学过程风险管理标准，将过程安全的理念全面植入生产的各个环节。而企业内生产线管理人员通过使用和推进过程风险管理技术，达到持续不断地降低风险的目标。

过程风险管理中应用的技术工具陶氏化学，结合企业研制生产化学产品的特性，开发出适用于化学企业过程风险管理的技术工具：反应性化学品-过程危险性分析（RC-PHA）、火灾爆炸指数（F&EI）、化学品接触指数（CEI）、结构化场景分析和保护层分析（LOPA）。

（1）反应性化学品-过程危险性分析（RC-PHA）审查

由于化学物质的特性，使其在化工生产过程中极易发生化学反应，导致事故的发生，造成的危害极大。通过对化学生产工艺过程中存在的具有较高化学活性的化学品进行分析，找出发生事故的原因，采取相应措施降低风险的方法，陶氏化学将其称之为反应性化学品分析。而危险性分析，从事安全评价的人员都知晓，应用这一理论方法进行安全评价工作。应用在不同的行业之中，会结合本行业的特点运作。陶氏化学将其应用在生产装置和生产过程中，主要分析和确定在生产过程中，装置在设计和操作中存在的各种缺陷，对其风险性进行评估，并采取相应的措施。这就是陶氏化学的反应性化学品-过程危险性分析。这是一种研究化学反应和工艺的活动，探求潜在的降低风险的措施审查活动。在陶氏化学，这一活动是由一个多学科的小组进行，时间为1~2天。它要求其所属的企业每隔3~5年，就要对所有资本超过5万美元的工厂进行审查，并要求所有新上任的生产负责人在上任90天以后执行（RC-PHA）审查。内容包括工艺化学、风险管理计划的完整性、最差情况的假设与主要防线的设立、历史事故、工艺变更、培训和教育计划、调查问卷、先前审查中所提建议的落实情况等。另外，陶氏化学还积极推动建立全球化学品反应性标准。

（2）陶氏化学火灾爆炸指数（F&EI）

这是化工界有名的道化学火灾爆炸指数。陶氏化学于1964年根据化工生产的特点，首先开发使用的一种安全评价方法，经过几十年的实际运用，已发展到第七版。火灾爆炸指数以化工工艺过程和生产装置的火灾、爆炸危险或释放性危险潜在能量的大小为基础，同时考虑工艺过程的危险性，计算单元火灾爆炸指数，确定危险等级，并提出安全对策措施，使危险降低到可以接受的程度。这种方法主要是在设计阶段和周期性的第一层审查过程中使用，着眼于危险最集中的区域。它使用一个计算表，根据计算结果，将其他相关工艺过程进行危险分级。其主要优点是帮助企业在设计过程中考虑到设备布置问题，鼓励本质安全设计，引向更详细的审查。

火灾爆炸指数法运用大量的实验数据和实践结果，以被评价单元中的重要物质系数（MF）为基础，用一般工艺危险系数（$F1$）确定影响事故损害大小的主要因素，特殊工艺危险系数（$F2$）表示影响事故发生概率的主要因素。MF、$F1$、$F2$乘积为火灾爆炸危险指数，用来确定事故的可能影响区域，估计所评价生产过程中发生事故可能造成的破坏，由物质系数(MF)和单元工艺危险系数($F3=F1\times F2$)得出单元危险系数，从而计算评价单元基本最大可能财产损失，然后再对工程中拟采取的安全措施取补偿系数(C)确定发生事故时实际最大可能财产损失和停产损失。该方法的最大特点是能用经济的大小来反映生产过程中火灾爆炸性的大小和所采取安全措施的有效性。

陶氏化学品接触指数(*CEI*)是一种快速计算工艺泄漏产生的有毒蒸汽扩散的方法，用于确定化学物质泄漏事故对工人和附近社区的急性危害，评估其释放量，便于进行复杂的过程分析，主要是为了应对工业事故中潜在的、严重的人身伤害。风险的绝对值很难确定，但 *CEI* 提供了一种比较不同风险大小的方法，用于进行最初的过程危险性分析，包括用于应急响应(ERP)。它是建立在应急反应筹划标准(ERPG)浓度基础之上的，适用于管道破裂、容器储罐破裂造成溢流及其他由危险与可操作性分析(HAZOP)和经验分析得到的标准事故场景。根据工业健康与安全标准，依照化学品的浓度，分为三个不同的浓度等级：一级(最小)、二级(中等)、三级(最大)。最大的泄漏应根据工艺设备的尺寸、为关键的管道和设备使用一套标准的假设工艺条件来确定。

(3) 结构化场景分析

这是一种系统化的分析方法，通过逐个(逐线)审查工艺过程来分析装置的危险性。可以采用多种方法，如 HAZOP、故障假设分析、检查表等来进行结构化场景分析，其中 HAZOP 最常用。按照高风险(工艺)过程对风险管理标准的要求，对高风险目标区域使用 CEI 和 F&EI。这种方法对因果成对鉴别的效果很好。用于大多数工艺更改的局部设计准则。陶氏化学使用第三方软件(Dyadem 提供的 PHA-PRO)来进行结构化场景分析。

(4) 保护层分析(LOPA)

陶氏化学近些年在下属企业中大力推广和使用的一种风险分析技术——保护层分析，这是一种半定量的分析方法，沟通了定性分析和完全定量分析方法。它由事件树分析发展而来，从初始事件开始，根据安全保护措施在事故发展过程中是否起作用(成功或是失败)，分析生产过程是否达到要求的安全等级，提出相应的安全对策措施。通过计算公式，得出不希望事件发生的频率，把风险降低到可承受的范围。保护层分析具有显著的优点：比定量风险评估(QRA)所需要的时间少，可确认对各引发事件有效的保护层，可有效地分配降低风险的资源。不足之处还可以通过安全仪表系统弥补。陶氏化学的技术人员还将保护层分析与故障树结合起来使用，以便使分析结果更加准确。

三、南非 NOSA

南非国家职业安全协会(National Occupational Safety Association，简称 NOSA)，其中文名称是“诺诚”，创建于 1951 年，是一个非营利性组织。由于当时南非工矿企业较多，工作环境差，人员素质低，经常发生人身伤亡事故。为此，南非劳动局制定了一系列的安全审核制度，对企业进行定期的安全审核，对安全表现进行评估，找出需要改善的地方，从而减少企业不安全因素，提高安全水平。安全五星(CMB253)管理系统就是在上述基础从 20 世纪发展起来的，至今已形成一个集安全、健康、环保于一体的安全管理体系。

(1) NOSA 安全五星管理系统简介

NOSA 安全五星管理系统是以风险管理为灵魂和基础，按照法律法规要求，遵从结构化的原则，通过规定部门、人员的相关职责，采取风险预控的方法，建立起来的一个科学有效的企业综合安全、健康和环保管理体系。它主要侧重于未遂事件的发生，强调人性化管理和持续改进的理念，最大限度地保障人身安全，规避人为原因导致的风险。目标是实现安全、健康和环保的综合风险管理。其核心理念是所有意外事故均可避免，所有危险均可控制，每项工作都要考虑安全、健康和环保问题，通过评估查找隐患，制定防范措施及预案，落实整改直至消除，实现闭环管理和持续改善，把风险切实、有效、可行地降低至可接受的程度。

(2) NOSA 安全五星管理系统评审内容的五个领域

安全五星系统包括的主要领域有：房屋管理；机械、电气和个人安全防护；火灾预防；事故调查和记录以及组织管理。

这 5 个领域又含有 70 多个要素，所有要素注重的是对员工的关心和对环保的关爱，强调员工的安全、健康和环保意识，调动全体员工主动参与的积极性，从而推动安全生产工作实现五个转变，即"从人治向法治转变""从被动防范向源头管理转变""从集中开展安全生产整治向规范化、经常化、制度化转变""从事后查处向强化基础管理转变""从以控制伤亡为主向全面做好职业安全健康工作转变"，它的评审程序针对性强，可有效解决有章不循的问题。在企业生产过程中，总是存在这样一个闭环流程制定计划-按照计划开展工作-工作验收-制定新的工作计划。NOSA 系统就是在这样一个大的流程思路中确定工作进度管理，按照逐步审核、层层递进的工作方式，把各项日常工作细化到点，为安全、健康和环保评审服务。总体来说，它能够对具体的工作做到目的、效果、过程、下一步工作等都实现过程控制管理。在具体工作中，采取的工作方法有安全工作分析卡、风险预控单、安全工作观察等；在事件管理上，侧重"未遂管理"，通过管理未遂事件来控制事故的发生，而不是我们常说的那种注重"事后三不放过"的做法。

(3) 工伤意外事故率($DIIR$)

NOSA 安全五星系统除了由上述五个领域内容组成外，还有一个内容是统计工伤意外发生率的指标，它也是一个关键指标，表示每年受伤员工占总人数的百分率。按 NOSA 要求，其统计范围应包括本企业员工、第三产业及外包工程施工队人员。

统计公式如下：

$$DIIR = (\text{工伤意外次数} \times 200000\ \text{基数}) / (\text{员工全年工作小时数})$$

式中　$DIIR$——工伤意外事故率(Disabling Injury Incidence Rate)；

工伤意外次数——由工作导致或工作时所受到的损伤，使伤者无法或无法完全履行日常指定职务工作达一个或以上工作日次数；

200000——基数，按 200 人工作一年(50 周)，每周 40 小时计算得出；

员工全年工作小时数——员工总人数×每人全年实际工作小时数。

(4) 评审准则

五星评估员根据 5 个领域 70 多个要素的内容要求对企业进行评分，并计算企业的工伤意外发生率，根据对这些内容的量化情况给企业打分，将企业的安全状况评为 1~5 个等级，91~100 分为最高级，即五星级，代表安全状况最佳。评估结果与企业缴纳的赔偿基金数额相联系，企业星级越低，每年缴纳赔偿基金数额越大。NOSA 协会不但负责评级，还通过技术咨询、法律服务等方式，帮助企业改进工作，提高企业的星级档次。

四、现代安全管理

1. 产生及其发展

随着现代企业制度的建立和安全科学技术的发展，现代企业更需要发展科学、合理、有效的现代安全管理方法和技术。现代安全管理是现代社会和现代企业实现现代安全生产和安全生活的必由之路。一个具有现代技术的生产企业必然需要与之相适应的现代安全管理科学。目前，现代安全管理是安全管理体系中最活跃、最前沿的研究和发展领域。

现代安全管理工程的理论和方法有安全哲学原理、安全系统论原理、安全控制论原理、安全信息论原理、安全经济学原理、事故预测与预防原理、事故突变原理、事故致因理论、事故模型学、安生法制管理、安全目标管理法、安全行为抽样技术、安全经济技术与方法、安全评价、安全行为科学、安全管理的微机应用、安全决策、本质安全技术、危险分析方法、风险分析方法、系统安全分析方法、系统危险分析、故障树分析、危险控制技术、安全文化建设等。

现代安全管理的意义和特点在于，要变传统的纵向单因素安全管理为现代的横向综合安全管理，变传统的事故管理为现代的事件分析与隐患管理(变事后型为预防型)，变传统的被动的安全管理对象为现代的安全管理动力，变传统的静态安全管理为现代的安全动态管理，变过去企业只顾生产经济效益的安全辅助管理为现代的效益、环境、安全与卫生的综合效果的管理，变传统的被动、辅助、滞后的安全管理程式为现代主动、主导、超前的安全管理程式，变传统的外迫型安全指标管理为内激型的安全目标管理。

2. 现代安全管理的基本特征

现代安全管理的第一个重要特征，就是强调以人为中心的安全管理，体现以人为本的科学的安全价值观。把安全管理的重点放在激励职工的士气和发挥其能动作用方向。具体说就是“为了人”和“人的管理”。所谓为了人就是把保障职工的生命安全当作安全工作的首要任务，所谓人的管理就是充分调动每个职工的主观能动性，让职工人人主动参与安全管理。

现代安全管理的第二个基本特征，就是强调系统的安全管理。也就是要从企业的整体出发，实行企业全员、全过程、全方位的安全管理使企业整体的安全生产水平持续提高。具体如下：

(1) 全员参加安全管理。实现安全生产必须坚持群众路线，切实做到专业管理与群众管理相结合，在充分发挥专业安全管理人员骨干作用的同时，动员全体职工参与安全管理，充分调动和发挥广大职工的安全生产积极性。安全生产责任制为全员参加安全管理提供了制度上的保障。

(2) 全过程安全管理。系统安全的基本原则要求，从一个新系统的规划、设计阶段起，就要开始安全工作，并且要贯穿于整个系统寿命期间内，直到报废为止。在企业生产经营活动的全过程中要进行安全管理、识别、评价、控制、排除可能或已出现的安全隐患。

(3) 全方位安全管理。任何有生产劳动的地方，都会存在安全隐患，都有发生安全事故的危险源。因此，在任何企业任何时候、从事任何工作都要考虑安全问题，都要进行安全管理。安全管理不仅是专业安全管理部门的事情，党、政、工、青、妇及业务管理部门都要齐抓共管。

第三个特征是电子计算机的应用。电子计算机普及应用加速了安全管理信息的处理和流通，使先进管理经验迅速推广。

3. 现代安全管理的基本特点

(1) 运用科学的手段进行危险性预测，达到预防为主的目的。分析和预测系统中的不安全因素，可能发生的故障，事故的危险性，对施工(生产)、机械设备、生产设置等进行安全可靠性评价，把事故后处理变为预防为主。

(2) 实行系统安全管理。现代安全管理从系统的整体出发，全面地观察、分析、研究问题，制定对策，克服“头痛医头，脚痛医脚”，跟在生产后面跑，围着事故转的局面。系统进行逻辑性预测，掌握把事故消灭在发生之前的规律。

(3) 对安全进行定量分析。所谓“定量”是把安全从抽象的概念，化为一个“量”的指标，以便对事故危险性进行预测，选择最优方案，提供科学依据。

(4) 根据信息流的指导．促使安全管理不断向前发展。一个有关安全生产的决策，在执行中可能遇到客观情况的变化，应根据这些动态信息进行调整，再做出新的决策，执行后再反馈，促使安全决策不断完善提高。

现代安全管理已引起广泛重视、研究和应用。

五、精细化管理

精细化是安全管理工作细化、量化的可靠保证，是减少安全事故发生的有力手段。结合精细化管理的理念和思想，构建以涉危企业安全责任具体化、安全作业标准化、安全检查规范化、安全教育经常化、安全训练模拟化、安全考核科学化、安全管控信息化和应急管理实战化为支撑的涉危企业安全精细化管理体系，将企业各项业务工作的内容、流程、操作步骤、风险进行科学的细化与规范，构建“纵向到底、横向到边、无缝覆盖”的安全精细化管理平台，解决涉危企业各专业、各岗位“干什么、怎么干、干到什么标准”的问题，形成自我完善和持续发展的机制，达到“实用、好用、管用”的目的，并与岗位职责、规章制度、考评奖惩有机结合，创建量化、细化、严格、正规、和谐的工作环境，才能提高企业管理水平，增强涉危企业预防事故的能力。

1. 精细化管理概述

精细化管理的产生和运用，已有100多年历史了。1895年，美国学者弗雷德里克·泰勒发表的《科学管理原理》是精细化管理诞生的标志，后经历日本丰田生产方式，发展到今天已经成为由思想理念、各种精细化管理技术、手段和模式所构成的庞大的理论体系。

(1) 泰勒的科学管理

弗雷德里克·泰勒(Frederick Taylor，1856~1915)的时代是劳资冲突非常激烈的时代，为了解决劳资之间的矛盾，管理学家想出了很多方法，泰勒就是这些管理学家中最优秀的一位，他被后人尊为“科学管理之父”。能够获此殊荣，是因为他通过“搬生铁块试验”和“铁锹作业试验”进行“动作研究”和“时间研究”，然后发表了《科学管理原理》。该书核心内容包括以下几个方面：

① 工作定额原理。泰勒认为，为了发掘工人的潜力，提高劳动生产率，就要制定出有科学依据的工作量定额。为此首先应进行时间和动作研究。

所谓时间研究，就是研究人们在工作期间各种活动的时间构成，包括工作日写实与测时。工作日写实，是对工人在工作日内的工时消耗情况，按照时间顺序，进行实地观察、记录与分析，从而比较准确地知道工人工时利用情况，找出时间浪费的原因，提出改进的技术、组织措施。测时，是以工序为对象，按操作步骤进行实地测量并研究工时消耗的方法。借此研究总结优秀工人的操作经验，推广先进的操作方法，研究合理的工作结构，为制定工作定额提供参考。

所谓动作研究，是研究工人干活时动作的合理性，即研究工人在干活时其身体各部位的动作，经过比较、分析之后，去除多余的动作，改善必要的动作，从而减少人的疲劳，提高劳动生产率的试验。

② 能力与工作相适应原理。泰勒主张，要改变工人挑选工作的传统，坚持以工作挑选工人，每一个岗位都挑选第一流的工人，以确保较高的工作效率。第一流工人包括两个方面：一是该工人的能力最适合做这种工作，二是该工人必须愿意做这种工作。因为人的天赋和才能不同，就要根据他们的具体情况分配到相应的工作上去，而且还要对他们进行培训和教育，使之能够胜任岗位责任的要求。

③ 标准化原理。是指工人在工作时要采用标准的操作方法，而且工人所使用的工具、机器、材料和所在工作现场环境等都应该标准化，以利于提高工作生产率。

④ 差别计件付酬制。为鼓励工人努力工作，泰勒认为，要在科学地制定劳动定额的前提下，采用差别计件工资制来鼓励工人完成或超额完成定额，即对于按照标准操作方法在规定的时间定额内完成工作的工人，按较高的工资率计算工资，否则按较低的工资率计算工资。

⑤ 计划和执行相分离原理。把计划职能和作业职能分开，明确划分两种职能。计划职能人员负责研究、计划、调查、控制以及对操作者进行指导，逐步发展管理专业队伍。

以上五条就是科学管理的主要内容。科学管理理论的提出，首次使管理从经验上升为科学。

（2）丰田生产方式

20 世纪初，美国福特汽车公司创立了大规模的汽车生产方式——流水线生产。这种生产方式是以标准化、大批量的生产来降低生产成本、提高生产效率，结果把汽车从少数富有者的奢侈品变成了大众化的交通工具，因而成为当时美国乃至世界上最普遍的汽车生产方式。

由于二战后资源贫乏，经济困难，不可能照搬美国的那种靠规模取胜的粗放式经营，日本根据其自身实际，创造了一种新型生产方式——丰田生产方式。丰田生产方式是一种精益生产，即是一种多品种、小批量混合生产条件下的高质量、低消耗生产方式，是对传统的大规模生产方式的挑战。

丰田生产方式的核心思想是“杜绝浪费”，而贯穿其中的是“准时化”“自动化”和“持续改进”。归纳起来，丰田汽车公司的精细生产方式具有五个主要特征：对外以用户为“上帝”，对内以“人”为中心，在组织机构上以“精简”为手段，在工作方法上采用“Teamwork”和“并行设计”，在供货方式上采用“Jrr”方式，在最终目标方面为“零缺陷”。精益生产系统产生于西方发达国家从工业化到信息化的转折时期，是从传统的大规模生产系统到个性化大量生产系统的过渡模式。

（3）精细化管理技术、手段、模式

随着丰田生产方式取得极大成功，管理学家对此进行了深入的研究，并结合新时期发展的特点，提出了大量基于精益生产的管理技术、手段、模式——全面质量管理、六西格玛、约束理论、6S、全面生产维护、平衡计分卡、卓越绩效管理模式、ISO 9000、流程再造、JIT、无边界管理、供应链管理、客户关系管理、企业资源管理……无论是国外还是国内的企业都围绕着精益管理各展绝学，取得很多新的成果。

企业管理模式的发展如图 1-2 所示。

2. 精细化管理的内涵

什么是精细化？从字面意思解释：“精”是完美、高品质，也指切中要点，抓住运营管理中的关键环节；“细”是周密、入微、末梢，也是管理标准的具体量化、考核、督促和高效执行；“化”是变化了的过程，也是形成文化。那么什么是细节？细节是经过横向、纵向细化分析后，不能再分或不必再分的最小的基本工作单元或环节；把精和细运用于管理中，所谓精细，就是反对搞烦琐管理，要求管理人员抓住核心细节，管好重点的、关键的少数细节，密切监控容易出问题的细节，不管一般细节，简化和忽略无关紧要的细节。将精、细、化三者合成一词，是指通过深入细致的工作追求精品的过程。

精细化管理是一种管理理念和管理方法，是通过规则的系统化和细化，运用程序化、标准化、定量化和信息化的手段，使组织管理各单元精确、高技、协同和持续运行。其核心思想，正如《细节决定成败》所说：“以系统作保证，以标准谋细化，以数字达精确，以专业臻卓越，以持续求精进”。精细化管理的内涵如图 1-3 所示。

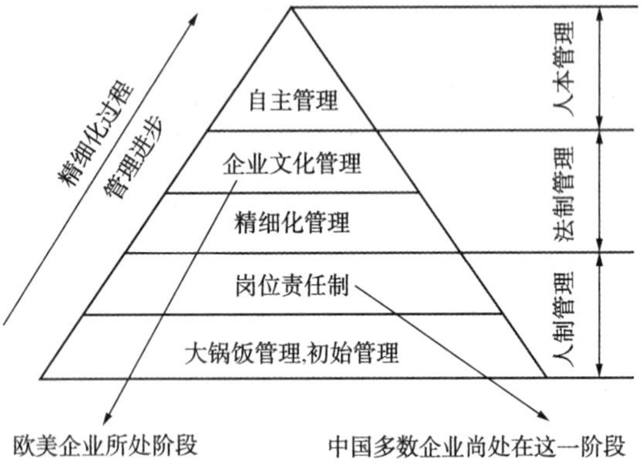

图 1-2　企业管理模式的发展

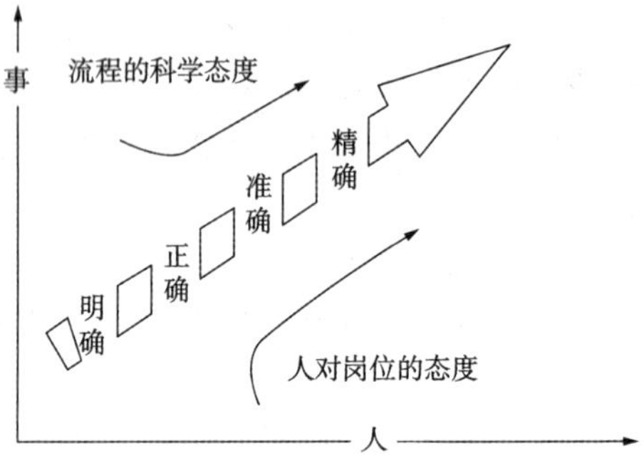

图 1-3　精细化管理的内涵

3. 精细化管理的主要特征

（1）以建立完美的流程为中心，强调不断地改善。流程是将输入转化为输出的一系列资源和活动的集合，营利组织的许多利润就损失在流程当中。所以，精细化管理非常关注流程的简洁、集约、流畅，优化流程、减少浪费始终是精细化管理的重要工作。

（2）强调数量化、精确性。在精细化管理的背景下，严谨成了一种习惯性的行为。管理者对成本情况、材料来源和增长趋势等方面的因素都始终保持着充分的了解，以此作为支撑自己判断的依据，并强调各类数据的重要性、准确性，将管理数量化并提高管理的精确性作为企业管理的目标。

（3）关注组织的工作成效。对于企业，主要关注是否能为组织带来价值；对于部队，就是关注战斗力的提升；对于企业安全管理，则重点关注企业安全能力的提高。

（4）强调领导力的建设。强大的执行力、合适的战略性管理、学习型组织……这些都是现代管理者孜孜以求的目标，实现这些目标的一个基本前提是必须有强大的领导力。精细化管理强调对领导力的建设，也为领导力的建设从制度上、措施上、方法手段上创造了平台。

4. 精细化管理的方法

（1）标准化。标准化是精细化管理的初级阶段，或者说是精细化管理的基础工作。精细化管理要做到细而不乱、细而不杂、细而不繁，就必须借助于标准化，各项工作都按照清晰的标准来进行。标准化有其独特的作用，主要表现在降低成本、确保质量、提高效率、留住智慧、明确责任等方面。

（2）细化。是对细节的不懈追求，即将一个事物不断细化下去，深入到每一个细微环节的过程。从管理的角度来说，它包括管理思维的缜密、管理内容的精细设计、管理过程的精细操作等。细化往往通过横向细化、纵向细化、衔接细化和责任细化这些方法实现。横向细化、纵向细化是从时空的维度区分的，衔接细化和责任细化是从工作的角度区分的。

（3）量化。一切人类活动，大多都可以通过转化为单位数量进行计量，以体现活动的有效程度。量化，是将活动及成果转化为单位数量的过程。量化的数据类型有两种：一种是定量数据，这种数据往往是对客观上可以简单量化的活动或成果的统计，如员工请假天数；另一种是定性数据或叫模糊数据，像测量敬业、忠诚、努力、认真、积极、自私、执行力等，对此的测量往往要统计大量的样本才能采用。对于同一选项有足够多的人回答“是”与“否”，或有足够多的选项产生“是”与“否”的结论，那么就可以通过比较“是”与“否”的数量多少得出结论。

量化是精细化管理的重要特征，精细化管理中的精、准、细、严都离不开量化。因为精与不精，数据是最好的说明；通过量化，达到更精确的细化；没有精确量化的手段，严格管理、有效监控和纠偏就缺乏有力的依据；量化还是标准化管理的重要支撑，许多质量标准、管理标准，都必须通过量化来体现。

（4）协同化。1971 年，德国科学家哈肯提出了系统协同思想。他认为，协同是指协调两个或者两个以上的不同资源或者个体，一致地完成某一目标的过程或能力。协同化就是通过对系统中各个子系统进行时间、空间和功能结构的重组，产生一种具有“竞争–合作–协调”能力的新的时间、空间、功能结构，产生出比各子系统效能代数和更大(1+1>2)的过程。

（5）专业化。社会分工越细，专业化程度就越高。专业化是做精的有效途径，做专才能做精。世界经济已经进入利润平均化、微利化时代，要取得竞争优势，只有做专、做精。同守本行，丰富经验，才能消除浪费，提高质量。有了专业化，把事情做到极致，才有竞争优势，这也是一种追求精细的精神。

（6）流程化。流程不仅表明了做事情的程序，有了一个科学合理的流程，工作起来就会井井有条，忙而不乱。流程还表明了做事情的方法，方法恰当与否，是判断流程合理性的重要标志，有了好的方法，才能收到事半功倍的效果。流程化贯穿于精细化管理的始终，是支持精细化管理的关键因素。

（7）系统化。精细化不是某一领域的精细化，而是全要素、全方位、全过程的精细化。精细化不仅是一种手段或模式，更是一个理念、一种文化，因此精细化的推行必然是辐射、渗透到所从事对象的所有方面。

5. 企业安全精细化管理

企业安全精细化管理就是将企业各项工作进行细化、量化、程序化，分清职责、落实到人，并贯彻到企业安全管理工作之中，从而对企业生产过程中各种危险有害因素进行有效掌握和控制，形成人人知安全、人人讲安全、人人安全做事、事事有安全监管的工作局面。企业安全精细化管理的目标是减少和消除生产过程中人、物、环境中的不安全因素，以减少和杜绝安全事故，进而逐步趋向本质性、恒久性安全目标。

上述定义包含以下几层含义：

(1) 安全精细化管理是一种管理理念。它体现的是一种意识，一种认真的态度和理念。企业安全大于天，涉及企业安全的一切行为都要精准细致，容不得半点马虎和丝毫侥幸。

(2) 安全精细化管理是一种科学的管理方法。企业安全精细化管理通过细化、置化、程序化、规范化和系统化等方法或途径得以实现。

(3) 安全精细化管理排斥人治，崇尚规则意识。规则包括程序和制度，它要求企业管理者实现从监督、控制为主的角色向以指导为主的角色转变。

(4) 安全精细化管理涉及企业的各单元和各运行环节，是对原有管理的改进、提升和优化。

(5) 安全精细化管理最终的解决方案只能通过训练以达到企业人员素质提升的方式来实现。

(6) 安全精细化管理不是一场运动，而是永续精进的过程，是自上而下的积极引导和自下而上的自觉响应的常态式管理模式，其核心在于实行刚性的制度，规范人的行为，强化责任的落实，以形成优良的安全文化。

老子说："天下大事必作于细"，我国是一个非常注重细节和讲究"细节制胜"的国家。"涓涓细流，汇成大海""不积跬步，无以至千里""千里之堤，溃于蚁穴"，这些都是先辈对后人关于细节的教诲。企业安全精细化管理，针对企业的每项具体作业、每个环节实施全过程控制，精心超前设计，优化作业方案，做到安全标准明确，分工清晰，将责任细化到每一步的具体操作中，量化作业人员的每一步操作过程中应承担的责任，将各项安全管理工作前移，使各项作业达到程序化、系统化、规范化和科学化，实现企业安全的可控、在控。

当前，企业安全管理暴露出的一些问题，许多事故都是由于管理不严、操作人员疏忽或者违章操作引起的。企业管理制度不细、执行不严成为困扰企业安全管理的突出问题。加强企业安全管理，就是要改变过去那种"粗放式管理"方式，体现"以人为本""细节决定成败"的管理思想，着力推进企业安全管理的精细化、制度化、科学化，既要不折不扣地执行规章制度，又要结合自身特点，创造性地改进管理方法，细化制度，量化管理。根据国家及行业颁布的各种规范、规程和规定，结合企业实际，细化管理制度；结合安全教育，细化岗位职责；结合设施设备，细化工作规定；结合工艺流程，细化操作程序；结合企业作业，细化安全要求。实现规章制度的精细化、具体化、本库化，强化可操作。完善执行监控机制，严格复核奖惩手段，注重事前防范，消除事故隐患，创造"不想违、不能违、不敢违"的企业安全文化氛围。

① 企业安全精细化管理体系

安全精细化管理既是一种管理理念，也是一种管理模式，更是一套科学的管理方法。我们以精细化管理理论为依据，按照系统的观点，结合企业特点，构建了以企业安全责任具体化、安全作业标准化、安全检查规范化、安全教育经常化、安全训练模拟化、安全考核科学化、安全管控信息化和应急管理实战化为支撑的企业安全精细化管理体系。

安全责任具体化就是要将企业的各项规章制度细化，以安全责任书的形式明确每一个人、每个岗位、每一级组织所承担的安全责任和义务，从而使每一个人在从事企业生产活动过程中正确履行各自的安全职责，保证各项业务活动的正常进行。应建立企业主任为安全第一责任人、分管领导具体负责的安全组织机制，负责安全工作的整体规划和具体事务的处理。建立值班主任领导的门岗、安全员、巡查员具体负责，分工协作的安全责任制，坚持“全员、全过程、全方位、全天候”的安全监督管理原则，对企业的日常安全工作负责。

安全作业标准化就是在对企业作业系统调查分析的基础上，将企业的各种作业操作步骤进行分解，以科学技术、规章制度和实践经验为依据，对作业过程进行改善，从而形成一种优化的作业程序和方法。在企业作业中，由于人的操作失误而发生的事故比例很大，人的失误主要是由于作业方法和作业习惯两类因素造成的。企业主要采取师傅带徒弟、以老带新的方式传授，造成职工作业方法有所不同，作业方法难以得到改进，一些不良的作业习惯不断传承，习惯性违章事故时有发生。企业的各种操作规程主要是解决“干什么、不该干什么”的问题，但“怎么干、先干什么、正常情况下怎么做、特殊情况下怎么做”就必须通过具体作业程序来回答。因此，安全作业标准化的目的就是加强企业安全管理，使企业各项作业标准化、规范化、流程化，简化作业中不必要的环节，提高工作效率和工作准确性，避免事故的发生。

安全检查规范化就是在企业现有条件下，通过对以往安全检查经验教训的总结和对影响安全检查成效的诸因素的系统分析，找出最为合理的安全检查程序、最为有效的安全检查方式方法和最佳的安全检查人员时间，并以工作规范的形式描述出来，成为安全检查遵循的基本依据，以期保证实现安全检查的预期效果。企业除按规定对各种设备、业务场所等进行例行的、季节性的、季度的、年度的检查外，根据情况，还要组织全企业安全检查或消防、防雷、防静电等专项检查。对于检查出来的问题，要立即报告和整改。

安全教育经常化就是要求企业安全教育要常抓不懈。人是安全生产的核心，现场靠人控制，设备靠人操作，管理靠人落实。只有把可靠的企业设备与高素质的职工队伍结合起来，才能实现企业安全的有序可控。企业除了按规定要求，必须定期对全员进行遵纪守法、事故案例教育和安全知识、规章制度学习，每半年组织全员开展一次安全事故预想、预查、预防活动，尤其应充分利用班前班后会、安全日活动、安全竞赛、事故分析等时机，抓好日常安全教育。对于新员工入厂、变换岗位、学生实习、危险作业等情况，也要进行教育培训。

安全训练模拟化就是开发企业作业人员模拟训练系统，通过计算机模拟企业作业流程、各种操作以及各种紧急情况和不同处理方法而产生的结果。通过对企业作业人员的模拟训练，提高其分析处理情况的能力和独立工作的能力，以便在最短的时间取得最佳的训练效果，提高作业人员素质，减少由于作业人员操作失误而引发事故的可能性。近年来，由于虚拟现实技术实时的三维空间表现能力，人机交互式操作环境及给人带来的身临其境的感受，为人机交互界面开创了新的研究领域，为智能工程的应用提供了界面工具，为各类工程的大规模的数据可视化提供了新的描述方法，且由于其具有风险小、效率高、不受气候条件和场地空间限制、可重复多次使用等诸多优点，虚拟现实技术在企业中得到了广泛的应用。

安全考核科学化就是建立科学的安全考核办法和配套的激励机制。安全考核是制度践行、管理落实的必要手段，只有精细严格考核才能保证各项制度、管理的落实。目前，企业安全精细化管理还处于起步阶段，存在实施标准不清晰、激励考评机制不健全等问题。为形成安全精细化管理良性推动机制，在企业安全精细化管理推广运用和充分实践论证的基础上，企业应积极探讨实施安全精细化管理达标考核办法，明确安全精细化管理的实施步骤、标准内容和考核评比办法等。当前，主要应做好以下工作：一是要形成每个工种、每个岗位、每个环节以及相互控制的具体管理、实施和考核标准；二是在日常考核中从严从细地搞好动态检查，建立健全具有强烈责任心的检查监督考核组织及人员，防止考核走过场、走形式；三要在日常考核中善于深化，从细节中发现问题，达到进一步提升管理水平，实现更深层次的细化；四要把安全精细管理与各工种岗位的工作实绩联挂结合，使每项工作、每项活动、每项考核都能处在良好的激励之中，真正体现安全精细管理的实际效果；五是建立规范化的企业安全考核题库，实现企业安全考核的网络化和规范化。

安全管控信息化是指建立以信息技术应用为主导，信息资源为核心，信息网络为基础，信息人才为依托，法规、政策、标准为保障的企业综合安全管控体系。核心是开发运用企业安全生产管控信息系统。该系统应具有基础信息管理、日常检查程序管控、各种作业程序管控、设备检修实时监控、风险评估与预警、人员车辆出入、安全信息统计分析与决策等功能围绕企业管理目标，以安全生产为主线，集成企业计划管理、收发作业、设备检修、人员管理、环境监控、政策法规等各类相关信息，为各级管理层提供多角度安全生产综合信息统计分析，辅助管理者发现问题、跟踪落实、优化管理，实现企业安全管控精细化、实时化。

应急管理实战化就是针对企业面临的各种灾害事故，探索符合实战要求的、能有效提升灾害事故处置能力的途径、手段和方法。当前，企业应根据实际情况，对预计可能发生的重大灾害事故，根据企业现有装备和人员编成，制定多种应急情况处置预案，对应急处置内容、处置程序、工作流程、人员职责和处置方法进行细化与规范。企业应建立军、警、民应急管理机制，主动与当地公安消防等部门建立联系，与当地大型企事业单位建立联动机制，充分利用一切可能的力量，以便在事故发生后能迅速控制事故发展并尽可能排除事故，保护人员的安全，将事故对人员、财产和环境造成的损失降至最低程度。企业要定期开展应急预案演练，定期评估应急管理能力，并通过演练提高人员安技素质和应急处置技能。

② 企业安全精细化管理的基本思路

实施企业安全精细化管理，应按照“先僵化、后优化、再固化”的思路进行。企业安全管理系统建立起来后，首先要僵化，就是对维持企业系统有效运行的规则要僵化地、不折不扣地执行。只有经过这一过程，使干部职工有了规则意识、养成习惯之后，才能使企业系统保持着一种稳定的运行状态。然后，就可以在企业内部就存在的问题进行局部的改进，这就是“优化”。经过不断的优化，企业的组织结构、管理流程、管理方式等就会逐步达到最佳状态，从而实现管理效率的最大化。经过一定时间多次反复的实践证明符合客观实际的东西，就可以用一定的方式将其固定下来，这就是“固化”。如果系统没有调整，这些固化的程序、方法等就可以不断重复使用。

③ 企业安全精细化管理的组织实施

企业安全精细化管理既是一种理念，也是一种方法，突破的关键是解决人的问题。因此，为了有效推进企业安全精细化管理的实施，必须解决精细化管理意识培养和精细化管理实践操作两个问题。

a. 精细化管理意识的培养

安全精细化首先是一种理念、一种认真的态度、一种精益求精的文化，因此，安全精细化管理要与企业文化建设紧密结合起来，努力营造追求精细的文化氛围，培养员工精细管理的思维习惯。企业各部门要充分利用会议、讲座、报刊、办公自动化系统等各种载体，采取“走出去”“请进来”等方式，向全体人员大力宣传实施安全精细化管理的必要性和重要意义，让大家真正理解掌握安全精细化管理的内涵、宗旨、核心和灵魂；宣传在安全精细化管理工作中涌现出的先进典型，宣传在安全精细化管理工作中探索出的好做法、好经验，为实施安全精细化管理营造浓厚的舆论氛围；倡导干部职工学习有关精细化管理的书籍，动员全体员工积极行动起来，从现在开始、从现状开始、从自己开始，大胆探索切合本单位、本部门、本岗位实际的安全精细化管理方式、方法，让精细化管理成为每位干部职工的自觉行动。

b. 精细化管理的实践操作

实施企业安全精细化管理，可分四个步骤进行：

第一步，分析诊断。企业各部门、每位职工结合各自实际，客观分析工作现状，进行自我诊断，认真查找存在的各种问题。按照“哪里不合理，就从哪里入手”的原则，找准切入点，是系统问题就从优化入手，是环节问题就从理顺环节入手，是制度问题就从完善制度入手，是操作技能问题就从提高操作技能入手，是责任问题就从明晰责任入手，是组织问题就从调整结构入手，相应制定出针对性强、操作性强的改进措施。

第二步，实施整改。针对查找出的问题，立即实施整改，逐步扩展延伸，实现由点到面、由线到面，优化整个流程；在此基础上，合理划分工作职能，清晰界定工作权限，杜绝职能的交叉、重叠；在合理划分工作职能的基础上，优化组织结构，能合并的合并，能撤除的撤除，减少管理层次，提高管理效能；根据不同岗位要求，分别制定出具体的工作标准，规范操作标准，落实到每个人、每个工种、每个岗位、每道工序、每项作业、每个动作，并建立科学合理、切实可行的评价体系与考核机制。

第三步，整合提炼。整改完成以后，要“回头看”，认真评估实施效果，客观评价成败得失，对行之有效的做法和经验用制度的形式固定下来，进行全力推广；对执行过程中出现的各种问题及时反馈、及时分析、及时纠偏，实现企业安全管理水平的有效提升。在此基础上整合提炼，最终形成一套完整的企业安全精细化管理制度。

第四步，持续改进。针对改进后执行过程中出现的新问题，进一步实施再分析、再完善、再总结、再提高，做到循环递进，螺旋上升，最终形成持续改进、不断创新的工作机制。

第五节　危险化学品企业安全管理体系

现行的安全管理体系有 HSE 管理体系、职业健康安全管理体系、安全生产标准化体系等。这些体系均采用了策划(Plan)、实施(Do)、检查(Check)、改进(Action)动态循环的 PDCA 管理模式。通过企业自我检查、自我纠正、自我完善这一动态循环的管理模式，能够更好地促进企业安全绩效的持续改进和安全生产长效机制的建立。

一、HSE管理体系

（1）HSE管理体系的概念

HSE管理体系，是20世纪80年代欧美石油公司在面临了频繁的重大事故灾难后产生的管理成果和积极实践，1997年引入我国。1998~2000年，中国石油、中国石化等开始建立自己的HSE管理体系标准。

HSE是健康（Health）、安全（Safety）和环境（Environment）管理体系的简称，HSE管理体系是将组织实施健康、安全与环境管理的组织机构、职责、做法、程序、过程和资源等要素有机结合构成的整体，这些要素通过先进、科学、系统的运行模式有机地融合在一起，相互关联、相互作用，形成动态管理体系。

HSE体系是按：规划（Plan）——实施（Do）——验证（Check）——改进（Action）运行模式来建立的，即PDCA模式。

（2）HSE管理的目的

① 满足政府对健康、安全和环境的法律、法规要求；

② 为企业提出的总方针、总目标以及各方面具体目标的实现提供保证；

③ 减少事故发生，保证员工的健康与安全，保护企业的财产不受损失；

④ 保护环境，满足可持续发展的要求；

⑤ 提高原材料和能源利用率，保护自然资源，增加经济效益；

⑥ 减少医疗、赔偿、财产损失费用，降低保险费用；

⑦ 满足公众的期望，保持良好的公共和社会关系；

⑧ 维护企业的名誉，增强市场竞争能力。

（3）HSE管理的指导原则

① 第一责任人的原则

HSE管理体系，强调最高管理者的承诺和责任，企业的最高管理者是HSE的第一责任者，对HSE应有形成文件的承诺，并确保这些承诺转变为人、财、物等资源的支持。各级企业管理者通过本岗位的HSE表率，树立行为榜样，不断强化和奖励正确的HSE行为。

② 全员参与的原则

HSE管理体系立足于全员参与，突出“以人为本”的思想。体系规定了各级组织和人员的HSE职责，强调各级组织和全体员工必须落实HSE职责。企业的每位员工，无论身处何处，都有责任把HSE事务做好，并过审查考核，不断提高企业的HSE业绩。

③ 重在预防的原则

HSE管理体系包括风险评价和隐患治理、承包商和供应商管理、装置（设施）设计和建设、运行和维修、变更管理和应急管理这五个要素，着眼点在于预防事故的发生，并特别强调了企业的高层管理者对HSE必须从设计抓起，认真落实设计部门高层管理者的HSE责任。初步设计的安全环保篇要有HSE相关部门的会签批复，设计施工图纸应有HSE相关部门审查批准签章，强调了设计人员要具备HSE的相应资格。风险评价是一个不间断的过程，是所有HSE要素的基础。

④ 以人为本的原则

HSE管理体系强调了企业所有的生产经营活动都必须满足HSE管理的各项要求，突出了人的行为对企业的事业成功至关重要，建立培训系统并对人员技能及其能力进行评价，以保证 HSE 水平的提高。

二、HSE 管理体系的建立和实施

（1）HSE 管理体系的建立

建立与实施 HSE 管理体系能有效提高企业安全生产管理水平，有助于生产经营单位建立科学的管理机制，有助于企业积极主动地实施相关职业安全检查法律法规，有助于生产经营单位满足市场要求。

HSE 管理体系由十大要素构成，这十项要素之间紧密相关，互相渗透，以确保体系的系统性、统一性和规范性。其十大要素为：

① 领导承诺、方针目标和责任；

② 组织机构、职责、资源和文件控制；

③ 风险评价和隐患治理；

④ 承包商和供应商管理；

⑤ 装置(设施)设计和建设；

⑥ 运行和维修；

⑦ 变更管理和应急管理；

⑧ 检查和监督；

⑨ 事故处理和预防；

⑩ 审核、评审和持续改进。

企业是 HSE 管理体系实施的主体，经理(局长、厂长)是 HSE 的最高管理者，按照本标准的要求，应设立管理者代表和 HSE 管理体系的组织机构，组建 HSE 管理委员会及 HSE 管理部门，明确责任并落实 HSE 责任。在开展 HSE 现状调查分析基础上编制出简捷明确、通俗适用的 HSE 管理体系实施程序，重点制定 HSE 目标、HSE 职责、HSE 表现、HSE 业绩考核和奖惩制度，认真开展各层次的 HSE 培训。该程序应及时经企业最高管理者批准发布并正式投入运行，实行年度 HSE 业绩报告制度，通过审核、评审、实现持续改进，不断提高 HSE 管理水平。

（2）HSE 管理体系实施步骤

① 学习标准，培训人员

企业在建立 HSE 管理体系之前，应结合 HSE 管理体系标准，开展两个层次的教育培训工作。

一是组织对岗位工人的宣传教育。HSE 管理体系的实施和其管理目标的实现，需要企业全体职工的深刻理解和积极参与。因此，企业必须通过一定的形式，使企业的每一个员工都清楚地了解实施 HSE 管理体系的目的、意义、内容和要求，以使其自觉主动地加入推行 HSE 管理体系的过程中。

二是组织对领导干部和管理人员的专门培训。领导干部和管理人员是 HSE 管理体系的建立保持者，担负着组织管理、文件编制和运行监督等重要使命。因此，必须通过举办专门的 HSE 管理体系培训班，使其获得 HSE 管理体系建立实施工作所需的专门知识，并具备 HSE 管理体系内审员的资格。

② 风险评价和管理现状调研

风险评价和管理现状调研是建立 HSE 管理体系的前提和基础，企业及二级单位在建立 HSE 管理体系之前，必须对企业存在的事故隐患、职业危害、环境影响进行风险评价，对影响企业安全生产、环境保护及健康卫生的 HSE 管理问题进行现状调研，以使企业制定的控制目标和管理方案更具有针对性。

③ 规划设计和准备

根据风险评价和现状调研的结论，企业及二级单位的最高管理者应组织有关部门对拟建立的 HSE 管理体系进行规划设计和准备，其主要工作程序及内容应包括：

一是企业最高管理者依照 HSE 管理规范确定的承诺原则和内容，向企业员工和相关方作出书面承诺。

二是企业最高管理者指定和任命 HSE 管理者代表，并授予应有的管理权限。

三是企业主管部门提出 HSE 方针和目标草案，最高管理者组织评审并批准发布。

四是成立企业 HSE 管理委员会，制定 HSE 管理委员会章程。

五是调整和强化 HSE 管理监督机构，合理设置工作岗位，充实技术管理人员。

六是建立健全企业 HSE 组织管理网络，成立基层单位 HSE 管理小组，按要求选拔配备 HSE 管理人员或安全工程师。

七是依照 HSE 管理规范，制定各级组织和人员的 HSE 职责。

八是制定、修订和完善 HSE 管理工作所必需的制度、规定。

九是根据 HSE 管理规范和 HSE 制度、规定的要求，制定出 HSE 关键管理工作的程序。

十是提出建立和保持 HSE 管理体系所需的资源配置计划。

十一是制定 HSE 管理体系建立的实施计划进度表，明确各部门和单位的责任与分工。

④ HSE 实施程序文件的编制

HSE 实施程序是 HSE 管理体系可执行文件的集合，根据 HSE 管理体系和 HSE 管理规范的要求，企业及二级单位在建立 HSE 管理体系前，应编制《企业 HSE 管理体系实施程序》《职能部门 HSE 职责实施计划》《生产车间(装置)HSE 实施程序》三种 HSE 实施程序文件。

⑤ HSE 管理体系的实施以上准备工作全部完成后，即可进入 HSE 管理体系的实施阶段，其主要工作内容应为：

一是批准和发布 HSE 实施程序。

二是部门、车间按实施程序的要求，组织开展日常的 HSE 管理活动。

三是部门、车间建立体系要素运行保证机制，开展检查监督和考核纠正工作，保证 HSE 管理体系按既定的目标和程序运行。

⑥ 审核、评审

HSE 管理体系在运行过程中，由于受到外因、内因的影响，管理目标、管理程序、管理方法与管理效果之间有可能发生一定的偏差。因此，在 HSE 管理体系运行一定时期后，需要对 HSE 管理体系的符合性、有效性、适用性进行审核、评审，以及调整现实与体系不相符合、体系与现实不相适应的部分，达到持续改进，不断提高的目的。

第六节　安全生产标准化

危险化学品安全标准化的建设应遵循安全生产标准化的总体建设原则，即：要坚持

“政府推动、企业为主，总体规划、分步实施，立足创新、分类指导，持续改进、巩固提升”的建设原则。

政府推动、企业为主。危险化学品从业单位安全生产标准化是将企业安全生产管理的基本要求进行系统化、规范化，使得企业安全生产工作满足国家安全法律法规、标准规范的要求，是企业安全管理的自身需求，是企业落实主体责任的重要途径，因此创建的责任主体是企业。在现阶段，许多企业自身能力和素质还达不到主动创建、自主建设的要求，需要政府的帮助和服务。政府部门在企业安全生产标准化建设的职责就是通过出台法律、法规、文件以及约束奖励机制政策，加大舆论宣传，加强对企业主要负责人安全生产标准化内涵和意义的培训工作，推动企业积极开展安全生产标准化建设工作，建立完善的安全管理体系，提升本质安全水平。

总体规划、分步实施。危险化学品从业单位安全生产标准化工作是落实危险化学品从业单位主体责任、建立安全生产长效机制的有效手段，各级安全监管部门、负有安全监管职责的有关部门必须摸清辖区内企业的规模、种类、数量等基本信息，根据企业大小不等、素质不整、能力不同、时限不一等实际情况，进行总体规划，做到全面推进、分步实施，使所有企业都行动起来，在扎实推进的基础上，逐步进行分批达标。防止出现“创建搞运动，评审走过场”的现象。

立足创新、分类指导。在危险化学品从业单位安全生产标准化创建过程中，重在企业创建和自评阶段，要建立健全各项安全生产制度、规程、标准等，并在实际中贯彻执行。各地在推进危险化学品从业单位安全生产标准化建设过程中，要从各地的实际情况出发，创新评审模式，高质量地推进危险化学品从业单位安全生产标准化建设工作。

对无法按照应急管理部已发布的评定标准进行三级达标的小微企业，各地可创造性地制定地方安全生产标准化小微企业达标标准，把握小微企业安全生产特点，从建立企业基本安全规章制度、提高企业员工基本安全技能、关注企业重点生产设备安全状况及现场条件等角度，制定达标条款，从而全面指导小微企业开展建设达标工作。

持续改进、巩固提升。危险化学品从业单位安全生产标准化的重要步骤是创建、运行和持续改进，是一项长期工作。外部评审定级仅仅是检验建设效果的手段之一，不是标准化艰涩的最终目的。对于安全生产标准化建设工作存在认识不统一、思路不清晰的问题，一些企业甚至部分地方安全监管部门认为，安全生产标准化是一种短期行为，取得等级证书之后安全生产标准化工作就结束了，这种观点是错误的。企业在达标后，每年需要进行自评工作，通过不断运行来检验其建设效果。一方面，对安全生产标准一级达标企业要重点抓巩固，在运行过程中不断提高发现问题和解决问题的能力；二级企业着力抓提升，在运行一段时间后鼓励向一级企业提升；三级企业督促抓改进，对于建设、自评和评审过程中存在的问题、隐患要及时进行整改，不断改善企业安全生产绩效，提升安全管理水平，做到持续改进。另一方面，各专业评定标准也会按照我国企业安全生产状况，结合国际上先进的安全管理思想不断进行修订、完善和提升。

一、危险化学品从业单位安全标准化的管理要素

《企业安全生产标准化基本规范》(GB/T 33000—2016)于2017年4月1日起正式实施。该标准规定了企业安全生产标准化管理体系建立、保持与评定的原则和一般要求，以及目标职责、制度化管理、教育培训、现场管理、安全风险管控及隐患排查治理、应急管理、

事故管理和持续改进八个体系的核心技术要求，A、B、C 级要素见表 1-4。

表 1-4 A、B、C 级要素内容

A 级要素	B 级要素	C 级要素
1 目标职责	1.1 目标	
	1.2 机构和职责	1.2.1 机构设置
		1.2.2 主要负责人及领导层职责
		1.2.3 全员参与
		1.2.4 安全生产投入
		1.2.5 安全文化建设
		1.2.6 安全生产信息化建设
2 制度化管理	2.1 法规标准识别	
	2.2 规章制度	
	2.3 操作规程	
	2.4 文档管理	2.4.1 记录管理
		2.4.2 评估
		2.4.3 修订
3 教育培训	3.1 教育培训管理	
	3.2 人员教育培训	3.2.1 主要负责人和安全管理人员
		3.2.2 从业人员
		3.2.3 其他人员教育培训
4 现场管理	4.1 设备设施管理	4.1.1 设备设施建设
		4.1.2 设备设施验收
		4.1.3 设备设施运行
		4.1.4 设备设施检维修
		4.1.5 检测检验
		4.1.6 设备设施拆除、报废
	4.2 作业安全	4.2.1 作业环境和作业条件
		4.2.2 作业行为
		4.2.3 岗位达标
		4.2.4 相关方
	4.3 职业健康	4.3.1 基本要求
		4.3.2 职业危害告知
		4.3.3 职业病危害申报
		4.3.4 职业病危害检测与评价
	4.4 警示标志	

续表

A 级要素	B 级要素	C 级要素
5 安全风险管控及隐患排查治理	5.1 安全风险管理	5.1.1 安全风险辨识
		5.1.2 安全风险评估
		5.1.3 安全风险控制
		5.1.4 变更管理
	5.2 重大危险源辨识和管理	
	5.3 隐患排查治理	5.3.1 隐患排查
		5.3.2 隐患治理
		5.3.3 验收与评估
		5.3.4 信息记录、通报和报送
	5.4 预测预警	
6 应急管理	6.1 应急准备	6.1.1 应急救援组织
		6.1.2 应急预案
		6.1.3 应急设施、装备、物资
		6.1.4 应急演练
		6.1.5 应急救援信息系统建设
	6.2 应急处置	
	6.3 应急评估	
7 事故查处	7.1 报告	
	7.2 调查和处理	
	7.3 管理	
8 持续改进	8.1 绩效评定	
	8.2 持续改进	

二、危险化学品从业单位安全标准化的建设流程

危险化学品从业单位安全标准化的建设流程包括策划准备及制定目标、教育培训、现状摸底、管理文件修订、实施运行及完善整改、企业自评和问题整改、评审申请、外部评审等八个阶段。

第一阶段：策划准备及制定目标。策划准备阶段首先要成立领导小组，由企业主要负责人担任领导小组组长，所有相关的职能部门的主要负责人作为成员，确保安全标准化建设所需的资源充分；成立执行小组，由各部门负责人、工作人员共同组成，负责安全标准化建设过程中的具体问题。

制定安全标准化建设目标，并根据目标来制定推进方案，分解落实达标建设责任，明确在安全标准化建设过程中确保各部门按照任务分工，顺利完成阶段性工作目标。大型企业集团要全面推进安全标准化企业建设工作，发动成员企业建设的积极性，要根据成员企业基本情况，合理制定安全标准化建设目标和推进计划。要充分利用产业链传导优势，通

过上游企业在安全标准化建设的积极影响，促进中下游企业、供应商和合作伙伴安全管理水平的整体提升。

第二阶段：教育培训。安全标准化建设需要全员参与。教育培训首先要解决企业领导层对安全生产建设工作重要性的认识，加强其对安全标准化工作的理解，从而使企业领导层重视该项工作，加大推动力度，监督检查执行进度；其次要解决执行部门、人员操作的问题，培训评定标准的具体条款要求是什么，本部门、本岗位、相关人员应该做哪些工作，如何将安全标准化建设和企业以往安全管理工作相结合，尤其是与已建立的职业安全健康管理体系相结合的问题，避免出现“两张皮”的现象。

加大安全标准化工作的宣传力度，充分利用企业内部资源广泛宣传安全标准化的相关文件和知识，加强全员参与度，解决安全标准化建设的思想认识和关键问题。

第三阶段：现状摸底。对照相应专业评定标准(或评分细则)，对企业各职能部门及下属各单位安全管理情况、现场设备设施状况进行现状摸底，摸清各单位存在的问题和缺陷；对于发现的问题，定责任部门、定措施、定时间、定资金，及时进行整改并验证整改效果。现状摸底的结果作为企业安全标准化建设各阶段进度任务的针对性依据。

企业要根据自身经营规模、行业地位、工艺特点及现状摸底结果等因素及时调整达标目标，不可盲目一味追求达到高等级的结果，而忽视达标过程。

第四阶段：管理文件制修订。对照评定标准，对各单位主要安全、健康管理文件进行梳理，结合现状摸底所发现的问题，准确判断管理文件亟待加强和改进的薄弱环节，提出有关文件的制修订计划；以各部门为主，自行对相关文件进行修订，由标准化执行小组对管理文件进行把关。

值得提醒和注意的是，安全标准化对安全管理制度、操作规程的要求，核心在其内容的符合性和有效性，而不是其名称和格式。

第五阶段：实施运行及完善。根据制修订后的安全管理文件，企业要在日常工作中进行实际运行。根据运行情况，对照评定标准的条款，将发现的问题及时进行整改及完善。

第六阶段：企业自评及问题整改。企业在安全标准化系统运行一段时间后(通常为3~6个月)，依据评定标准，由标准化执行部门组织相关人员，对申请企业开展自主评定工作。

企业对自主评定中发现的问题进行整改，整改完毕后，着手准备安全标准化评审申请材料。

第七阶段：评审申请。企业在自评材料中，应尽可能将每项考评内容的得分及扣分原因进行详细描述，应能通过申请材料反映企业工艺及安全管理情况；根据自评结果确定拟申请的等级，按相关规定到属地或上级安监部门办理外部评审推荐手续后，正式向相应评审组织单位递交评审申请。

第八阶段：外部评审。接受外部评审单位的正式评审，在现场评审过程中，积极主动配合。并对外部评审发现的问题，形成整改计划，及时进行整改，并配合上报有关材料。

三、危险化学品从业单位安全标准化的评审

(1) 评审机构与人员

① 国家安全监管总局确定一级企业评审组织单位和评审单位。

省级安全监管部门确定并公告二级、三级企业评审组织单位和评审单位。评审组织单

位可以是安全监管部门，也可以是安全监管部门确定的单位。

② 评审组织单位承担以下工作：

一是受理危化品企业提交的达标评审申请，审查危化品企业提交的申请材料。

二是选定评审单位，将危化品企业提交的申请材料转交评审单位。

三是对评审单位的评审结论进行审核，并向相应安全监管部门提交审核结果。

四是对安全监管部门公告的危化品企业发放达标证书和牌匾。

五是对评审单位评审工作质量进行检查考核。

③ 评审单位应具备以下条件：

一是具有法人资格。

二是有与其开展工作相适应的固定办公场所和设施、设备，具有必要的技术支撑条件。

三是注册资金不低于 100 万元。

四是本单位承担评审工作的人员中取得评审人员培训合格证书的不少于 10 名，且有不少于 5 名具有危险化学品相关安全知识或化工生产实际经验的人员。

五是有健全的管理制度和安全生产标准化评审工作质量保证体系。

④ 评审单位承担以下工作：

一是对本地区申请安全生产标准化达标的企业实施评审。

二是向评审组织单位提交评审报告。

三是每年至少一次对质量保证体系进行内部审核，每年 1 月 15 日前和 7 月 15 日前分别对上年度和本年度上半年本单位评审工作进行总结，并向相应安全监管部门报送内部审核报告和工作总结。

⑤ 国家安全监管总局化学品登记中心为全国危化品企业安全标准化工作提供技术支撑，承担以下工作：

一是为各地做好危化品企业安全标准化工作提供技术支撑。

二是起草危化品企业安全标准化相关标准。

三是拟定危化品企业安全标准化评审人员培训大纲、培训教材及考核标准，承担评审人员培训工作。

四是承担危化品企业安全标准化宣贯培训，为各地开展危化品企业安全标准化自评员培训提供技术服务。

⑥ 承担评审工作的评审人员应具备以下条件：

一是具有化学、化工或安全专业大专(含)以上学历或中级(含)以上技术职称。

二是从事危险化学品或化工行业安全相关的技术或管理等工作经历 3 年以上。

三是经中国化学品安全协会考核取得评审人员培训合格证书。

⑦ 评审人员培训合格证书有效期为 3 年。有效期届满 3 个月前，提交再培训换证申请表，经再培训合格，换发新证。

⑧ 评审人员培训合格证书有效期内，评审人员每年至少参与完成对 2 个企业的安全生产标准化评审工作，且应客观公正，依法保守企业的商业秘密和有关评审工作信息。

⑨ 安全生产标准化专家应具备以下条件：

一是经危化品企业安全标准化专门培训。

二是具有至少 10 年从事化工工艺、设备、仪表、电气等专业或安全管理的工作经历，或 5 年以上从事化工设计工作经历。

⑩ 自评员应具备以下条件：

一是具有化学、化工或安全专业中专以上学历。

二是具有至少 3 年从事与危险化学品或化工行业安全相关的技术或管理等工作经历。

三是经省级安全监管部门确定的单位组织的自评员培训，取得自评员培训合格证书。

(2)自评与申请

① 危化品企业可组织专家或自主选择评审单位为企业开展安全生产标准化提供咨询服务，对照《危险化学品从业单位安全生产标准化评审标准》(安监总管三〔2011〕93 号，以下简称《评审标准》)对安全生产条件及安全管理现状进行诊断，确定适合本企业安全生产标准化的具体要素，编制诊断报告，提出诊断问题、隐患和建议。

危化品企业应对专家组诊断的问题和隐患进行整改，落实相关建议。

② 危化品企业安全生产标准化运行一段时间后，主要负责人应组建自评工作组，对安全生产标准化工作与《评审标准》的符合情况和实施效果开展自评，形成自评报告。自评工作组应至少有 1 名自评员。

③ 危化品企业自评结果符合《评审标准》等有关文件规定的申请条件的，方可提出安全生产标准化达标评审申请。

④ 申请安全生产标准化一级、二级、三级达标评审的危化品企业，应分别向一级、二级、三级评审组织单位申请。

⑤ 危化品企业申请安全生产标准化达标评审时，应提交下列材料：

一是危险化学品从业单位安全生产标准化评审申请书；二是危险化学品从业单位安全生产标准化自评报告。

(3) 受理与评审

① 评审组织单位收到危化品企业的达标评审申请后，应在 10 个工作日内完成申请材料审查工作。经审查符合申请条件的，予以受理并告知企业；经审查不符合申请条件的，不予受理，及时告知申请企业并说明理由。

评审组织单位受理危化品企业的申请后，应在 2 个工作日内选定评审单位并向其转交危化品企业提交的申请材料，由选定的评审单位进行评审。

② 评审单位应在接到评审组织单位的通知之日起 40 个工作日内完成对危化品企业的评审。评审完成后，评审单位应在 10 个工作日内向相应的评审组织单位提交评审报告。

③ 评审单位应根据危化品企业规模及化工工艺成立评审工作组，指定评审组组长。评审工作组至少由 2 名评审人员组成，也可聘请技术专家提供技术支撑。评审工作组成员应按照评审计划和任务分工实施评审。

评审单位应当如实记录评审工作并形成记录文件；评审内容应覆盖专家组确定的要素及企业所有生产经营活动、场所；评审记录应翔实、证据充分。

④ 评审工作组完成评审后，应编写评审报告。参加评审的评审组成员应在评审报告上签字，并注明评审人员培训合格证书编号。评审报告经评审单位负责人审批后存档，并提交相应的评审组织单位。评审工作组应将否决项与扣分项清单和整改要求提交给企业，并报企业所在地市、县两级安全监管部门。

⑤ 评审计分方法

一是每个 A 级要素满分为 100 分，各个 A 级要素的评审得分乘以相应的权重系数，然后相加得到评审得分。评审满分为 100 分，计算方法如下：

$$M = \sum_{l}^{n} K_l \cdot M_l \tag{1-1}$$

式中 M——总分值；

K_i——权重系数；

M_i——各 A 级要素得分值；

n——A 级要素的数量（$1 \leq n \leq 12$）。

二是当企业不涉及相关 B 级要素时为缺项，按零分计。A 级要素得分值折算方法如下：

$$M_i = \frac{M_{i实} \times 100}{M_{i满}}$$

式中 $M_{i实}$——A 级要素实得分值；

$M_{i满}$——扣除缺项后的要素满分值。

每个 B 级要素分值扣完为止。

《评审标准》第 12 个要素（本地区要求）满分为 100 分，每项不符合要求扣 10 分。按照《评审标准》评审，一级、二级、三级企业评审得分均在 80 分（含）以上，且每个 A 级要素评审得分均在 60 分（含）以上。

⑥ 评审单位应将评审资料存档，包括技术服务合同、评审通知、诊断报告、评审计划、评审记录、否决项与扣分项清单、评审报告、企业申请资料等。

⑦ 初次评审未达到危化品企业申请等级（申请三级除外）的，评审单位应提出申请企业实际达到等级的建议，将建议和评审报告一并提交给评审组织单位。次评审未达到三级企业标准的，经整改合格后，重新提出评审申请。

（4）审核与发证

① 评审组织单位应在接到评审单位提交的评审报告之日起 10 个工作日内完成审核，形成审核报告，报相应的安全监管部门。

对初次评审未达到申请等级的企业，评审单位可提出达标等级建议，经评审组织单位审核同意后，可将审核结果和评审报告转交提出申请的危化品企业。

② 公告单位应定期公告安全标准化企业名单。在公告安全标准化一级、二级、三级达标企业名单前，公告单位应分别征求企业所在地省级、市级、县级安全监管部门意见。

③ 评审组织单位颁发相应级别的安全生产标准化证书和牌匾。

安全生产标准化证书、牌匾的有效期为 3 年，自评审组织单位审核通过之日起算。

（5）监督管理

① 安全生产标准化达标企业在取得安全生产标准化证书后 3 年内满足以下条件的，可直接换发安全生产标准化证书：

一是未发生人员死亡事故，或者 10 人以上重伤事故（一级达标企业含承包商事故），或者造成 1000 万元以上直接经济损失的爆炸、火灾、泄漏、中毒等事故。

二是安全生产标准化持续有效运行，并有有效记录。

三是安全监管部门、评审组织单位或者评审单位监督检查未发现企业安全管理存在突出问题或者重大隐患。

三是未改建、扩建或者迁移生产经营、储存场所，未扩大生产经营许可范围。

四是每年至少进行 1 次自评。

② 评审组织单位每年应按照不低于20%的比例对达标危化品企业进行抽查，3年内对每个达标危化品企业至少抽查一次。

抽查内容应覆盖企业适用的安全生产标准化所有要素，且覆盖企业半数以上的管理部门和生产现场。

③ 取得安全生产标准化证书后，危化品企业应每年至少进行一次自评，形成自评报告。危化品企业应将自评报告报评审组织单位审查，对发现问题的危化品企业，评审组织单位应到现场核查。

④ 危化品企业抽查或核查不达标，在证书有效期内发生死亡事故或其他较大以上生产安全事故，或被撤销安全许可证的，由原公告部门撤销其安全生产标准化企业等级并进行公告。危化品企业安全生产标准化证书被撤销后，应在1年内完成整改，整改后可提出三级达标评审申请。

⑤ 危化品企业安全生产标准化达标等级被撤销的，由原发证单位收回证书、牌匾。

⑥ 评审人员有下列行为之一的，其培训合格证书由原发证单位注销并公告：

一是隐瞒真实情况，故意出具虚假证明、报告。

二是未按规定办理换证。

三是允许他人以本人名义开展评审工作或参与标准化工作诊断等咨询服务。

四是因工作失误，造成事故或重大经济损失。

五是利用工作之便，索贿、受贿或牟取不正当利益。

六是法律、法规规定的其他行为。

⑦ 评审单位有下列行为之一的，其评审资格由授权单位撤销并公告：

一是故意出具虚假证明、报告。

二是因对评审人员疏于管理，造成事故或重大经济损失。

三是未建立有效的质量保证体系，无法保证评审工作质量。

四是安全监管部门检查发现存在重大问题。

五是安全监管部门发现其评审的达标企业安全生产标准化达不到《评审标准》及有关文件规定的要求。

第二章　危险化学品法规标准

第一节　法律法规体系

我国涉及危险化学品安全生产的法律法规体系见表 2-1。

表 2-1　我国危险化学品安全生产法律法规一览表

法律法规层次	主要法律法规举例
国家根本法	宪法
国家基本法	宪法、民法
劳动综合法	劳动法
安全生产基本法	安全生产法、职业病防治法
安全生产专门法	消防法、交通安全法、矿山法
安全行政法规	危险化学品安全管理条例、易制毒化学品管理条例、使用有毒物品作业场所劳动保护条例、安全生产许可证条例、特种设备安全监察条例、工伤保险条例等
地方性法规	北京市安全生产条例等
部门规章	危险化学品生产企业安全生产许可证实施办法、危险化学品经营许可证管理办法、危险化学品登记管理办法、危险化学品重大危险源监督管理暂行规定、危险化学品输送管道管理规定、危险化学品建设项目安全监督管理办法等

按法的不同层级，可以将法分为上位法与下位法。法的层级不同，其法律地位和效力也不同。上位法是指法律地位、效力高于其他相关法的立法。下位法相对上位法而言，是指法律地位、法律效力低于相关上位法的立法。不同的安全生产立法对同一类或者同一个安全生产行为做出不同法律规定的，以上位法规定为准，适用上位法的规定。上位法没有规定的，可以适用下位法。下位法的数量一般多于上位法。

一、法律

法律是安全生产法律体系的上位法，居于整个体系的最高层级，其法律地位和效力高于行政法规、地方性法规、部门规章、地方政府规章等下位法。国家现行的有关安全生产的专门法律有《安全生产法》《职业病防治法》《消防法》《道路交通安全法》《海上交通安全法》《矿山安全法》，与安全生产相关的法律主要有《劳动法》《工会法》《矿山资源法》《铁路法》《公路法》《民用航空法》《港口法》《建筑法》《煤炭法》等。

1. 安全生产基本法《安全生产法》

2014 年 8 月 31 日，第十二届全国人民代表大会常务委员会第十次会议通过了全国人民代表大会常务委员会关于修改《中华人民共和国安全生产法》的决定。

《安全生产法》共 7 章 114 条，是一部“生命法”，2014 年 12 月 1 日实施，是我国安全生产法制建设的又一重要里程碑，是为加强安全生产监督管理，防止和减少生产安全事故，保障人民群众生命和财产安全的一部法律。适用于从事生产经营活动的单位。主要有十大亮点：

（1）坚持以人为本，推进安全发展

新法提出安全生产工作应当以人为本，充分体现了习近平总书记等中央领导同志近年来关于安全生产工作一系列重要指示精神，对于坚守“发展决不能以牺牲人的生命为代价”这条红线，牢固树立以人为本、生命至上的理念，正确处理重大险情和事故应急救援中“保财产”还是“保人命”的问题，具有重大意义。为强化安全生产工作的重要地位，明确安全生产在国民经济和社会发展中的重要地位，推进安全生产形势持续稳定好转，新法将坚持安全发展写入了总则。

（2）建立完善安全生产方针和工作机制

新法确立了“安全第一、预防为主、综合治理”的安全生产工作“十二字方针”，明确了安全生产的重要地位、主体任务和实现安全生产的根本途径。“安全第一”要求从事生产经营活动必须把安全放在首位，不能以牺牲人的生命、健康为代价换取发展和效益。“预防为主”要求把安全生产工作的重心放在预防上，强化隐患排查治理，打非治违，从源头上控制、预防和减少生产安全事故。“综合治理”要求运用行政、经济、法治、科技等多种手段，充分发挥社会、职工、舆论监督各个方面的作用，抓好安全生产工作。坚持“十二字方针”，总结实践经验，新法明确要求建立生产经营单位负责、职工参与、政府监管、行业自律、社会监督的机制，进一步明确各方安全生产职责。做好安全生产工作，落实生产经营单位主体责任是根本，职工参与是基础，政府监管是关键，行业自律是发展方向，社会监督是实现预防和减少生产安全事故目标的保障。

（3）落实“三个必须”，明确安全监管部门执法地位

按照“三个必须”（管业务必须管安全、管行业必须管安全、管生产经营必须管安全）的要求，新法一是规定国务院和县级以上地方人民政府应当建立健全安全生产工作协调机制，及时协调、解决安全生产监督管理中存在的重大问题。二是明确国务院和县级以上地方人民政府应急管理部门实施综合监督管理，有关部门在各自职责范围内对有关行业、领域的安全生产工作实施监督管理，并将其统称负有安全生产监督管理职责的部门。三是明确各级应急管理部门和其他负有安全生产监督管理职责的部门作为执法部门，依法开展安全生产行政执法工作，对生产经营单位执行法律、法规、国家标准或者行业标准的情况进行监督检查。

（4）明确乡镇人民政府以及街道办事处、开发区管理机构安全生产职责

乡镇街道是安全生产工作的重要基础，有必要在立法层面明确其安全生产职责，同时，针对各地经济技术开发区、工业园区的安全监管体制不顺、监管人员配备不足、事故隐患集中、事故多发等突出问题，新法明确：乡、镇人民政府以及街道办事处、开发区管理机构等地方人民政府的派出机关应当按照职责，加强对本行政区域内生产经营单位安全生产状况的监督检查，协助上级人民政府有关部门依法履行安全生产监督管理职责。

（5）进一步强化生产经营单位的安全生产主体责任

做好安全生产工作，落实生产经营单位主体责任是根本。新法把明确安全责任、发挥生产经营单位安全生产管理机构和安全生产管理人员作用作为一项重要内容，作出四个方面的重要规定：一是明确委托规定的机构提供安全生产技术、管理服务的，保证安全生产的责任仍然由本单位负责；二是明确生产经营单位的安全生产责任制的内容，规定生产经营单位应当建立相应的机制，加强对安全生产责任制落实情况的监督考核；三是明确生产经营单位的安全生产管理机构以及安全生产管理人员履行的七项职责。四是规定矿山、金属冶炼建设项目和用于生产、储存危险物品的建设项目竣工投入生产或者使用前，由建设单位负责组织对安全设施进行验收。

（6）建立事故预防和应急救援的制度

新法把加强事前预防和事故应急救援作为一项重要内容：一是生产经营单位必须建立生产安全事故隐患排查治理制度，采取技术、管理措施及时发现并消除事故隐患，并向从业人员通报隐患排查治理情况的制度。二是政府有关部门要建立健全重大事故隐患治理督办制度，督促生产经营单位消除重大事故隐患。三是对未建立隐患排查治理制度、未采取有效措施消除事故隐患的行为，设定了严格的行政处罚。四是赋予负有安全监管职责的部门对拒不执行执法决定、有发生生产安全事故现实危险的生产经营单位依法采取停电、停供民用爆炸物品等措施，强制生产经营单位履行决定。五是国家建立应急救援基地和应急救援队伍，建立全国统一的应急救援信息系统。生产经营单位应当依法制定应急预案并定期演练。参与事故抢救的部门和单位要服从统一指挥，根据事故救援的需要组织采取告知、警戒、疏散等措施。

（7）建立安全生产标准化制度

安全生产标准化是在传统的安全质量标准化基础上，根据当前安全生产工作的要求、企业生产工艺特点，借鉴国外现代先进安全管理思想，形成的一套系统的、规范的、科学的安全管理体系。2010 年《国务院关于进一步加强企业安全生产工作的通知》（国发〔2010〕23 号）、2011 年《国务院关于坚持科学发展安全发展促进安全生产形势持续稳定好转的意见》（国发〔2011〕40 号）均对安全生产标准化工作提出了明确的要求。近年来矿山、危险化学品等高危行业企业安全生产标准化取得了显著成效，工贸行业领域的标准化工作正在全面推进，企业本质安全生产水平明显提高。结合多年的实践经验，新法在总则部分明确提出推进安全生产标准化工作，这必将对强化安全生产基础建设，促进企业安全生产水平持续提升产生重大而深远的影响。

（8）推行注册安全工程师制度

为解决中小企业安全生产“无人管、不会管”问题，促进安全生产管理人员队伍朝着专业化、职业化方向发展，国家自 2004 年以来连续 10 年实施了全国注册安全工程师执业资格统一考试，21.8 万人取得了资格证书。截至 2013 年 12 月，已有近 15 万人注册并在生产经营单位和安全生产中介服务机构执业。新法确立了注册安全工程师制度，并从两个方面加以推进：一是危险物品的生产、储存单位以及矿山、金属冶炼单位应当有注册安全工程师从事安全生产管理工作，鼓励其他生产经营单位聘用注册安全工程师从事安全生产管理工作。二是建立注册安全工程师按专业分类管理制度，授权国务院有关部门制定具体实施办法。

（9）推进安全生产责任保险制度

新法总结近年来的试点经验，通过引入保险机制，促进安全生产，规定国家鼓励生产经营单位投保安全生产责任保险。安全生产责任保险具有其他保险所不具备的特殊功能和优势，一是增加事故救援费用和第三人（事故单位从业人员以外的事故受害人）赔付的资金来源，有助于减轻政府负担，维护社会稳定。目前有的地区还提供了一部分资金作为对事故死亡人员家属的补偿。二是有利于现行安全生产经济政策的完善和发展。2005 年起实施的高危行业风险抵押金制度存在缴存标准高、占用资金大、缺乏激励作用等不足，目前湖南、上海等省市已经通过地方立法允许企业自愿选择责任保险或者风险抵押金，受到企业的广泛欢迎。三是通过保险费率浮动、引进保险公司参与企业安全管理，可以有效促进企业加强安全生产工作。

（10）加大对安全生产违法行为的责任追究力度

一是规定了事故行政处罚和终身行业禁入。第一，将行政法规的规定上升为法律条文，按照两个责任主体、四个事故等级，设立了对生产经营单位及其主要负责人的八项罚款处罚明文。第二，大幅提高对事故责任单位的罚款金额：一般事故罚款 20 万～50 万元，较大事故 50 万～100 万元，重大事故 100 万～500 万元，特别重大事故 500 万～1000 万元；特别重大事故的情节特别严重的，罚款 1000 万～2000 万元。第三，进一步明确主要负责人对重大、特别重大事故负有责任的，终身不得担任本行业生产经营单位的主要负责人。

二是加大罚款处罚力度。结合各地区经济发展水平、企业规模等实际，新法维持罚款下限基本不变、将罚款上限提高了 2～5 倍，并且大多数罚则不再将限期整改作为前置条件。反映了"打非治违""重典治乱"的现实需要，强化了对安全生产违法行为的震慑力，也有利于降低执法成本、提高执法效能。

三是建立了严重违法行为公告和通报制度。要求负有应急管理部门建立安全生产违法行为信息库，如实记录生产经营单位的违法行为信息；对违法行为情节严重的生产经营单位，应当向社会公告，并通报行业主管部门、投资主管部门、国土资源主管部门、证券监督管理部门和有关金融机构。

2. 安全生产专门法

（1）突发事件应对法

《中华人民共和国突发事件应对法》于 2007 年 8 月 30 日由中华人民共和国第十届全国人民代表大会常务委员会第二十九次会议通过，国家主席令第六十九号公布，自 2007 年 11 月 1 日起施行。

突发事件应对法是一部规范突发事件的预防与应急准备、监测与预警、应急处置与救援、事后恢复与重建等应对活动的重要法律，对于预防和减少突发事件的发生，控制、减轻和消除突发事件引起的严重社会危害，保护人民生命财产安全，维护国家安全、公共安全、环境安全和社会秩序，具有重要意义。

（2）消防法

《消防法》于 1998 年 4 月 29 日第九届全国人民代表大会常务委员会第二次会议通过，2008 年 10 月 28 日第十一届全国人民代表大会常务委员会第五次会议修订，2019 年 4 月 23 日第十三届全国人民代表大会常务委员会第十次会议修订。

《消防法》中的消防救援机构取代了公安机关消防机构，国家综合性消防救援队取代了公安消防队，应急管理部门被赋予新的职能。如对辖区的消防工作进行监督管理；应当加强消防法律、法规的宣传，并督促、指导、协助有关单位做好消防宣传教育工作；对消防安全重点单位报本级人民政府备案；制订和公布消防产品相关政策；向本级人民政府书面报告重大火灾隐患等。

① 住建部门承担建设工程审验相关工作。审验哪些工程，具体的审验和备案等行政审批，备案抽查、监督管理等，均由住建部门负责。②住建部门承担建设工程相关行政处罚工作。对在建筑工程审验、检查等过程中发现的违法行为，住建部门依照消防法进行罚款、三停、强制执行等行政处罚。③住建部门承担部分信息报送工作。责令停产停业，对经济和社会生活影响较大的，由住房和城乡建设主管部门或者应急管理部门报请本级人民政府依法决定。

消防产品质量认证、消防设施检测、消防安全监测等消防技术服务机构和执业人员，应当依法获得相应的资质、资格；依照法律、行政法规、国家标准、行业标准和执业准则，接受委托提供消防技术服务，并对服务质量负责。

（3）防震减灾法

《防震减灾法》于 1997 年 12 月 29 日第八届全国人民代表大会常务委员会第二十九次会议通过，2008 年 12 月 27 日第十一届全国人民代表大会常务委员会第六次会议修订。主要内容为地震监测预报、地震灾害预防、地震应急救援、地震灾后过渡性安置和恢复重建等。

新建、扩建、改建建设工程，应当达到抗震设防要求。重大建设工程和可能发生严重次生灾害的建设工程，应当按照国务院有关规定进行地震安全性评价，并按照经审定的地震安全性评价报告所确定的抗震设防要求进行抗震设防。

（4）防洪法

《防洪法》于 1998 年 1 月 1 日起施行。目的是防治洪水，防御、减轻洪涝灾害，维护人民的生命和财产安全，任何单位和个人都有保护防洪工程设施和依法参加防汛抗洪的义务。

在洪泛区、蓄滞洪区内建设非防洪建设项目，应当就洪水对建设项目可能产生的影响和建设项目对防洪可能产生的影响作出评价，编制洪水影响评价报告，提出防御措施。建设项目可行性研究报告按照国家规定的基本建设程序报请批准时，应当附具有关水行政主管部门审查批准的洪水影响评价报告。

二、法规

安全生产法规分为行政法规和地方性法规。

行政法规是国务院制定的，以国务院令的形式发布。行政法规的法律地位和法律效力低于有关安全生产的法律，高于地方性安全生产法规、地方政府安全生产规章等下位法。行政法规一般以条例为行文载体，以国务院令的形式发布，如《危险化学品安全管理条例》(国务院令第 591 号)。

（1）危险化学品安全管理条例

为了预防和减少危险化学品事故，保障人民群众生命财产安全和保护人类赖以生存的生态环境。2011 年 3 月 2 日，国务院令第 591 号公布了经修订的《危险化学品安全管理条例》，自 2011 年 12 月 1 日起施行。2013 年《国务院关于修改部分行政法规的决定》(国务院令第 645 号)进行修正。2013 年 12 月 4 日国务院第 32 次常务会议通过，2013 年 12 月 7 日由国务院总理发布施行。

《条例》是危险化学品安全监管的重要法规依据，它进一步明确了各方的权利、义务和责任，明确了企业安全生产的主体责任，加强了政府监管，完善危险化学品安全生产市场准入和安全监管协调等两个机制、建立健全行政许可、登记和备案等三项制度，抓好强化监督检查、推进信息化监管、创新工作方式方法、加强配套法规建设等四个重点工作。

（2）易制毒化学品管理条例

《易制毒化学品管理条例》是对易制毒化学品的管理条例。由中华人民共和国国务院于 2005 年 8 月 26 日颁布，2005 年 11 月 1 日起实施，共有八章四十五条。

制定《易制毒化学品管理条例》的目的是为了加强易制毒化学品管理，规范易制毒化学品的生产、经营、购买、运输和进口、出口行为，防止易制毒化学品被用于制造毒品，维护经济和社会秩序。条例规定，国家对易制毒化学品的生产、经营、购买、运输和进口、出口实行分类管理和许可制度。

易制毒化学品分为三类。第一类是可以用于制毒的主要原料，第二类、第三类是可以用于制毒的化学配剂。其中第一类易制毒化学品又分为药品类易制毒化学品和非药品类易制毒化学品。这些易制毒化学品的具体分类和品种，在条例附表中已经列示。

有关行政主管部门应当将易制毒化学品许可以及依法吊销许可的情况通报有关公安机关和工商行政管理部门；工商行政管理部门应当将生产、经营易制毒化学品企业依法变更或者注销登记的情况通报有关公安机关和行政主管部门。

生产、经营、购买、运输和进口、出口易制毒化学品的单位，应当建立单位内部易制毒化学品管理制度。易制毒化学品的产品包装和使用说明书，应当标明产品的名称（含学名和通用名）、化学分子式和成分。

禁止走私或者非法生产、经营、购买、转让、运输易制毒化学品，禁止使用现金或者实物进行易制毒化学品交易。但是，个人合法购买第一类中的药品类易制毒化学品药品制剂和第三类易制毒化学品的除外。

生产、经营、购买、运输或者进口、出口易制毒化学品的单位，应当于每年 3 月 31 日前向许可或者备案的行政主管部门和公安机关报告本单位上年度易制毒化学品的生产、经营、购买、运输或者进口、出口情况；有条件的生产、经营、购买、运输或者进口、出口单位，可以与有关行政主管部门建立计算机联网，及时通报有关经营情况。

申请生产第一类中的药品类易制毒化学品，还应当在仓储场所等重点区域设置电视监控设施以及与公安机关联网的报警装置。

（3）监控化学品管理条例

1995 年 12 月 27 日中华人民共和国国务院令第 190 号发布，根据 2011 年 1 月 8 日《国务院关于废止和修改部分行政法规的决定》修订。

《中华人民共和国监控化学品管理条例》（中华人民共和国国务院令第 190 号）规定的四类化学品作为我国监控化学品：

第一类：可作为化学武器的化学品；

第二类：可作为生产化学武器前体的化学品；

第三类：可作为生产化学武器主要原料的化学品；

第四类：除炸药和纯碳氢化合物外的特定有机化学品。

“特定有机化学品”是指可由其化学名称、结构式（如果已知的话）和化学文摘社登记号(如果已给定此号码)辨明的属于除碳的氧化物、硫化物和金属碳酸盐以外的所有碳化合物所组成的化合物族类的任何化学品。

① 政府部门分工

国务院工业和信息化部门负责全国监控化学品的管理工作。省、自治区、直辖市人民政府工业和信息化部门负责本行政区域内监控化学品的管理工作。

生产、经营或者使用监控化学品的，应当依照本条例和国家有关规定向国务院工业和信息化部门或者省、自治区、直辖市人民政府工业和信息化部门申报生产、经营或者使用监控化学品的有关资料、数据和使用目的，接受工业和信息化部门的检查监督。

国家严格控制第一类监控化学品的生产。为科研、医疗、制造药物或者防护目的需要生产第一类监控化学品的，应当报国务院工业和信息化部门批准，并在国务院工业和信息化部门指定的小型设施中生产。严禁在未经国务院工业和信息化部门指定的设施中生产第一类监控化学品。

对第二类、第三类监控化学品和第四类监控化学品中含磷、硫、氟的特定有机化学品的生产，实行特别许可制度；未经特别许可的，任何单位和个人均不得生产。特别许可办法，由国务院工业和信息化部门制定。

② 企业应做工作

新建、扩建或者改建用于生产第二类、第三类监控化学品和第四类监控化学品中含磷、硫、氟的特定有机化学品的设施，应当向所在地省、自治区、直辖市人民政府工业和信息化部门提出申请，经省、自治区、直辖市人民政府工业和信息化部门审查签署意见，报国务院工业和信息化部门批准后，方可开工建设；工程竣工后，经所在地省、自治区、直辖市人民政府工业和信息化部门验收合格，并报国务院工业和信息化部门批准后，方可投产使用。

新建、扩建或者改建用于生产第四类监控化学品中不含磷、硫、氟的特定有机化学品的设施，应当在开工生产前向所在地省、自治区、直辖市人民政府工业和信息化部门备案。

监控化学品应当在专用的化工仓库中储存，并设专人管理。监控化学品的储存条件应当符合国家有关规定。储存监控化学品的单位，应当建立严格的出库、入库检查制度和登记制度；发现丢失、被盗时，应当立即报告当地公安机关和所在地省、自治区、直辖市人民政府工业和信息化部门；省、自治区、直辖市人民政府工业和信息化部门应当积极配合公安机关进行查处。

对变质或者过期失效的监控化学品，应当及时处理。处理方案报所在地省、自治区、直辖市人民政府工业和信息化部门批准后实施。

为科研、医疗、制造药物或者防护目的需要使用第一类监控化学品的，应当向国务院工业和信息化部门提出申请，经国务院工业和信息化部门审查批准后，凭批准文件同国务院工业和信息化部门指定的生产单位签订合同，并将合同副本报送国务院工业和信息化部门备案。

(4)《生产安全事故应急条例》

《生产安全事故应急条例》已经 2018 年 12 月 5 日国务院第 33 次常务会议通过，自 2019 年 4 月 1 日起施行。

《条例》的颁布实施，为应急管理部门、负有安全生产监督管理职责的部门以及全行业领域的应急管理工作提供了基本的法律支撑和法规遵循，推动安全生产应急管理工作真正走上法治化、规范化、制度化轨道。强化了应急准备在应急管理工作中的主体地位，把应急准备作为加强应急管理工作的主要任务，并从应急预案演练、应急救援队伍、应急物资储备、应急值班值守等方面搭建了安全生产应急准备的基本内容。明确规定了各级人民政府、应急管理部门、事故单位及其主要负责人在应急处置与救援中所承担的责任和应当采取的必要措施，以及相应的法律责任。切实解决了长期以来事故应急工作无法可依的问题，为全面提升应急管理工作水平提供了有力的法律支撑。有利于生产经营单位结合自身情况建立行之有效的岗位责任配置工作体系，明确各岗位责任人员、责任范围和考核标准等内容，做到层层落实应急管理责任，确保本单位应急管理工作顺利开展。

三、规章

安全生产行政规章分为部门规章和地方政府规章。

部门规章。国务院有关部门依照安全生产法律、行政法规的规定或者国务院的授权制定发布的安全生产规章的法律地位和法律效力低于法律、行政法规，高于地方政府规章。

地方政府规章。地方政府安全生产规章是最低层级的安全生产立法，其法律地位和法律效力低于其他上位法，不得与上位法相抵触。

第二节　标准规范体系

安全管理技术标准是生产经营单位搞好安全生产工作的重要技术管理规范，是保障安全设施、设备、仪器、仪表、器材有效可靠的手段，是政府开展依法行政和履行安全生产监管监察职责的技术依据，是防止和减少生产安全事故，促进安全生产稳定好转的保证。

1947 年 2 月 23 日，国际标准化组织 ISO 正式成立，其成员由来自世界上 100 多个国家的国家标准化团体组成，代表中国参加 ISO 的国家机构是国家市场监督管理总局。ISO 与国际电工委员会(IEC)有密切的联系，中国参加 IEC 的国家机构也是国家市场监督管理总局。ISO 已经发布了 17000 多个国际标准，如有名的 ISO 9000 质量管理系列标准。ISO 质量体系标准包括 ISO 9000、ISO 9001、ISO 9004。ISO 9000 标准明确了质量管理和质量保证体系，适用于生产型及服务型企业。ISO 19001 标准为从事和审核质量管理和质量保证体系提供了指导方针。

中华人民共和国第七届全国人民代表大会常务委员会第五次会议于 1988 年 12 月 29 日通过了《中华人民共和国标准化法》，1988 年 12 月 29 日公布，自 1989 年 4 月 1 日起施行。

技术标准体系 ⇨
国家标准GB
行业标准安全生产AQ
SY、SH、HG
地方标准DB11
企业标准QB

图 2-1　技术标准体系图

1990 年 4 月 6 日，中华人民共和国国务院发布了《中华人民共和国标准化法实施条例》，1990 年 4 月 6 日生效。共分 6 章 44 条，对标准制定的范围、标准化工作的管理、标准的制定、标准的实施与监督、法律责任进行了细化和明确。技术标准体系如图 2-1 所示。

国家标准由国务院标准化行政主管部门编制计划，组织草拟，统一审批、编号、发布。国家标准是指国家标准化行政主管部门依照《标准化法》制定的在全国范围内适用的安全生产技术规范。

行业标准由国务院有关行政主管部门编制计划、组织草拟，统一审批、编号、发布，并报国务院标准化行政主管部门备案。行业标准在相应的国家标准实施后，自行废止。行业标准是指国务院有关部门和直属机构依照《标准化法》制定的在安全生产领域内适用的安全生产技术规范。行业安全生产标准对同一安全生产事项的技术要求，可高于国家安全生产标准但不得与其相抵触。

地方标准由省、自治区、直辖市人民政府标准化行政主管部门编制计划，组织草拟，统一审批、编号、发布，并报国务院标准化行政主管部门和国务院有关行政主管部门备案。地方标准在相应的国家标准或行业标准实施后，自行废止。

对没有国家标准和行业标准而又需要在省、自治区、直辖市范围内统一的工业产品的安全、卫生要求，可以制定地方标准。制定地方标准的项目，由省、自治区、直辖市人民政府标准化行政主管部门确定。

企业标准由企业组织制定(农业企业标准制定办法另定)，并按省、自治区、直辖市人民政府的规定备案。企业生产的产品没有国家标准、行业标准和地方标准的，应当制定相应的企业标准，作为组织生产的依据。对已有国家标准、行业标准或者地方标准的，企业可以制定严于国家标准、行业标准或者地方标准要求的企业标准，在企业内部适用。

国家标准、行业标准分为强制性标准和推荐性标准。下列标准属于强制性标准：产品及产品生产、储运和使用中的安全、卫生标准，劳动安全、卫生标准，运输安全标准。

第三节　法规标准识别及符合性管理

为确保安全生产符合法律法规标准要求，企业应及时获取和识别最新的适用于安全生产的法律法规标准，并将具体要求传达给全体员工，使企业制定的安全管理规定符合国家和地方的法律法规、国际惯例及行业的要求。

一、法律法规标准的收集范围

法律法规的收集范围为：

① 国际公约；

② 全国人民代表大会及人大常委会通过并颁布的法律；

③ 国务院发布的法规；

④ 国务院行政部门颁布的规章和国家安全卫生消防技术标准；

⑤ 地方政府安全卫生消防法规、地方政府安全卫生消防技术标准；

⑥ 各级行政管理部门的规定、要求、通知、公告等；

⑦ 相关行业、专业管理部门颁布制定的行业标准、管理规范等；

⑧ 集团公司及上级主管单位的规章、制度和要求遵守的其他要求。

二、法律法规标准的获取途径

法律法规可从如下途径获取：

① 访问各级政府部门及其网站；

② 访问行业主管部门及其网站；

③ 访问国内外行业协会、团体或其网站；
④ 订购报纸杂志等社会媒体；
⑤ 订购商业数据库；
⑥ 订购专业性服务；
⑦ 咨询机构提供的信息；
⑧ 外来文件(政府文件、集团公司法律事务部门提供的相关信息等)；
⑨ 其他获取途径。

三、法律法规标准的获取频率

法律法规标准的获取频率一般至少为每季度一次。

四、法律法规的识别

企业各职能部门将获取的法律法规进行识别，确定其是否适用于本企业；将适用的法律法规及时发送至法规主管部门，法规主管部门再次进行评审；评审结果送交企业主管领导审批，审批后的法律法规由法规主管部门在企业内部通过期刊、网站平台或办公系统等进行发布。

五、法律法规的符合性评审

各职能部门在获取法律法规及相关要求的同时，对照本部门业务活动进行法律法规符合性评审，并依据评审结果建立、修改和完善规章制度。必要时，可组织评审会，对评审结果进行确认，并协调安排评审结果的有效处理。符合性评审应采用事先设计的评审表，评审时应对照法规条文逐条进行，以避免遗漏。符合性评审应留下记录。

第四节　企业安全生产责任制、管理制度及操作规程

建立健全安全管理制度的目的，是贯彻国家安全生产法律法规，建立企业良好安全生产秩序，防范生产经营过程安全风险，保障从业人员安全和健康，加强安全生产管理的重要措施。

《安全生产法》第四条规定：“生产经营单位必须遵守本法和其他有关安全生产的法律、法规，加强安全生产管理，建立、健全安全生产责任制度，完善安全生产条件，确保安全生产”。第十七条规定：“生产经营单位的主要负责人组织制定本单位安全生产规章制度和操作规程”。安全管理制度的建设与管理是安全管理工作人员的一项基本管理技能。

一、安全管理制度建设的依据

安全规章制度建设应依据：
(1) 安全生产法律法规、国家和行业标准、地方政府的法规、标准；
(2) 企业生产、经营过程中存在的危险有害因素和主要安全风险；
(3) 企业内外发生的典型事故教训；
(4) 国际、国内先进、有效的安全管理方法等；
(5) 安全管理和绩效提升的实际需要。

二、安全管理制度建设的原则

(1) 主要负责人负责的原则。《安全生产法》规定“建立、健全本单位安全生产责任制；组织制定本单位安全生产规章制度和操作规程，是生产经营单位的主要负责人的职责”。

(2) 安全第一的原则。“安全第一，预防为主，综合治理”是我国的安全生产方针，也是安全生产客观规律的具体要求。

(3) 系统性原则。按照安全系统工程的原理，建立涵盖全员、全过程、全方位的安全规章制度。

(4) 规范化和标准化原则。安全规章制度的建设应实现规范化和标准化管理，以确保其严密、完整、有序，其编制要做到目的明确、流程清晰、标准明确，具有可操作性。

三、安全管理制度的制定程序

(1) 起草制度。由负有安全生产管理职能的部门负责起草。起草前应首先进行现场管理调研，以征求管理意见、确定管理需求、明确管理要求。其次要收集国家有关安全生产法律法规、国家行业标准、地方政府的有关法规、标准等。在此基础上根据上级及主管部门的管理意图，完成安全管理制度的起草工作。

技术规程、安全操作规程的编制应按照企业标准的格式进行起草。其他规章制度格式可根据内容多少分章节、条、款、目结构表达，内容单一的也可直接以条的方式表达。规章制度中的序号可用中文数字和阿拉伯数字依次表述。

规章制度的草案应对起草目的、适用范围、主管部门、具体规范、解释部门和施行日期等做出明确的规定。

新的规章制度代替原有规章制度时，应在草案中标明原规定废止的内容。

(2) 征求意见。由制度编制部门和制度归口部门负责征求意见。安全管理制度草案经编制部门内部通过后，应通过网络发布和会议审查的形式，进一步征求基层单位、管理部门对安全管理制度在操作性、可行性、职责权限等方面的意见。

(3) 部门会签。应根据制度内容确定的管理部门，组织会签。安全部门收集会签部门意见并与会签部门协商，确定意见的采纳情况。

(4) 规范性审核。规章制度归口管理部门组织应从信息化角度、合法合规性角度、程序履行情况、异议的协商情况、行文规范性情况进行审核。

(5) 签发、发布。技术规程规范、安全操作规程等技术性安全规章制度由生产经营单位分管安全生产的负责人签发，涉及全局性的综合管理类安全规章制度应由生产经营单位主要负责人签发。

企业主管负责人签发后，应采用固定的发布方式，如通过红头文件形式在企业内部办公网络发布或纸质文件发布。发布的范围应覆盖与制度相关的部门及人员，失效和过期版本应及时作废处理。

(6) 宣贯培训。安全管理制度发布后，只将制度文本简单地交给员工是远远不够的，只有通过培训让员工完全理解安全管理制度的意图，彻底地了解和认知安全制度的要求，从而明确职责，自觉遵章执行。安全管理制度培训的基本要求：

① 制度所涉及的所有相关人员都应得到培训；

② 为什么要做出制度规定；

③ 每项工作应遵循的程序；

④ 每项工作应达到的标准和要求；

⑤ 提出及时反馈意见的要求。

(7) 评估。企业的安全管理制度应在实施 2 年内，每 1 年评估 1 次。制度运行稳定后，可根据实际情况进行评估，确定是否需进行修订。实施满 5 年的制度应进行评估。

四、健全的安全管理制度

健全的安全生产规章制度，至少应包括下列内容：

(1) 岗位安全生产责任制；

(2) 安全法规的识别及其他要求；

(3) 安全生产会议管理；

(4) 安全生产费用；

(5) 安全生产奖惩管理；

(6) 管理制度评审和修订；

(7) 安全培训教育；

(8) 特种作业人员管理；

(9) 管理部门、基层班组安全活动管理；

(10) 危害识别与风险控制；

(11) 隐患排查治理；

(12) 重大危险源管理；

(13) 变更管理；

(14) 事故管理；

(15) 防火、防爆管理，包括禁烟管理；

(16) 消防气防管理；

(17) 仓库、罐区安全管理；

(18) 关键装置、重点部位安全管理；

(19) 生产设施管理，包括安全设施、特种设备等管理；

(20) 监视和测量设备管理；

(21) 安全作业管理，包括动火作业、进入受限空间作业、临时用电作业、高处作业、起重吊装作业、破土作业、断路作业、设备检维修作业、高温作业、抽堵盲板作业管理等；

(22) 危险化学品安全管理，包括剧毒化学品安全管理及危险化学品储存、出入库、运输、装卸等；

(23) 装置检维修管理；

(24) 生产设施拆除和报废管理；

(25) 承包商管理；

(26) 供应商管理；

(27) 职业卫生管理，包括防尘、防毒管理；

(28) 劳动防护用品(具)和保健品管理;
(29) 作业场所职业危害因素检测管理;
(30) 应急救援管理;
(31) 安全检查管理。

五、制度编制要点

危险化学品经营单位(以下简称经营单位)在建立健全安全管理制度方面应该达到的基本要求，也是各安全评价机构评价经营单位安全管理制度符合性的基本标准。

各经营单位应根据各自的经营特点和实际情况，确定适合本单位的安全管理制度种类；在编制安全管理制度过程中，要结合各单位实际情况将下列各项安全管理制度的要点加以细化，充实和完善具体内容。各安全评价机构可以据此对经营单位建立健全安全管理制度的情况进行评价，以确保评价质量。

1. 安全管理制度种类

根据经营单位的特点，按经营范围将安全管理制度分为公共、经营、储存、运输和加油站五类。“公共”是指所有经营单位都必须建立的管理制度；“经营”是指涉及经营环节的管理制度；“储存”是指涉及储存环节的管理制度；“运输”是指涉及运输环节的管理制度；“加油站”是指涉及加油站特点的管理制度。各经营单位应根据本单位的经营特点和实际情况，选择《危险化学品经营单位安全管理制度一览表》(详见表2-2)列出的涉及本单位所有经营范围的制度进行组合和增加，制定能够满足本单位经营需要的各项安全管理制度。

表2-2　危险化学品经营单位安全管理制度一览表

类别	序号	名称	备注
安全生产责任制	1	决策层安全生产责任制	公共
	2	管理层安全生产责任制	
	3	岗位安全生产责任制	
安全生产规章制度	1	危险化学品购销管理制度	经营
	2	剧毒化学品购销管理制度(如有剧毒化学品)	
	3	危险化学品经营手续环节交接责任管理制度	
	4	危险化学品储存保管制度	储存
	5	出入库登记管理制度	
	6	危险化学品养护管理制度	
	7	易燃易爆危险化学品管理制度	
	8	毒害性危险化学品管理制度	
	9	腐蚀性危险化学品管理制度	
	10	危险化学品运输管理制度	运输
	11	废弃危险化学品处理办法	公共
	12	危险化学品安全技术说明书和安全标签管理办法	

续表

类别	序号	名称	备注
安全生产规章制度	13	安全检查管理制度	公共
	14	安全教育培训制度	
	15	安全奖惩制度	
	16	消防制度	
	17	事故报告处理制度	
	18	设备管理制度	
	19	特种作业人员安全管理制度	
	20	劳动保护用品发放制度	
	21	危险化学品安全事故应急救援预案	
	22	动火管理制度	
	23	重大危险源管理制度(如有重大危险源)	
	24	用电管理制度	
	25	加油站储油罐区管理制度	加油站
	26	加油站进出车辆、人员管理制度	
	27	装卸油安全管理制度	
岗位安全操作规程	1	市场开发岗位；订货岗位；验货及验票岗位；发货岗位	经营
	2	出入库岗位；库房管理岗位；库房养护岗位；巡检岗位；搬运、装卸岗位	储存
	3	司机岗位；押运员岗位；车辆保养维修岗位	运输

2. 安全管理制度编写要点

经营单位的安全管理制度主要包括安全生产责任制、安全生产规章制度和岗位安全操作规程三部分。

3. 安全生产责任制

安全生产责任制是各项安全生产规章制度的核心，是明确单位各级领导、各个部门、各类人员在各自职责范围内对安全生产应负责任的制度。在编制安全生产责任制时，应根据各部门和人员职责分工来确定具体内容，要充分体现责权利相统一的原则，要“横向到边、纵向到底，不留死角”，形成全员、全面、全过程安全管理的完整制度体系。

对身兼数职的人员，可根据其兼职情况，承担其相应各职位的安全生产责任。

(1) 决策层安全生产责任制

① 明确决策层包括哪些人员。

② 明确上述人员的职责范围、所分管的工作内容及对其的资格要求。

③ 应涉及的责任制内容：

a. 明确对安全生产责任制责任主体和工作内容的要求(包括建立、健全、执行、检查和修订各阶段)。

b. 明确对安全生产规章制度和岗位安全操作规程责任主体和工作内容的要求(包括建

立、健全、执行、检查和修订各阶段)。

c. 明确体现在生产经营活动中安全生产工作应同时计划、布置、检查、总结、评比。

d. 明确对安全生产投入的要求(必要资源、安全组织机构、人员配置等)。

e. 明确对安全检查及事故隐患处理的要求。

f. 明确对事故应急救援预案的要求(组织、制定、实施、完善等)。

g. 明确对生产安全事故处置的要求(调查、处理、上报)。

(2) 管理层安全生产责任制

① 明确管理层包括哪些人员。

② 明确上述人员的职责范围、所分管的工作内容及资格要求。

③ 应涉及的责任制内容:

a. 明确对各阶段安全生产责任制责任主体和工作内容的要求(包括制定、执行、检查和修订等阶段)。

b. 明确对各阶段安全生产规章制度和操作规程(包括制定、执行、检查和修订等阶段)。

c. 明确体现在生产经营活动中安全生产工作应同时计划、布置、检查、总结、评比。

d. 明确对贯彻执行上级指示的要求。

e. 明确对安全检查(检查、落实、监督、检查记录等)及重大事故隐患管理的要求。

f. 明确对事故应急救援预案的要求(组织制订、落实)。

g. 明确对化学品安全技术说明书和安全标签管理的要求。

h. 明确对年度经营、安全、事故情况总结的要求(调查、处理、上报)。

i. 完成领导临时交办的工作。

(3) 岗位安全生产责任制

① 明确岗位职责范围。

② 明确岗位人员安全生产责任及资格要求。

③ 应涉及的责任制内容:

a. 明确认真学习规章制度及业务知识的要求。

b. 明确遵守规章制度和操作规程的要求。

c. 明确有拒绝违章指挥、违章作业的权力。

d. 明确有阻止他人违章作业的权力。

e. 明确认真学习和提高事故预防及应急处理能力的要求。

f. 明确岗位安全检查的要求。

g. 明确事故隐患上报的要求。

h. 明确本岗位设备设施保养的要求。

i. 明确如实做好本岗位记录的要求。

4. 安全生产规章制度

安全生产规章制度是国家安全生产法律法规的延伸,也是各单位贯彻执行法律法规的具体体现,是保障职工人身安全健康以及财产安全的最基本的规定。各经营单位应当在本纲要的基础上,根据各单位特点,制定具体且操作性强的规章制度。

(1) 危险化学品购销管理制度

① 明确适用范围(涉及的采购、运输、销售等环节)。

② 明确承担主体的职责范围(如采购、销售人员职责范围)及资格要求。

③ 购销管理应涉及的内容:

a. 明确经政府相关部门许可的经营范围。

b. 明确采购时对供货方资格的要求。

c. 明确销售时对购买方资格的要求。

d. 明确承担运输、储存的单位和人员应具备的条件及资格要求。

e. 明确购买时对索取化学品安全技术说明书和安全标签的要求。

f. 明确销售时对化学品安全技术说明书和安全标签的下传责任。

g. 明确在操作过程中应注意的问题。

(2) 剧毒化学品购销管理制度

① 明确适用范围(涉及的采购、销售、出入库管理、运输等环节)。

② 明确承担主体的职责范围(如采购、保管、运输及销售人员的职责范围)及资格要求。

③ 购销管理应涉及的内容。

剧毒化学品购销管理的内容除应执行《危险化学品购销管理制度》的基本要求外,还应包括:

a. 明确购买剧毒品前,应办理的证件及手续。

b. 审验采购合同文本,明确从供货方应获取的资料内容(资格、安全技术说明书和安全标签等)。

c. 明确销售环节的工作内容。

d. 明确销售剧毒危险品的记录要求(内容、保存期限等)。

e. 明确发生异常情况的处理要求(如误售、泄漏、被盗等)。

f. 明确与运输、储存部门的交接内容。

g. 明确剧毒化学品的管理要求,体现“五双”管理。

h. 明确操作程序和防护用品穿戴要求。

i. 明确经营情况向主管部门备案的要求。

j. 购销环节中涉及各相关资料、记录的要求。

(3) 危险化学品经营手续环节交接责任管理制度

① 明确适用范围(涉及的采购、运输、入库、销售等环节)。

② 明确承担主体的职责范围(如采购、保管、运输及销售等人员的职责范围)及资格要求。

③ 经营手续环节交接管理应涉及的内容:

a. 审验采购合同文本。

b. 索取化学品安全技术说明书和安全标签。

c. 与运输储存部门的交接手续。

d. 明确销售环节的工作内容。

e. 明确经营手续各环节涉及的各相关资料、记录管理的要求。

(4) 危险化学品储存保管制度

① 明确适用范围(涉及的出入库、保管等环节)。

② 明确承担主体的职责范围(如储存保管人员的职责范围)及资格要求。

③ 储存保管应涉及的内容：

a. 审核储存合同文本或任务单、储存单位资格。

b. 明确出入库应交接的内容。

c. 明确对储存危险化学品库房(场所)的要求(温度、湿度、标志、耐火等级等)。

d. 明确存储方式和禁配要求。

e. 明确储存物品的堆垛要求、检查要求。

f. 明确发生异常情况下，应采取的应急措施。

g. 明确储存经营涉及的相关资料、记录管理的要求。

(5) 危险化学品出入库管理制度

① 明确适用范围(涉及货物的出入库管理各个环节)。

② 明确承担主体的职责范围(如验收、保管、发货等人员的职责范围)及资格要求。

③ 出入库管理应涉及的内容：

a. 明确货物的验收程序、方式、地点等。

b. 明确出入库应查验的内容(品种、数量、规格、包装、标志等)。

c. 明确上账内容(包括品名、数量、经手人等)、账物必须相符。

d. 明确不符合入库规定货物的处理原则。

e. 明确出库的顺序原则。

f. 明确对进入储存区域的人员、车辆的要求。

g. 明确对储存库房的消防设施的要求及检查要求。

h. 明确对储存保管涉及的相关资料、记录管理的要求。

(6) 危险化学品养护管理制度

① 明确适用范围(自有仓库和租赁仓库的危险化学品的养护管理环节)。

② 明确承担主体的职责范围(如从事危险化学品养护活动的自有人员、委托单位的人员的职责范围)及资格要求。

③ 危险化学品养护管理应涉及的内容：

a. 明确入库时的检验内容(品名、规格、数量、质量、包装、标志、化学品安全技术说明书和安全标签等)。

b. 明确储存中应检查的内容和周期。

c. 明确安全操作要求。

d. 明确对检查结果的处理方式或方法。

e. 明确对养护管理相关资料、记录管理的要求。

(7) 易燃易爆危险化学品管理制度

① 明确适用范围。

② 明确承担主体的职责范围及资格要求。

③ 易燃易爆危险化学品管理应涉及的内容：

a. 明确各类易燃易爆危险化学品存储库房的要求(耐火等级、温度、湿度、电气、通风、库房周边、卫生等)。

b. 明确储存中的禁忌要求(写明禁配物料名称)和储存方式。

c. 明确储存中的堆垛要求。

d. 明确运输要求和运输方法。

e. 明确安全操作要求。

f. 明确对易燃易爆危险化学品相关资料、记录管理的要求。涉及爆炸品的要体现“五双”管理要求。

(8) 毒害性危险化学品管理制度

① 明确适用范围。

② 明确承担主体的职责范围及资格要求。

③ 毒害性危险化学品管理应涉及的内容:

a. 明确各种毒害性危险化学品存储库房的要求(耐火等级、温度、湿度、电气、通风、库房周边、卫生等)。

b. 明确储存中的禁忌要求(写明禁配物料名称)和储存方式。

c. 明确储存中的堆垛要求。

d. 明确运输要求和运输方法。

e. 明确安全操作要求。

f. 明确对毒害品相关资料、记录管理的要求。涉及剧毒化学品的要体现“五双”管理要求。

(9) 腐蚀性危险化学品管理制度

① 明确适用范围。

② 明确承担主体的职责范围及资格要求。

③ 腐蚀性危险化学品管理应涉及的内容:

a. 明确各种腐蚀性危险化学品存储库房(棚)的要求(耐火等级、温度、湿度、电气、通风、库房周边、卫生等)或罐区设备设施要求。

b. 明确储存中的禁忌要求(写明禁配物料名称)和储存方式。

c. 明确储存中的堆垛要求。

d. 明确运输要求和运输方法。

e. 明确安全操作要求。

f. 明确对腐蚀性危险化学品相关资料、记录管理的要求。

(10) 危险化学品运输管理制度

① 明确适用范围(涉及与运输有关的人员和单位)。

② 明确承担主体的职责范围(如司机、押运员等的职责范围)及资格要求。

③ 运输管理具体内容要点:

a. 审验运输合同文本或任务单、运输单位资格。

b. 明确运输工具、包装物应符合的要求。

c. 明确对运输单位和从业人员的告知义务及告知内容(禁忌、标志、防护、应急处理等)。

d. 明确运输、装卸作业中,应注意的问题。

e. 明确剧毒化学品运输时的特殊要求和管理规定。

(11) 废弃危险化学品处理办法

① 明确适用范围(自有仓库和租赁仓库的废弃危险化学品处理环节)。

② 明确承担主体的职责范围(如从事危险化学品废弃活动的自有人员、委托单位的人员的职责范围)及资格要求。

③ 废弃危险化学品处理环节管理的具体内容要点：

a. 审验合同文本(安全责任界定、废弃危险化学品品名是否明确)或任务来源。

b. 搜集与废弃活动有关的国家法律法规和其他要求。

c. 明确实施处理地点。

d. 明确废弃处理环节的具体工作内容。

e. 明确对废弃处理环节相关资料、记录管理的要求。

(12) 化学品安全技术说明书和安全标签管理办法

① 明确适用范围。

② 明确承担主体的职责范围。

③ 化学品安全技术说明书和安全标签管理应涉及的内容：

a. 明确索取化学品安全技术说明书和安全标签的内容和要求。

b. 明确化学品安全技术说明书和安全标签的传递程序和方法。

c. 明确化学品安全技术说明书和安全标签的建档和更新要求。

d. 明确与相关部门(培训、储存、养护、运输、应急救援等)进行信息沟通的途径和方法。

(13) 安全检查制度

① 明确适用范围。

② 明确承担主体的职责范围。

③ 安全检查应涉及的内容：

a. 明确安全检查方式(如日常、定期、季节性、节假日前后或者一般性、专业性的)及检查周期。

b. 明确安全检查内容(包括对思想认识、管理制度、现场环境、安全标志、问题整改、工艺、检测仪表等方面的检查内容)。

c. 明确检查内容及记录保存时限。

d. 明确对检查中发现问题的处理原则。

e. 明确对事故隐患下发限期整改要求及复查要求。

(14) 安全教育培训制度

① 明确适用范围。

② 明确承担主体的职责范围。

③ 安全教育培训管理应涉及的内容：

a. 明确安全教育培训的对象(如负责人、管理人员、一般员工、新进员工、外来人员、临时工作人员等)。

b. 明确各类人员接受安全教育的内容(思想、政策、法律法规、事故教训、安全基本技能、常识等)。

c. 明确培训应达到的目的及资格要求。

d. 明确安全教育培训方式(脱产学习或日常教育等)。

e. 明确培训时间、考核方式。

f. 明确哪些人员必须持证上岗(如危险化学品经营单位的法定代表人或主要负责人及安全生产管理人员应经过国家授权部门的专业培训，取得合格证书方能从事经营活动；单位其他从业人员应经过专业培训，取得合格证书方能上岗；特种作业人员经国家授权部门的专业培训，取得合格证书方能上岗)。

(15) 安全奖惩制度

① 明确适用范围。

② 明确承担主体(考核部门)的职责范围。

③ 安全奖惩应涉及的内容：

a. 明确应当受到奖励或处罚的人员及行为(如对安全生产工作做出贡献的部门和个人、违反各项规章制度的部门和个人等)。

b. 明确具体奖惩办法。

c. 明确考核方法(如平时的安全检查、抽查、培训考核等)。

(16) 消防(防火)管理制度

① 明确适用范围。

② 明确承担主体的职责范围。

③ 消防(防火)管理应涉及的内容：

a. 消防(防火)管理组织机构。

b. 明确各级人员的责任。

c. 明确义务消防组织。

d. 明确建立消防档案及档案内容。

e. 明确消防检查要求。

f. 明确防火的基本要求(如防雷、防静电、用火管理等)。

g. 明确消防器材的放置地点、器材种类的要求、数量的要求。

h. 明确消防设施的维护保养方式、方法。

(17) 生产安全事故管理规定

生产安全事故管理规定应依据《企业职工企业职工伤亡事故报告和处理规定》(1991 年 2 月 22 日国务院令第 75 号发布)及《特别重大事故调查程序暂行规定》(1989 年 1 月 3 日国务院第 31 次常务会议通过 1989 年 3 月 29 日国务院令第 34 号发布)进行编制。其要点包括：

① 明确适用范围。

② 明确承担主体的职责范围。

③ 生产安全事故管理应涉及的内容：

a. 依据政府有关规定及单位特点，划分事故等级及类别。

b. 按事故种类，明确事故的主管部门或负责人。

c. 对正在发生的事故，明确报告程序(如当事人直接或逐级上报主管负责人，发生火灾或人身事故应先报火警或医疗救护)。

d. 对正在发生的事故，明确处理原则。

e. 根据事故等级，确定是否上报政府主管部门。

f. 明确上报内容(事故发生的时间、地点、单位；事故的简要经过、伤亡人数，直接经济损失的初步估计；事故发生原因的初步判断；事故发生后采取的措施及事故控制情况；事故报告单位等)。

g. 明确调查程序(一般事故及重大事故分别由谁组织调查、参加人)。

h. 明确对事故直接责任者、管理者等的处理原则(“四不放过”原则)。

i. 明确对发生过的事故进行登记的内容(时间、地点、事故经过、伤亡情况或经济损失、原因分析、防范措施、处理意见等)。

(18) 设备管理规定

① 明确适用范围。

② 明确承担主体的职责范围。

③ 设备管理应涉及的内容:

a. 明确应建立设备档案。

b. 明确设备的定期检查要求。

c. 明确设备维护应达到的要求(如正常运转、没有泄漏、没有严重腐蚀等)。

d. 明确设备问题的处理原则或程序。

e. 明确设备检修的基本要求。

f. 明确验收中应注意的问题。

g. 明确对强检设备的检测检修要求。

h. 明确重点设备有专门的管理方式。

i. 明确设备的报废要求。

(19) 特种作业人员安全管理规定

① 明确适用范围。

② 明确承担主体的职责范围。

③ 特种作业人员安全管理应涉及的内容:

a. 明确特种作业人员的种类。

b. 明确特种作业人员应具备的基本要求(身体健康、没有职业禁忌证等)。

c. 明确特种作业人员上岗必须符合国家及北京市对特种作业人员培训、考核(包括复审)管理规定的要求。

d. 明确证件管理的内容。

(20)劳动保护用品管理规定

① 明确适用范围。

② 明确承担主体的职责范围。

③ 劳动保护用品管理应涉及的内容:

a. 确定劳动保护用品的发放对象及发放周期。

b. 明确劳动保护用品选用原则和要求,劳动保护用品的种类应与作业项目相适应。

c. 明确劳动保护用品的使用及检查的要求。

d. 明确劳动保护用品失效、报废要求。

(21) 危险化学品安全事故应急预案

① 明确适用范围。

② 明确承担主体的职责范围。

③ 危险化学品安全事故应急预案应涉及的内容:

a. 基本情况介绍(企业的周边环境、原材料的性质与数量、生产工艺、人员情况、现有安全措施、管理制度等)。

b. 可能事故及其危险、危害程度(范围)的预测(如火灾、爆炸、泄漏、自然灾害等,事故预测应符合实际情况)。

c. 应急救援的组成和职责(明确组织机构、内部分工、各自职责、负责人等内容)。

d. 报警与通信(明确报警方式、救援中的相互联系方式、对外信息发布等)。

e. 现场抢救(针对事故预测，确定应急处置方案。包括工程抢险、医疗救护、交通管制、人员疏散、现场监测等方案)。

f. 条件保障(包括抢险队伍的组织、调集、物资及器材的供应保障等)。

g. 培训、演练及其记录(对应急人员的培训、预案的演练、预案的修订有明确的要求)。

(22) 动火安全管理制度

① 明确适用范围。

② 明确承担主体的职责范围。

③ 动火安全管理应涉及的内容：

a. 明确申报程序。

b. 明确作业现场的检查内容。

c. 根据动火对象(盛装过危险化学品的工艺设施、容器或一般性作业)确定审批的权限，没有审批不得用火。

d. 明确对动火监护人的要求。

e. 明确对动火人的要求。

f. 明确一般应采取的安全防火措施(对设备、环境、器材、人员的要求等)。

g. 明确动火结束后检查确认的内容。

(23) 重大危险源管理制度

① 明确适用范围。

② 明确承担主体的职责范围。

③ 劳动保护用品管理应涉及的内容：

a. 建立重大危险源档案。

b. 定期进行安全检测、评估、监控。

c. 制定应急预案。

d. 明确相关人员在紧急情况下应采取的措施。

e. 对应急预案定期进行演练。

f. 明确重大危险源上报的内容及要求。

(24) 用电管理制度

① 明确适用范围。

② 明确承担主体的职责范围。

③ 用电管理应涉及的内容：

a. 明确对用电设备环境的要求。

b. 电气设备应有明显的警示标志。

c. 明确用电设备操作中应注意的问题。

d. 明确电气设备日常维护中应注意的问题。

e. 明确对移动用电设备安装安全保护装置(如漏电保护器)的要求。

f. 明确对特殊危险环境中的电气设备的特殊要求(如防爆型、增安型等)。

g. 明确临时用电应有审批的要求。

(25) 储油罐区管理制度

① 明确适用范围。

② 明确承担主体的职责范围及资格要求。

③ 储油罐区管理应涉及的内容：

a. 明确对储油罐区环境的要求。

b. 明确对储油罐区警示标志的要求。

c. 明确对储油罐区消防灭火器材配置的要求。

d. 明确储油罐日常维护应注意的问题。

e. 明确在储油罐区及附近用电、用火或机械作业的安全要求。

(26) 加油站进出车辆、人员管理制度

① 明确适用范围(包括进出加油站的内外部所有车辆)。

② 明确承担主体的职责范围(如一般汽车司机、油罐车司机、站内车辆管理等人员)。

③ 进出车辆、人员管理应涉及的内容：

a. 明确进出站时车辆的车速限制。

b. 明确对车内的人员的管理和限制。

c. 明确车辆进站、出站时的要求。

d. 明确对司机及外来人员的吸烟及用火的限制。

e. 明确站内车辆停放的具体位置要求。

f. 明确站内车辆维修应注意的问题。

g. 明确油罐车进站卸油的要求。

(27) 装卸油安全管理制度

① 明确适用范围。

② 明确承担主体的职责范围。

③ 装卸油安全管理应涉及的内容：

a. 明确对装卸油前应做好的准备工作的要求。

b. 明确装卸油过程中应监控的内容。

c. 明确装卸油过程中对人员、车辆、加油站管理的要求。

d. 明确装卸油后应确认的内容和应完成的工作。

e. 明确装卸油过程相关记录的填写和管理要求。

(28) 领导干部带班制度

① 领导带班制度的好处：

要结合化工企业的实际情况而制定领导带班制度，重在了解基层落实责任制情况和第一时间掌握隐患排查治理情况和及时处理异常和突发事件。带班制度五大好处：有利于日常决策、密切干群关系、及时发现问题、及时解决问题和快速应急指挥。带班领导负责指挥企业重大异常生产情况和突发事件的应急处置，抽查企业各项制度的执行情况，保障企业的连续安全生产；

② 副总工程师以上领导干部要轮流带班；

生产车间也要建立由管理人员参加的车间值班制度；

③ 应涉及的责任制内容：

a. 带班时机：对装置重点和要害部位进行特殊作业(开停车、停工抢修、重大工艺调整、特级动火等）、发生重大异常生产情况和突发事件及在特殊时段（重大活动、节假日、夜间），企业领导干部应轮流带（值）班。

b. 要切实加强企业夜间和节假日值班工作，及时报告和处理异常情况和突发事件。

六、岗位安全操作规程

1. 操作规程编制

企业应编制并实施书面的操作规程，规程应与工艺安全信息保持一致。企业应鼓励员工参与操作规程的编制，并组织进行相关培训。

2. 操作规程的使用和控制

企业应确保操作人员可以获得书面的操作规程。通过培训，帮助他们掌握如何正确使用操作规程，并且使他们意识到操作规程是强制性的。企业应明确操作规程编写、审查、批准、分发、修改以及废止的程序和职责，确保使用最新版本的操作规程。

3. 操作规程审查

企业应根据需要经常对操作规程进行审核，确保反映当前的操作状况，包括化学品、工艺技术设备和设施的变更。企业应每年确认操作规程的适应性和有效性。

4. 岗位安全操作规程编制

岗位安全操作规程应包括以下内容：

① 明确适用范围。

② 明确本岗位工作职责、权利和义务。

③ 岗位安全操作规程应涉及的内容：

a. 明确本岗位工作人员应当了解和掌握国家有关法律、法规、规范以及本岗位工作中所涉及的材料（含危险化学品）、设备、仪器等相关安全技术知识。

b. 明确本岗位必须具备的工作条件（包括人员资质、工作环境、工作场所、个体防护等）。

c. 开车、正常操作、临时操作、应急操作、正常停车和紧急停车的操作步骤与安全要求。

d. 工艺参数的正常控制范围，偏离正常工况的后果，防止和纠正偏离正常工况的方法及步骤；

e. 明确本岗位工作程序（包括可能出现的异常情况及应急处理程序）、操作过程的人身安全保障、职业健康注意事项等。

第三章 危险化学品生产安全

2011 年 12 月 1 日施行的《危险化学品生产企业安全生产许可证实施办法》(国家安监总局令第 41 号)第二条对危险化学品生产企业进行了界定，危险化学品生产企业，是指依法设立且取得企业法人营业执照的从事危险化学品生产的企业，包括最终产品或者中间产品列入《危险化学品目录》(2015 版)的企业。

生产最终产品或者中间产品是否为危险化学品的判定，以现行《危险化学品目录》(2015 版)的名称及附带说明为准。化学品的名称及说明与现行《危险化学品目录》(2015 版)的名称及附带说明不一致的，应不视为危险化学品，不需要领取危险化学品生产企业安全生产许可证。

按照国家安监总局有关规定，以使用和销售为目的，购买危化品进行分装(包括充装)或者加入非危化品的溶剂稀释的活动，应视同危化品使用或经营行为，纳入危化品使用许可或经营许可范畴。例如高浓度的液氨加水稀释，成为浓度>10%的氨水溶液，根据《危险化学品目录》(2015 版)第 35 条查得，氨水溶液虽然属于危险化学品，但是稀释过程加入的是非危险化学品水，应不属于危险化学品生产过程。

35	氨溶液[含氨>10%]	氨水	1336-21-6

危险化学品经营企业将购入的危险化学品配置生产新的危险化学品应视为危险化学品生产企业。对危险化学品浓度由稀提浓的企业应纳入危险化学品生产企业，必须取得安全生产许可证。

按照《城市燃气安全管理规定》(建设部、原劳动部、公安部令第 10 号)和《城市燃气管理办法》(建设部令第 62 号)的规定，供给城市中生活、生产等使用的天然气、液化石油气、人工煤气(煤制气、重油制气)等气体燃料属于城市燃气，按《危险化学品安全管理条例》第七十一条规定，不适用于该《条例》。但作为化工原料等非燃料用途的天然气、液化石油气、人工煤气，应纳入危险化学品安全生产企业范畴。

第一节 危险化学品生产企业安全生产许可

为严格规范危险化学品生产企业安全生产条件，做好安全生产许可证的颁发和管理工作，根据《安全生产许可证条例》《危险化学品安全管理条例》等法律、行政法规，国家安监总局制定了《危险化学品生产企业安全生产许可证实施办法》(国家安监总局令第 41 号)，自 2011 年 12 月 1 日起施行。2015 年 5 月 27 日国家安全生产监督管理总局公布第 79 号令，《国家安全监管总局关于废止和修改危险化学品等领域七部规章的决定》已经 2015 年 3 月 23 日国家安全生产监督管理总局局长办公会议审议通过，其中包括对《危险化学品生产企业安全生产许可证实施办法》(国家安监总局 41 号令)的修改完善，自 2015 年 7 月

1日起施行。

一、许可范围

危险化学品生产企业应当依照《危险化学品生产企业安全生产许可证实施办法》的规定取得危险化学品安全生产许可证(以下简称安全生产许可证)方可从事危险化学品的生产活动。未取得安全生产许可证的企业,不得从事危险化学品的生产活动。

安全生产许可证,由政府应急管理部门发放,意味着获证单位在生产安全方面符合要求,换句话说,可以招收工人在获证厂房里进行生产作业,这些工人在这里工作是安全的。

危险化学品生产许可证,由政府市场监督管理部门发放,全名是危险化学品压缩气体工业产品生产许可证,意味着获证单位的厂房和设备、管理体系、产品质量等方面符合国家法规政策标准的要求,产品可以出售。

两个证书的侧重点不一样,一个侧重生产工人的安全,另一个侧重产品质量和用户的安全。目前两个证书都需要依法办理,一般是先要取得安全生产许可证,然后才能办理工业产品生产许可证。

二、实施安全生产许可证颁发和管理的部门

安全生产许可证的颁发管理工作实行企业申请、两级发证、属地监管的原则。

应急管理部指导、监督全国安全生产许可证的颁发管理工作,并负责涉及危险化学品生产的中央企业及其直接控股的涉及危险化学品生产的企业(总部)安全生产许可证的颁发管理。

省、自治区、直辖市应急管理部门(以下简称省级应急管理部门)负责本行政区域内中央企业及其直接控股涉及危险化学品生产的企业(总部)以外的企业安全生产许可证的颁发管理。

省级应急管理部门可以将其负责的安全生产许可证颁发工作,委托企业所在地设区的市级或者县级安监部门实施。涉及剧毒化学品生产的企业安全生产许可证颁发工作,不得委托实施。国家应急管理部公布的涉及危险化工工艺和重点监管危险化学品的企业安全生产许可证颁发工作,不得委托县级应急管理部门实施。省级应急管理部门应当将受委托的设区的市级或者县级应急管理部门以及委托事项予以公告,还应当对其颁发安全生产许可证的工作给予指点、监督,并对其法律后果负责。

受委托的设区的市级或者县级应急管理部门在受委托的范围内,以省级应急管理部门的名义实施许可,但不得再委托其他组织和个人实施。

三、申请

涉及危险化学品生产的中央企业及其直接控股的涉及危险化学品生产的企业(总部)向应急管理部申请安全生产许可证。

中央企业及其直接控股涉及危险化学品生产的企业(总部)以外的企业,如中央管理的危险化学品生产企业(集团公司、总公司、上市公司)所属分公司、子公司以及分公司、子公司下属的生产单位申请领取安全生产许可证,由中央管理的危险化学品生产企业所属的分公司、子公司分别向所在地省级安全生产许可证颁发管理机关提出申请。

其他的危险化学品生产企业及其分公司、子公司和分公司、子公司下属的生产单位申请领取安全生产许可证，由该危险化学品生产企业或其子公司分别向所在地设区的市级或者县级应急管理部门提出申请。

新建企业安全生产许可证的申请，应当在危险化学品生产建设项目安全设施竣工验收通过后10个工作日内提出。

1. 提交的文件和资料

危险化学品生产企业申请安全生产许可证时，应当提交下列文件和资料，并对其内容的真实性负责：

(1) 申请安全生产许可证的文件及申请书；

(2) 安全生产责任制文件，安全生产规章制度、岗位操作安全规程清单；

(3) 设置安全生产管理机构，配备专职安全生产管理人员的文件复制件；

(4) 主要负责人、分管安全负责人、安全生产管理人员安全培训合格证明和特种作业人员的特种作业操作证复制件；

(5) 与安全生产有关的费用提取和使用情况报告，新建企业提交有关安全生产费用提取和使用规定的文件；

(6) 为从业人员缴纳工伤保险费的证明材料；

(7) 危险化学品事故应急救援预案的备案证明文件；

(8)危险化学品登记证复制件；

(9) 工商营业执照副本或者工商核准文件复制件；

(10) 具备资质的中介机构出具的安全评价报告；

(11) 新建企业的竣工验收报告复制件；

(12) 应急救援组织或者应急救援人员，以及应急救援器材、设备设施清单。

中央企业及其直接控股涉及危险化学品生产的企业(总部)提交除上述第4项中的特种作业操作证复制件和第8项、第10项、第11项规定以外的文件、资料。

有危险化学品重大危险源的企业，除提交上述第1项~第12项规定的文件、资料外，还应当提供重大危险源及其应急预案的备案证明文件、资料。

2. 安全生产许可证的颁发程序

(1) 负责颁发安全生产许可证的应急管理部门或其委托受理的部门(通称实施机关)收到企业申请文件、资料后，应当按照下列情况分别作出处理：

① 申请事项依法不需要取得安全生产许可证的，即时告知企业不予受理；

② 申请事项依法不属于本实施机关职责范围的，即时作出不予受理的决定，并告知企业向相应的实施机关申请；

③ 申请材料存在可以当场更正的错误的，允许企业当场更正，并受理其申请；

④ 申请材料不齐全或者不符合法定形式的，当场告知或者在5个工作日内出具补正告知书，一次告知企业需要补正的全部内容；逾期不告知的，自收到申请材料之日起即为受理；

⑤ 企业申请材料齐全、符合法定形式，或者按照实施机关要求提交了全部补正材料的，立即受理其申请。

实施机关受理或者不予受理申请，都应当出具加盖本机关专用印章和注明日期的书面凭证。

（2）安全生产许可证申请受理后，实施机关应当组织对企业提交的申请文件、资料进行审查。对企业提交的文件、资料实质内容存在疑问，需要到现场核查的，应当指派工作人员就有关内容进行现场核查。工作人员应当如实提出现场核查意见。

（3）实施机关应当在受理之日起 45 个工作日内作出是否准予许可的决定（审查过程中的现场核查所需时间不计算在内）。

（4）实施机关作出准予许可决定的，应当自决定之日起 10 个工作日内颁发安全生产许可证。

（5）实施机关作出不予许可的决定的，应当在 10 个工作日内书面告知企业并说明理由。

四、延期申请

（1）安全生产许可证有效期为 3 年。企业安全生产许可证有效期届满后继续生产危险化学品的，应当在安全生产许可证有效期届满前 3 个月提出延期申请，并提交延期申请书和实施办法第二十五条规定的申请文件、资料。

实施机关按照实施办法进行审查，并作出是否准予延期的决定。

（2）企业在安全生产许可证有效期内，符合下列条件的，其安全生产许可证届满时，经原实施机关同意，可不提交相关文件、资料，直接办理延期手续：

① 严格遵守有关安全生产的法律、法规和本办法的；

② 取得安全生产许可证后，加强日常安全生产管理，未降低安全生产条件，并达到安全生产标准化等级二级以上的；

③ 未发生死亡事故的。

五、变更

危险化学品生产企业在安全生产许可证有效期内有下列情形之一的，应当向原安全生产许可证颁发管理机关申请变更安全生产许可证：变更主要负责人的；变更隶属关系的；变更企业名称或者隶属关系的；新建、改建、扩建项目经验收合格的。

（1）企业在安全生产许可证有效期内变更主要负责人、企业名称或者注册地址的，应当自工商营业执照或者隶属关系变更之日起 10 个工作日内向实施机关提出变更申请，并提交下列文件、资料：

① 变更后的工商营业执照副本复制件；

② 变更主要负责人的，还应当提供主要负责人经应急管理部门考核合格后颁发的安全资格证复制件；

③ 变更注册地址的，还应当提供相关证明材料。

对已经受理的变更申请，实施机关应当在对企业提交的文件、资料审查无误后，方可办理安全生产许可证变更手续。

企业在安全生产许可证有效期内变更隶属关系的，仅需提交隶属关系变更证明材料报实施机关备案。

（2）企业在安全生产许可证有效期内，当原生产装置新增产品或者改变工艺技术对企业的安全生产产生重大影响时，应当对该生产装置或者工艺技术进行专项安全评价，并对安全评价报告中提出的问题进行整改；在整改完成后，向原实施机关提出变更申请，提交安全评价报告。实施机关按照相关规定办理变更手续。

(3) 企业在安全生产许可证有效期内，有危险化学品新建、改建、扩建建设项目的，应当在建设项目安全设施竣工验收合格之日起 10 个工作日内向原实施机关提出变更申请，并提交建设项目安全设施竣工验收报告等相关文件、资料。

已经建成投产的危险化学品生产企业在申请安全生产许可证期间，应当依法进行生产，确保安全；不具备安全生产条件的，应当进行整改并制定安全保障措施；经整改仍不具备安全生产条件的，不得进行生产。

危险化学品生产企业不得转让、冒用、买卖、出租、出借或使用伪造的安全生产许可证。

六、注销

取得安全生产许可证的危险化学品生产企业终止危险化学品生产活动、注销营业执照的，应向安全生产许可证颁发管理机关申请注销其安全生产许可证。

第二节　生产安全技术

为了使危险化学品执法、检查和监督人员掌握一定的相关基础知识，本章重点介绍了有关危险化学品生产安全方面的一些基础知识。主要内容包括：化学品安全技术常识知识、“人-机-物”系统与安全生产的关系、各种化工单元操作的原理、设备、危险性分析及危险控制对策、针对常见的危险性较大的一些典型化学反应特性、常见化工工艺设备如反应器、精馏塔、罐、泵站等的安全运行及管理特点等。

危险化学品生产过程中，从原料、中间产物直至产品几乎都涉及危险化学品，在危险化学品生产活动中经常会发生泄漏、燃烧、爆炸、腐蚀和毒害等危险。所以，了解化工生产过程的原理、工艺和相关设备的特性，掌握避免这些危险现象的安全技术，对于危险化学品的监督、监管和服务都极为重要。

化学品的生产和使用安全是世界性的难题，在化学品的生产和使用过程中要完全避免危害事故的发生是不可能的，但是，通过掌握危险化学品特性、生产过程的原理、生产设备的特性，采取必要的积极的预防措施，提高对易发生事故的敏感性和警惕性，我们完全可以避免或减少事故的发生，使事故的危害性减少到最小程度。

一个危险化学品的生产工艺过程可以看作是由一系列的模块组合而成的，我们将这些模块称为“单元操作”，其类似儿童所玩的积木一样，同样的一堆积木可以组合成不同的物体如房子、汽车或其他物体。不同的单元操作组合可以构成不同的化工工艺过程，而同一个单元操作在不同的工艺过程中其基本原理是一致的，但是它们也有各自的特殊性。

如图 3-1 所示是硝酸铵生产工艺的例子，其中包括了反应、吸收、分离、蒸发、结晶和干燥等多个单元操作过程。

化工单元操作按着最基本原理可分为物料输送、换热(加热、冷却)、蒸发与干燥、冷凝与冷冻、蒸馏、吸收、萃取、结晶、粉碎与筛分、熔融与混合等。按着化学反应的基本原理，一个化学品生产工艺过程可包括氧化、还原、硝化、磺化、氯化、电解、聚合、催化等一种或多种化学反应。

本章介绍的化学反应和单元设备参考了应急管理部发布的两批重点监管的危险化工工

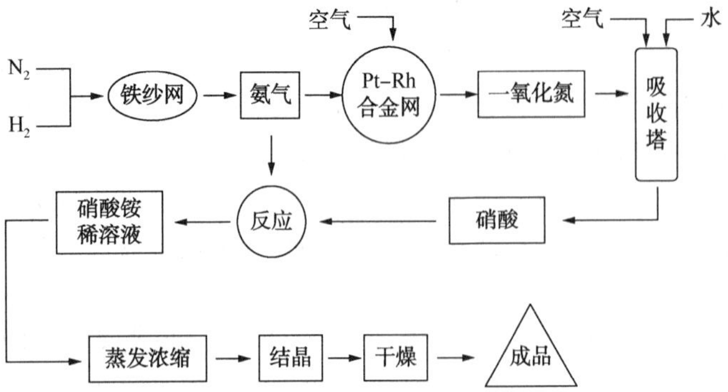

图 3-1　硝酸铵生产工艺

艺，其中重点介绍了常见的典型化工工艺所涉及内容。

一、化学品生产安全技术常识

化学品生产过程即通常所说的化工生产过程，一般可以概括地分为三大步骤：第一步为原料的处理阶段，为了使原料符合进行化学反应所要求的状态和纯度，需要经过加工净化、提浓、混合、乳化或粉碎等多种不同的预处理，这一过程中主要发生的是物理变化。第二步为化学反应阶段，经过预处理的原料，在一定的温度、压力等条件下进行反应，以生成所要求的目标产物。第三步为产品分离精制阶段，将由化学反应得到的混合物进行分离处理，除去未反应的原料、副产物或杂质，以获得符合组成或规格要求的目的产品，这一过程中主要也是发生物理变化。

对于一个复杂的化学品生产工艺，上述三个步骤所涉及的过程可能是交替进行，其中的物理变化和化学反应也可能是掺杂在一起，从而形成一个多阶段的复杂工艺过程。

化学品生产过程中的危险性首先决定于介质和化学反应过程的危险特性，这是化学品生产过程是否安全的内因。化学品生产过程危险性的外因是物系的配置、工艺变化和失控的危险；设备的失稳、失效和损坏的危险以及系统设计缺陷和操作失误的危险。装置运行过程，除化学反应外，还包含多种物理现象，如动量传递、热量传递和质量传递等，这些传递过程同样影响着整个工艺过程的安全性。

图 3-2　按相态分类的反应类型

因为化学反应往往涉及剧烈的热量、温度或压力变化，这些极端条件都是导致危险事故发生的关键因素，因此必须对化学品生产过程中的化学反应性质有充分的了解。工业过程化学反应常用的分类方法有：

(1) 按相态分类，如液-液反应、气-液反应、气-固反应、液-固反应、气-气反应等，如图 3-2所示。

(2) 根据所进行的化学反应分类，如氧化反应、还原反应、加氢反应、脱氢反应、卤化反应、烷基化反应、硝化反应、磺化反应、羧基化反应、醛化反应、重氮化反应、聚合反应、裂化反应、催化反应、重整反应、碱解和酸解反应、电解反应等。

在化学品生产过程中，化学反应过程及设备是关系到工艺过程是否安全的核心环节。从安全的角度考虑，应使危险化学品生产的过程和设备的设计安全系数尽可能地高，但是，从生产的经济效益性来考虑，较低的过程和设备设计安全系数会提高生产的经济效益性，针对这样一对矛盾的共同体，只有在科学合理的设计安全性与科学高水平的运行管理相结合的条件下，才能实现在安全的前提下获得最大的经济效益。

化学品化工生产过程中一些重要的化学反应都是非常危险的，如氧化反应、加氢反应、烷基化反应、硝化反应、重氮化反应等，一方面是这些反应中涉及极度危险的化学品，另一方面，这些反应过程会出现剧烈反应、极端放热或高温高压现象。因而，作为政府监管危险化学品和相关生产工艺的工作人员，对于这样的化学反应原理和所涉及的反应工艺和设备的危险特性应心中有数，对企业生产过程的监管应具有针对性。

二、化学品生产过程危险性分析

危险化学品生产的本质危险性主要表现在两个方面：一是生产的原料、中间体和产品的燃烧、爆炸、毒害、腐蚀等危险特性；二是生产设备、工艺的危险性。

化工生产过程中，作为原料的化学品特别是危险化学品往往表现出反应剧烈性的特点，即在极短时间内完成反应过程的特性。这种剧烈的化学反应如果工艺设计不合理或者操作不当，或者由于非人为的外界因素干扰，往往会造成压力急剧升高而泄漏、起火或爆炸等，这样本质危险性就转化为实际的安全事故。危险化学品所区别于一般化学反应过程的重要特性就是爆炸性快速反应，一个爆炸反应过程往往可以在百分之几到百万分之几秒的时间内完成，这样的反应一旦开始发生，实际上是没有时间从操作控制上作出反应的。

爆炸式反应比可燃物的缓慢燃烧速度快千百万倍，虽然这两种反应都会放出大量热，生成大量气体，但燃烧反应由于反应缓慢，气体产物可以扩散而不致形成高压；而爆炸性反应由于过程的快速性，故在反应过程中大量的气体聚积于有限的空间，所放出的热量集中在有限的容积内而造成很高的能量密度，形成高温高压气体，使爆炸具有巨大能量和更大的破坏性。

为此，我们应该从化学品生产过程中的物质(包括原料、中间产物和产品)、工艺过程和设备三方面来分析危险化学品生产过程的危险性。由于关于化学品的危险性在前面的章节已有叙述，下面重点分析生产工艺和相关设备的危险性。

化工生产过程中，不同的化学反应有不同的工艺条件，不同的化工工艺过程有不同的操作规程。评价一个化工工艺过程的危险性不能单看它所加工的介质、中间产物、产品的性质和数量，还要看它所包含的化学反应类型及化工过程和设备的操作特点。因此，化工生产安全技术与化工工艺是密不可分的。

应急管理部于 2009 年发布了首批重点监管的危险化工工艺目录，涉及 15 种化工工艺，其中包括光气及光气化工艺、电解工艺(氯碱)、氯化工艺、硝化工艺、合成氨工艺、裂解(裂化)工艺、氟化工艺、加氢工艺、重氮化工艺、氧化工艺、过氧化工艺、胺基化工艺、磺化工艺、聚合工艺、烷基化工艺。

(1) 氯化反应工艺。氯化反应是在有机化合物分子中引入一个或几个氯原子。氯化反应主要包括取代氯化、加成氯化、氢氯化、氧氯化合氯解反应等五类。一些重要的有氯参与的无机反应也可以划归到氯化反应一类中，如漂白粉(次氯酸钙)的生产。

氯化反应过程的危险性主要表现在：

① 氯化剂是强氧化剂和高毒性物质。如氯气、浓盐酸、氯化氢、次氯酸、漂白粉、光气、氯化磷等，它们能与可燃气体形成可燃气体或爆炸性气体。

② 物料的危险性。氯化反应的原料为烃类物质，属于易燃易爆物质，中间产物也具有不同程度的危险性。

③ 反应过程的危险性。某些氯化反应在高温下进行，易发生温度失控而爆炸的危险。

④ 设备的危险性。氯气等氯化剂及产物对设备和管道的强腐蚀性及泄漏危险。

（2）电解反应工艺。电解是在电流的作用下，电解溶液或熔融电介质发生分解反应以生产目标产品的过程。电解反应常见于氯碱工业、电解铝等。

电解反应的危险性主要表现在：

① 产物的危险性。如氯气是剧毒气体，氢氧化钠是强碱具有腐蚀性，氢气属于极易爆气体。

② 装置危险性。电解池属于高温操作装置，如果传热过程受到阻碍极易发生爆炸。

③ 触电危险性。电解过程在强电流下操作，潮湿环境易发生触电危险。

（3）磺化反应工艺。苯等芳香烃化合物与浓硫酸等磺化剂反应，发生氢原子被硫酸分子里的磺酸基（$—SO_3H$）或磺酰氯基（$—SO_3Cl$）所取代的反应。磺化过程中磺酸基取代碳原子上的氢称为直接磺化；磺酸基取代碳原子上的卤素或硝基，称为间接磺化。磺化剂通常用浓硫酸或发烟硫酸作为磺化剂，有时也用三氧化硫、氯磺酸、二氧化硫加氯气、二氧化硫加氧以及亚硫酸钠等作为磺化剂。

磺化反应在现代化工领域中占有重要地位，是合成多种有机产品的重要步骤，在医药、农药、燃料、洗涤剂及石油等行业中应用较广。

磺化反应的危险性主要表现在：

① 原料的危险性。常用的磺化剂，如浓硫酸、氯磺酸等具有强腐蚀性，易灼伤人体。反应物多数为有机物，如苯等芳香类物质，其具有毒性和易燃性。

② 设备危险性。常用磺化剂对金属设备和管道具有强腐蚀作用，易造成设备腐蚀泄漏。

③ 热危险性。火灾：常用的磺化剂，如浓硫酸、氯磺酸等是强氧化剂，原料多为可燃物。如果磺化反应投料顺序颠倒、投料速度过快、搅拌不良、冷却效果不佳而造成反应温度过高，易引发火灾危险。爆炸：磺化是强放热反应，若不能有效控制投料、搅拌、冷却等操作环节，反应温度会急剧升高，导致爆炸事故。沸溢和腐蚀：常用的磺化剂三氧化硫遇水生成硫酸，会放出大量热能造成沸溢事故。

（4）烷基化反应工艺。烷基化（也称为烃化），是在有机化合物中的氮、氧、碳等原子上引入烷基的化学反应。引入的烷基有甲基（$—CH_3$）、乙基（$—C_2H_5$）等。

烷基化常用烯烃、卤代烃、醇等能在有机化合物分子中的碳、氧、氮等原子上引入烷基的物质作烷基化剂。如苯胺和甲醇作用制取二甲基苯胺。

烷基化反应的危险性主要表现在：

① 原料和产物的危险性。被烷基化的物质大都具有着火爆炸危险，如苯等。烷基化剂一般比被烷基化物质的火灾危险性要大，如丙烯、甲醇等。烷基化的产品亦有一定的火灾危险，如异丙苯是乙类液体。

② 催化剂危险性。烷基化过程所用的催化剂反应活性强，如三氯化铝是忌湿物品，有强烈的腐蚀性，遇水或水蒸气分解放热，放出氯化氢气体，有时能引起爆炸，若接触可燃物，则易着火；三氯化磷是腐蚀性忌湿液体，遇水或乙醇剧烈分解，放出大量的热和氯化氢气体，有极强的腐蚀性和刺激性，有毒，遇水及酸（主要是硝酸、醋酸）发热、冒烟，有发生起火爆炸的危险。

③ 设备危险性。烷基化反应都是在加热条件下进行，如果原料、催化剂、烷基化剂等加料次序颠倒、速度过快或者搅拌中断停止，就会发生剧烈反应，引起跑料，造成着火或爆炸事故。

(5) 聚合反应工艺。聚合反应是将低分子单体合成聚合物的反应过程。聚合反应是生产塑料、橡胶、纤维和离子交换树脂等产品的重要工艺过程。如乙烯聚合生产聚乙烯塑料，丙烯聚合生产聚丙烯塑料，丁二烯聚合生产顺丁橡胶，脂酸乙烯聚合生产维纶等。

聚合反应按反应类型可分为加成聚合和缩合聚合两大类，按聚合方式又可分为悬浮聚合、溶液聚合、乳液聚合及缩合聚合五种方式。

聚合反应过程的危险性主要表现在：

① 物料的危险性。参与聚合反应的大多数单体都是易燃易爆物质。聚合反应又多在高压下进行，因此，单体极易泄漏并引起火灾、爆炸。聚合反应的引发剂为有机过氧化物，它对热、振动和摩擦极为敏感。聚合反应使用的催化剂多为有机金属化合物，其对水和空气极为敏感，易着火或爆炸。

② 反应过程的危险性。聚合反应操作过程的主要危险是产生暴聚，暴聚会使反应器压力骤增而发生爆炸。发生暴聚时会放出大量的热量，反应热量如不能及时导出，会造成局部过热等，均可使反应器温度迅速增加，导致爆炸事故。

③ 操作的危险性。聚合反应中，传热是反应的控制步骤，一旦操作不当或意外事故造成搅拌或冷却中断，极易发生黏釜、堵塞甚至爆炸事故。

(6) 裂解反应工艺。裂解(也称为裂化)是指有机化合物在高温下分子发生分解断裂的反应过程。而石油化工中所谓的裂解是指大分子石油组分(裂解原料)在隔绝空气和高温条件下，分子发生分解反应而生成小分子烃类的过程。

裂解是总称，如果单纯在高温下而不使用催化剂的裂解称为热裂解。如果裂解反应是在使用催化剂的条件下发生的，这种裂解称为催化裂解。根据裂解反应使用附加反应物料的不同，裂解反应又分成水蒸气裂解、加氢裂解等。石油化工中应用最广泛的是水蒸气热裂解。

裂解反应发生在裂解炉的炉管内，并在很高的温度(以轻柴油裂解制乙烯为例，裂解气的温度近800℃)、很短的时间内(0.7s)内完成，以防止裂解气体二次反应而使裂解炉管结焦堵塞。

裂解反应过程的危险性主要表现在：

① 氢气的危险性。加氢裂解或裂解后产生氢气的过程危险性主要在于氢气物料。

② 操作的危险性。裂解炉是在高温下操作，不正常的操作错误会造成爆炸的危险，特别是避免“回火”现象的发生。

③ 泄漏着火危险。裂解过程是在高温下操作的，原料和产物的泄漏易造成火灾。

(7) 氧化反应工艺。氧化反应是化工生产过程中广泛采用的重要反应，绝大多数氧化反应是放热反应。一般来说，较缓慢的氧化反应的危险性相对较小，而剧烈的氧化反应因其强放热的特点发生潜在的火灾和爆炸危险性较大。

氧化反应过程的危险性主要表现在：

① 被氧化的物质大部分属于易燃易爆物质，如乙烯氧化，氨的氧化等。氧化剂遇到易燃物品、可燃物品、有机物、还原剂等会发生剧烈化学反应引起燃烧爆炸，如氯酸钾、高锰酸钾、铬酸酐等。

② 氧化反应过程一般是强放热过程，易发生“飞温”现象，如乙烯氧化生产环氧乙烷。

③ 有些氧化反应，原料和氧化剂的配比接近于爆炸极限，甚至在爆炸极限范围之内，如氨、乙烯和甲醇蒸气的空气氧化，其物料配比接近于爆炸极限。

(8) 加氢反应工艺。加氢反应是氢与其他化合物相互作用的反应过程，通常是在催化剂存在下进行的，加氢反应属还原的范畴。加氢过程可分为两大类：一类是氢与一氧化碳或有机化合物直接加氢，例如一氧化碳加氢合成甲醇；另一类是氢与有机化合物反应的同时，伴随着化学键的断裂，这类加氢反应又称氢解反应，包括加氢脱烷基、加氢裂化、加氢脱硫等。例如烷烃加氢裂化，甲苯加氢脱烷基制苯，硝基苯加氢还原制苯胺等。

加氢反应大多为放热反应，而且大多在较高温度和压力下进行，氢气以及大部分所使用的物料具有燃爆危险性，一部分物料、产品或中间产物存在毒性、腐蚀性。一旦出现泄漏、反应器堵塞等故障，发生火灾、爆炸的危险性很大。

加氢反应的危险性主要表现在：

① 氢气危险性。氢气是高度危险性气体，与空气混合能成为爆炸性混合物，遇火星、高热能引起燃烧。

② 原料及产品危险性。加氢反应的原料及产品多为易燃、可燃物质。例如：苯、环戊二烯、硝基苯、一氧化碳以及石油化工中馏分油、减压馏分油等油品。在氢化反应过程中产生的副产物如硫化氢、氨气多为可燃和有毒物质。

③ 催化剂危险性。部分加氢反应使用的催化剂如雷尼镍属于易燃固体，可以自燃。

④ 设备危险性。加氢工艺多为气液相或气相反应，装置通常处于氢气氛和高温高压条件下，设备长时间运行后，氢腐蚀设备产生氢脆现象，降低设备强度。如操作不当易发生事故，甚至发生爆炸。

⑤ 操作危险性。氢气爆炸极限范围大(4.1%~74.2%)，加氢工艺中，当出现泄漏或装置内混入空气或氧气后易发生爆炸危险。加氢反应均为放热反应，当操作不当、管式反应器堵塞、反应器受热不均匀等原因容易造成反应器内温度、压力急剧升高导致泄漏甚至爆炸。

(9) 硝化反应工艺。有机化合物分子中引入硝基(—NO)取代氢原子而生成硝基化合物的反应，称为硝化。硝化反应是生产染料、药物及某些炸药的重要反应。常用的硝化剂是浓硝酸或浓硝酸与浓硫酸的混合物(俗称混酸)。

硝化反应过程的危险性主要表现在：

① 物料的危险性。硝化反应所用的原料甲苯、苯酚等都是易燃易爆物质。硝化产物——硝基化合物一般都具有爆炸危险性，特别是多硝基化合物受热、摩擦或撞击都可能引起爆炸。

② 浓硝酸与浓硫酸都是强酸，有强烈的腐蚀性。浓硝酸和浓硫酸制备的混酸具有强烈的气化性和腐蚀性，接触棉、纸等有机物即会引起燃烧爆炸。

③ 反应过程的危险性。硝化是强放热反应，而且反应速度与温度呈正反馈关系，温度越高，硝化反应速率越快，放出的热量越多，极易造成温度失控而爆炸。

第三节　过程安全技术

一、化学品生产过程安全控制技术

要保证危险化学品生产过程安全，必须以相关科学知识为基础，通过系统科学地分析过程与装置的危险性，以国家和地方法律、法规或标准为准则，制定严格的企业标准、规范或操作规程，确保工艺装置的正确操作和管理。特别是要借鉴已发生过的类似事故案例，避免重复发生同类生产事故。

对于大型危险化学品生产企业，由于经济实力的原因，其工艺、设备的设计安全性可靠，工艺设备操作人员和管理人员技术素质较好，企业安全管理水平较高，所以这类企业发生安全生产事故的风险性较低。安全生产事故风险性较大的是那些规模较小的企业，其安全生产技术和措施较差，特别是这样的企业一般因经济的原因工艺较简陋，几乎很少采用先进的安全措施和控制技术，生产和管理人员素质较低，因而是安全事故高发单位，也是政府安全生产监管部门应重点监督部位。

要保证危险化学品生产过程安全，选择安全性相对较高的生产工艺路线是根本，这包括安全的工艺路线和高性能的安全保证措施。其次是生产过程管理，包括正确、精心的过程操作，特别是开停车过程管理和意外事故的紧急处理，力争做到大事变小，小事变了。

化工装置一般集成了化工、机械、控制及管理多学科技术，因而生产过程的安全性要从这些方面总体考虑。一般在危险化学品生产过程要采取的安全控制技术主要包括以下几方面：

(1) 工艺过程方面。从工艺过程方面采取的安全控制技术主要是通过评价工艺过程、物料、反应、操作条件的危险性，研究应采取的安全对策，涉及的主要是化工工艺和仪表专业。考虑到的安全措施内容主要包括：

① 工艺过程的安全性；

② 物料危险性评价；

③ 反应危险性；

④ 反应失控的抑制；

⑤ 设定参数检测点；

⑥ 判定发生火灾、爆炸的条件；

⑦ 评价操作条件产生的危险性；

⑧ 判断外部环境条件产生的危险性；

⑨ 单元设备的安全性。

(2) 过程设备方面。从过程设备方面采取的安全控制技术主要是通过合理选择设备的材质、结构，设定承受负荷、载荷的设计值及相应采用的安全措施来保证生产过程的安全性。涉及的专业主要是过程装备和土建。考虑到的安全措施内容主要包括：

① 材质(耐应力性、耐高低温能力、耐腐蚀性、耐疲劳性、耐电化学腐蚀性、耐氢蚀性、耐火性能、隔音性能等)；

② 结构安全性；

③ 强度安全性；

④ 抗风、抗震标准；

⑤ 标准等级。

(3) 控制仪表方面。该方面主要研究测量和控制偏差产生的危险性及相应对策，主要涉及仪表控制和化工工艺专业。考虑到的安全措施内容主要包括：

① 测量仪表；

② 防止误操作措施(联锁控制等)；

③ 安全仪表；

④ 计算机系统。

(4) 操作运行方面。研究防止操作过程中发生意外事件引起灾害的控制措施，主要涉及化工工艺、过程装备、仪表电器和土木建筑专业。考虑到的安全措施内容主要包括：

① 紧急输送设备；

② 防空系统(如火炬等)；

③ 排水、排油系统；

④ 动力紧急停供措施(保安电力、蒸汽、冷却水等)；

⑤ 防止杂质混入措施；

⑥ 防止以外泄漏等措施。

(5) 安全防护方面。这一方面主要研究出现安全事故时的控制和减灾对策。该方面涉及化工工艺、仪表、电器、建筑、安全等诸多方面。考虑到的安全措施内容主要包括：

① 厂区安全布置；

② 选择泄压装置的性能和正确地安装使用(包括安全阀、防爆板、密封材料、过流量防止器、阻火器等)；

③ 惰性气体注入设备；

④ 爆炸抑制装置或措施；

⑤ 气体检测报警装置；

⑥ 通风措施及装置；

⑦ 确定危险区和电器防爆等级；

⑧ 防静电措施；

⑨ 避雷措施与设备；

⑩ 装置内安全管理(动火管理等)；

⑪ 耐火结构；

⑫ 防油、防液堤；

⑬ 紧急断流装置；

⑭ 防火、防爆墙；

⑮ 防火、灭火设备；

⑯ 紧急通信设备；

⑰ 安全避难措施。

在诸多的安全控制技术中，建厂时的工艺选择和厂区布置及安全措施是保证运行安全的最根本条件，严格的安全管理制度和高水平的操作技术是装置安全运行的根本保证。

二、危险化学品生产安全的发展趋势

随着人类社会进入21世纪，一方面，社会和经济的发展对危险化学品的生产和使用越来越广泛，单一产品的规模不断扩大；另一方面，人们对危险化学品的危害性认识不断加深，对环境保护和卫生健康的标准要求不断提高。

世界范围内对危险化学品的使用和生产不可避免，而解决这种需求与安全之间矛盾的唯一办法就是加强危险化学品的安全管理和不断提高危险化学品生产技术的安全性，从而达到安全生产和安全使用的目的。危险化学品生产安全的总的发展趋势是：采用更安全的生产技术，实施更科学严格的法规，建立更广泛的全球一体化合作机制。

我国近三十多年来经济的持续高速发展为全国乃至世界人民的生活水平的提高作出了巨大贡献，这样一个高速发展的经济社会必然导致对危险化学品使用和生产的巨大需求。由于我国还处于发展中国家的技术水平，危险化学品的安全生产技术和管理水平还相对比较落后。另一方面，人们对危险化学品的危害认识还处于较低的水平，往往只从经济利益考虑而忽略对安全、健康和环境要求，同时一些发达国家将高污染高危险的化学品的生产转移到类似中国这样的发展中国家，同样加剧了这些国家的危险化学品的危害程度。

随着我国经济社会的不断发展，人们对经济和社会的健康、协调和可持续发展的认识和需求不断提高，北京作为社会经济综合发展水平相对较高的大型城市，其对危险化学品生产、使用和经营的监督管理水平处于全国前列，但是相对于建设国际化城市的标准，继续提升对危险化学品的生产监督管理水平十分必要也是十分紧迫的。

近年来，在党和政府的领导下，各职能部门的协同努力下，全国危险化学品安全生产工作取得了显著成绩，科学地制定了一系列危险化学品安全生产管理规范，开展了危险化学品从业单位安全质量标准化活动，进一步提高了从业单位的安全生产管理水平，危险化学品安全生产状况总体趋向好转。但是，从保障人民生命财产安全、维护首都社会稳定及保持北京良好的国际形象，建立先进科学完备的危险化学品安全生产技术支撑体系，对危险化学品安全生产监管和事故正确处置十分必要。

从世界范围来看，责任与关怀是危险化学品业界为加强安全、健康与环境保护而自愿采取的管理体系，它包括危险化学品的生产、销售、储运、回收、废弃处置的各个环节，强调要有员工、客户、供应商、社区公众的共同参与。责任与关怀有五大要素，即指导原则、管理原则、自我评价、业内互助、与社区共同参与。责任与关怀的最终目标是实现“零污染排放、零人员伤亡、零财产损失”，从而保持经济可持续发展。

一个事故的发生必然有它产生的原因。根据事故致因理论，事故的直接原因是人的不安全行为与物的不安全状态，因此防止危险化学品生产安全事故，提高危险化学品生产企业的安全性，应从人和物两个方面着手。作为政府监管部门，就是要加强安全法制化建设，加强企业生产活动监管，加强安全培训教育，提高本质安全可靠性等等。

危险化学品生产安全是一个系统工程，根据 MMEM(Man-Machine-Environment-Management)系统理论，任何事故都是由于“人、机、环境和管理”要素(图 3-3)的不匹配、相互作用而造成的出乎人们意料的和不希望发生的事件。要避免和减少事故发生，就必须有效控制和协调人、机、环境和管理之间的关系，并事先采取有效措施进行预防。

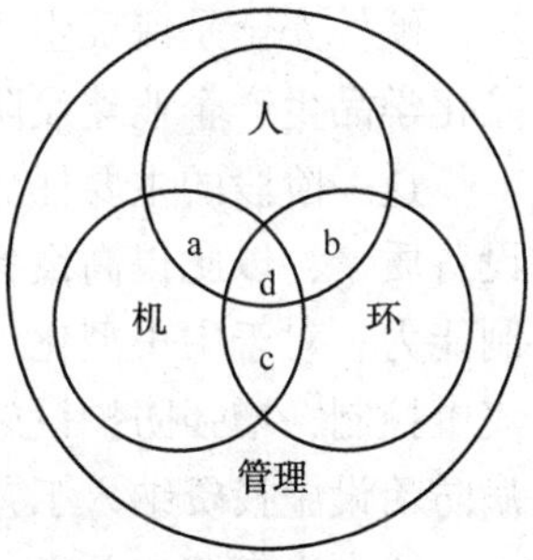

图 3-3　生产安全系统的构成

任何生产安全系统的基本要素是由人、机、环境和管理构成的，如图 3-3 所示。其中，a 区为人-机关系区，表现为机对人的安全影响、人能熟练掌握机的操作技能；b 区为人-环境关系区，表现为环境对人的安全影响、人要适应和改善作业环境；c 区为机-环境关系区，表现为环境对机的安全影响、机要适应并保护环境；d 区为人-机-环境综合关系区，是事故的多发区域和安全控制的重点区域。

管理要素则通过对安全事务的计划、组织、领导和监控，实现对管理体系自身的控制和使用该体系对人、机、环境要素的控制，并用法律、技术、规范、标准、程序和方法充分地覆盖人、机、环境要素及各关系区。

依据 MMEM 理论，可以从“管理”系统的安全性和技术层面“人-机-环境”系统的安全性两方面进行危害因素的识别和控制，从而实现对生产系统的安全控制。

1.“管理”系统的安全性

从“管理”系统的安全性来说，存在的安全事故风险主要包括安全生产管理体系不健全；管理方法不完善；安全技术不完备。

预防这类事故的基本措施包括：

（1）建立健全安全生产管理体系，完善管理方法，并根据实际情况不断修订完善，提高可操作性。

当前，职业安全健康体系（OSHMS）、安全健康环保体系（HSE）、化学品分类及标记全球协调制度（GHS）等一些先进的管理方法和规则正在世界范围内受到认可，并与企业的形象、市场竞争力具有前所未有的密切关系。安全管理正朝着安全、健康，环境、质量一体化的方向发展。我国政府对此也发布了相关的国家标准，成立了相应的体系认证机构，这对全方位地提高化工企业的安全管理水平，保障从业人员的安全健康发挥了巨大的推动作用。危险化学品生产企业必须进一步加强对员工进行相关知识的教育培训，使得他们不断更新观念，及时掌握新知识、新方法，使他们的综合安全素质持续不断地提高，努力杜绝人的不安全行为，从而推动安全生产的稳步前进。

（2）大力加强技术和安全教育培训，提高人的技术水平和安全素质，提高人的行为安全性。要不断强化人员培训，培养高素质的员工。要搞好安全，既要熟悉生产，掌握特殊的生产知识，又要具备系统的安全知识，二者缺一不可。既不能让管理人员只懂安全，不懂生产，也不能让操作人员只懂生产，不懂安全。要做到这些，就必须对相关人员进行分专业、有层次的系统培训，这是消除人的不安全因素的重要途径。

实行安全生产责任制，运用管理方法和各项规章制度约束人的行为，防止和减少人为失误、“三违”现象。建立事故责任追究制度，对违反动火作业、高处作业、进设备作业等直接作业环节安全管理制度和规定的人员，从重处罚并追究相关人员的刑事责任。

（3）加强硬件建设，提高设备、工艺本质安全程度

硬件安全是保证生产安全的根本保证。对于安全生产监管部门，其主要责任不是对危险化学品生产企业建设阶段进行监管，而是监管企业的生产过程。

这一阶段的主要任务是要针对企业生产过程的不安全因素，监督、督促企业不断改进设备质量，以此提高设备的安全可靠性；不断开发应用安全防护设施，提高事故的防范控制能力；对于中小型化工企业，更应加速技术改造，在设备操作上加强密闭化、机械化和集中控制，增强防护设施，使操作人员脱离不良的劳动环境。监督企业将安全设施、职业病防治设施投资纳入工艺设备改造预算。

要大力借鉴、开发、应用安全新技术。如对于大型化工企业的安全问题，首先要考虑设备和控制技术的可靠性，而当前设备故障诊断技术发展很快，如断裂力学在评价压力容器寿命方面的应用，机械零部件失效分析，振动监测、声发射技术测定容器裂纹的发展，易燃易爆及有害气体自动报警装置，以及本质安全、自动防故障技术在加强控制系统可靠性方面的应用等，都是保障设备和工艺安全运转的重要手段，应在生产实践中加强引进、

吸收和推广。

化工生产过程的计算机控制系统是随着计算机软硬件发展而开发出来的程序控制系统，目前主要的计算机控制系统类型包括集散控制系统（DCS）、可编程序控制器（PLC）和现场总线控制系统（FCS）。这些先进的控制系统配合以先进的控制元件为危险化学品的生产安全提供了可靠的保障，特别是近年来FCS技术发展迅速，化工装置的操作安全性大大提高。

（4）积极开展安全评估

安全管理中一项重要基础工作是安全评价。危险性具有潜在性质，在一定条件下它可以发展成为事故，但也可以采取措施抑制它的发展，新技术的采用也可能带来新的危险性。所以辨识危险性已构成一个十分重要的问题，在危险性辨识的基础上，对危险性进行定性和定量评价，并根据评价结果采取优化的安全措施，使安全管理上升一个新台阶。当前，我国政府十分重视安全评价工作，一是从法律上提出了明确的要求，发布了一系列的评价规范、标准，初步建立起了安全评价的法规、标准体系；二是各地依法成立了安全评价中介机构，为开展安全评价提供了组织保障；三是对评价人员依法进行资格培训，有效保证了安全评价工作的质量。

目前流行的安全评价方法很多，其中主要有安全检查表法（Safety Checklist Analysis，SCA）、危险指数方法（Risk Rank，RR）、预先危险分析方法（Preliminary Hazard Analysis，PHA）、故障假设分析方法（What…If，WI）、危险与可操作性分析方法（Hazard and Operability Study，HAZOP）以及故障类型和影响分析法（Failure Model Effect Analysis，FMEA）。

2.“人–机–环境”系统的安全性

“人–机–环境”系统是影响危险化学品企业安全生产的直接原因，它反映着生产系统中存在的固有危险性。其中，人、机、环境三个要素中的任一要素出现问题，都会导致安全事件，因此分别对人、机、环境的不安全因素识别分析并采取有效措施进行防范，便可控制或消除危险，提高“人–机–环境”系统的安全可靠性。

（1）人的因素

人的因素是影响安全生产最直接、最主要的因素，主要表现为安全意识淡薄、知识技能低下、身体状况不佳等。预防措施包括：加强教育培训，提高人的文化和技术素质；加强安全文化建设，提高职工安全责任意识；提供职工职业卫生保障条件和标准，注意劳逸结合，定期组织职工体检。

（2）机的因素

机的因素，也是影响安全生产的重要因素，主要表现为设备性能不良、设备磨损老化、安全设施缺陷等。

预防此类事故的措施包括：严把工程质量关，从设计、采购、制造、安装几个环节层层严格把关，保障工程本质安全。加强设备维护保养，定期进行设备故障检测，确保设备完好备用；加强对设备的安全检查和监督，发现问题及时解决；建立统一的设备状态评价和退役标准，对“低、老、坏”设备及时进行改造或淘汰，确保安全设施有效可靠。

（3）环境因素

环境因素是影响安全生产的客观因素，它会影响人的行为，对机械设备产生一定的作用。环境因素，主要表现为作业场所混乱、自然环境恶劣以及偶发的自然灾害。

这类事故的预防措施包括：开展“5S”活动，改善作业环境。5S 管理源于日本，是整理(Seiri)、整顿(Seiton)、清扫(Seiso)、清洁(Seiketsu)和修身(Shitsuke)这五个词的缩写。遇恶劣天气时提前通知，做好预防。完善应急预案的编制和演练。针对不同季节的气候特点制定措施确保安全生产。

对于偶发的自然灾害，要提前制定预案，采取必要的预防措施。

应急管理部目前正在推行的危险化学品企业安全生产标准化工作是从安全系统的各个环节全面预防危险化学品生产事故发生的重要举措，这项工作的意义重大，通过实施安全标准化，能够使企业各部门、生产岗位、作业环节的安全工作和各种设备、设施、环境等，达到和保持安全生产的条件和标准，使企业生产始终处于良好的安全运行状态。

第四节　关键装置要害(重点)部位监控管理

石油化工的生产及围绕石油天然气为原料的石油化工生产装置大致如下：炼油生产装置、基本有机合成、合成橡胶、合成树脂及塑料、合成氨及制品、石油化纤等。

目前国际上炼油装置单套设备在千万吨级以上，乙烯生产装置单套也在 100×10^4t 以上。装置规模的大型化，对石油化工本身及配套设备的安全评价技术和方法的要求也日益复杂。有效的安全评价可以掌握系统发生风险的可能性及其危害程度，使生产过程中发生事故的可能性和后果的严重程度大大降低。

一、关键装置要害(重点)部位界定

关键装置系指以下设施或装置：陆上、海(水)上油气勘探开发生产设施；工艺操作是在易燃、易爆、有毒、有害、易腐蚀、高温、高压、真空、深冷、临氢、烃氧化等条件下进行的生产装置。

要害(重点)部位系指以下场所或区域：多工种联合作业、频繁拆卸、搬迁、安装的部位，生产过程中不安全因素多的野外施工现场；相对集中的油气生产与处理装置区；制造、储存、运输和销售易燃易爆、剧毒等危险化学品场所，以及可能形成爆炸、火灾场所的罐区、装卸台(站)、码头、油库、仓库等；对关键装置安、稳、长、满、优生产起关键作用的公用工程系统等；运送危险品的专业运输车(船)队等。

根据本单位实际情况，由主管生产的领导组织生产、技术、设备、仪表、电气、安全等有关部门进行关键装置、要害(重点)部位的界定分级。一般可将其分为两级。发生火灾时，影响全企业的生产或容易造成重大人员伤亡的关键生产装置及部位可定为一级。

界定方法：①在危险分析、安全评价基础上分清主次，科学界定；②各直属企业应根据本企业的实际情况，按生产装置、部位的危险程度、影响范围合理界定。③在主管经理(厂长)的领导下，组织生产、技术、设备、仪表、电气、安全等有关部门组成领导小组，对生产、运输、储存等生产系统各个环节，采用适当的安全评价方法逐一进行安全评价，在安全评价的基础上，结合本单位的生产实际情况、各装置安全装备的配备情况、生产效益等进行界定，并根据危险程度进行分级。

二、关键装置、要害(重点)部位监控要求

目前我国危险化学品生产企业对这些关键装置要害部位实施了一整套严格的安全监控办法，有针对性地制定重大事故防范措施，组织开展事故预案演练，将管理监控责任和措施落实到各部门、车间和岗位，及时消除缺陷和隐患。同时，采用国际上先进的安全评价方法，对在役装置的安全性进行评价。在关键装置配置带有智能化自诊断和冗余容错技术的 Honeywell 公司的故障安全控制系统(FSC)，大大提高了装置安全运行可靠性。还建立了具有安全监控、基础数据管理、信息(包括视频、音频)传递、应急预案、远程监控指挥功能的网络化安全应急平台。

1. 相关职能处(科室)监控要求

工艺、技术、机动、安全、仪表、电气等有关部门按照职责分工对关键装置、要害(重点)部位的安全进行监控管理，具体是：

(1) 各项工艺操作指标符合操作规程、工艺卡片要求；

(2) 各种动、静设备、设施、附件达到完好标准，静密封点泄漏率小于 0.5‰，压力容器、压力管道符合《固定式压力容器安全技术监察规程》(TSG 21—2016)和《压力管道安全管理与监察规定》，其安全附件应齐全好用，关键机组实行特护管理；

(3) 仪表管理符合制度要求，仪表完好率和使用率达 95%以上，自控率达 90%以上，严格执行仪表联锁管理规定；

(4) 各类安全设施、消防设施齐全、灵敏、完好，符合有关规程和规定的要求，消防道路畅通；

(5) 每季度组织一次安全检查，并建立健全完整的二级关键装置、重点部位安全检查档案。

2. 基层车间监控要求

(1) 确认关键装置、要害(重点)部位的安全监控危险点，绘制出危险点分布图，明确安全责任人；

(2) 每月进行一次安全检查，对查出的隐患和问题及时整改或采取有效防范措施；

(3) 关键装置、要害(重点)部位设置专职安全工程师；

(4) 操作人员应经培训合格并持证上岗。

3. 班组监控要求

(1) 严格执行巡回检查制度；

(2) 严格遵守工艺、操作、劳动纪律和操作规程；

(3) 按巡回检查制度定期对安全设施、危险点进行安全检查；

(4) 及时报告险情和处理存在的问题。

三、关键装置、要害(重点)部位安全监督检查

生产单位应建立关键装置、要害(重点)部位档案和登记台账。建立关键装置、要害(重点)部位安全检查书面报告制度。对一级关键装置、要害(重点)部位，每半年至少进行一次全面安全监督检查，并形成安全检查技术报告。按照关键装置要害(重点)部位安全监管检查表(表 3-1~表 3-8)对二级关键装置、要害(重点)部位，每年至少进行一次全面检查。

××公司关键装置要害(重点)部位安全监管检查表

表 3-1 安全生产责任制检查表

装置：　　　　　　　　　　　　　　　　　　　　　　　　　　检查时间：

项目	检查结果	问题整改情况
1. 各级安全生产责任制建立健全及修订完善情况		
2. 所制定的安全生产责任制针对性如何，“谁主管谁负责”和安全生产人人有责原则体现情况		
3. 对安全生产责任制的落实和执行情况怎样进行严格考核的		
4. 抽查不同层次人员、部门安全职责的执行情况，特别是一把手的安全生产责任制执行情况		
5. 完成安全生产目标和安全工作计划情况		
6. 建立、健全了多少以安全生产责任制为中心的有关安全生产规章制度，列出主要制度		
7. 检查领导干部定点联系制度的执行情况数		

检查人：××× ；×××　　　　　　　　　　　　　　责任人：×××

表 3-2 安全监控制度检查表

装置：　　　　　　　　　　　　　　　　　　　　　　　　　　检查时间：

项目	检查结果	问题整改情况
1. 三级监控管理制度建立及执行情况		
2. 巡回检查制度建立及执行情况		
3. 关键机组五位一体(即机、电、仪、管、操)特护制度建立及执行情况		
4. 可燃气和火灾报警管理制度建立及执行情况		
5. 仪表联锁管理制度建立及执行情况		
6. 岗位练兵制度建立及执行情况		
7. 应急预案演练制度建立及执行情况		

检查人：××× ；×××　　　　　　　　　　　　　　责任人：×××

表 3-3　安全监控管理检查表

装置：　　　　　　　　　　　　　　　　　　　　　　　　　检查时间：

项目	检查结果	问题整改情况
1. 建立安全监控网络情况		
2. 危险点分布图绘制情况		
3. 建立危险点三级监控巡回检查路线和落实专人检查情况		
4. 定期进行监控检查[班组每日一次，车间每周一次，厂(联合装置)每月一次]落实情况		
5. 每季度进行一次事故预案演习及演练计划、方案、考核情况		
6. 操作人员应急预案的掌握和熟悉情况		
7. 个体防护用品按要求配备情况，操作人员熟悉使用情况		
8. 上岗人员进行三级安全教育情况，考核合格情况		
9. 定期组织岗位技术练兵情况，每年进行一次安全考试情况		
10. 配备经考核取证的安全工程师，并进行业务培训情况		
11. 落实隐患分级管理，装置隐患及时治理情况，重大隐患在整改前，可靠的安全防范措施建立及落实情况		
12. 动火、进设备、高处、临时用电等直接作业严格执行安全作业票审批规定情况		
13. 动火、进设备等特殊作业配备经培训考核合格的监护人情况		
14. 检查事故管理和“四不放过”的情况		
15. 建立健全七本安全台账情况，登记情况		

检查人：×××；×××　　　　　　　　　　　　责任人：×××

表 3-4　工艺安全管理检查表

装置：　　　　　　　　　　　　　　　　　　　　　　　　检查时间：

项目	检查结果	问题整改情况
1. 操作室是否有规范的工艺卡片		
2. 严格按工艺卡片控制工艺指标情况		
3. 工艺卡片每年的修改及指标临时变动按规定履行审批手续情况		
4. 是否有监控点巡回检查路线和检查标志		
5. 严格遵守操作规程平稳操作，工艺操作规程修改补充，特别是新建、技改项目编写安全技术操作规程修改补充情况		
6. 开停车严格执行开停车方案情况		
7. 操作记录及时、齐全、真实，字迹工整、清晰、无涂改等情况		
8. 是否有误操作引起的装置停车事故；若有则简述或附件		
9. 对偏离工艺操作指标的运行是否有审批手续和应急措施，抽查操作人员是否清楚		
10. 重点部位、设备(可根据本装置情况确定)的工艺控制指标符合要求情况。		

检查人：×××；×××　　　　　　　　　　　　责任人：×××

表 3-5　设备安全管理检查表

装置：　　　　　　　　　　　　　　　　　　　　　　　　　检查时间：

项目	检查结果	问题整改情况
1. 静密封点泄漏率是多少，是否小于0.5‰		
2. 压力容器是否有政府主管部门颁布的使用许可证		
3. 压力容器按规定时间定期检查、检测情况，档案记录情况		
4. 压力管道的阀件、法兰、支架吊架、保温、防腐完好情况，排放点符合安全要求情况，建立压力管道的档案情况		
5. 对易腐蚀的酸碱管道，是否定期测厚和进行状态分析，是否有检测记录，是否归档		
6. 安全阀定压是否符合设计规范，铅封铭牌是否完整并定期校验，对关键设备及球罐是否设置双安全阀。运行、检修、校验档案齐全情况		
7. 检查机泵完好，润滑油"五定"三级过滤执行情况		
8. 检维修盲板是否统一管理，是否有确认记录		
9. 关键机组是否有特级护理小组、特级护理方案、记录及分析处理存在问题，特护小组特护记录情况		
10. 根据本装置情况列出需检查的重点设备及检查内容		

检查人：×××；×××　　　　　　　　　　责任人：×××

表 3-6　电气安全管理检查

装置：　　　　　　　　　　　　　　　　　　　　　　　　检查时间：

项目	检查结果	问题整改情况
1. 防爆区内电气符合规范情况		
2. 电气设备完好及运行情况		
3. 电气设备工作接地完好情况		
4. 防雷、防静电接地完好情况，是否符合安全规定		
5. 临时用电按规定审批情况，作业票签发情况，是否规范操作		
6. 生产现场火灾报警按钮完好情况，报警系统是否运行正常		
7. UPS 运行情况及记录情况		
8. 装置停电应急预案措施制定完善情况，有关人员熟悉情况		
9. 电缆沟防串油气、防腐蚀、防火等措施制定情况		
10. 装置的供电系统严格执行“五制”情况		
11. 装置的变配电间落实“四防一通”的措施情况		
12. 装置的供电方式是否一级负荷，二路供电		

检查人：×××；×××　　　　　　　　　　　　责任人：×××

表 3-7　仪表安全管理检查表

装置：　　　　　　　　　　　　　　　　　　　　　　　　检查时间：

项目	检查结果	问题整改情况
1. 仪表巡回检查制度落实情况，发现故障及时消除，仪表自控率是多少，是否达到 90%，使用率、完好率分别多少，是否达到 95%。		
2. 联锁安装率、使用率、完好率分别是多少，是否达 100%		
3. 关键装置的故障安全控制系统投运情况；建立计划是否安排		
4. 工艺参数指示报警、联锁及 DCS 系统正常投运情况		
5. 联锁系统投用完好情况		
6. 一次仪表与二次仪表显示值相符情况		
7. 是否有联锁分布图，定期维修校验记录情况		
8. 压力表定期校验情况，铅封是否完好，刻度盘上是否标出最高工作压力红线		
9. 液位计是否有指示最高最低液位的明显标志，液位显示是否清晰、无假液位		
10. 临时变更记录等技术资料是否齐全，联锁装置摘除与恢复是否有申请和领导签批手续		
11. 可燃气体、有毒气体报警仪安装率、使用率、完好率是否达到 100%，按规定进行校验及记录情况		
12. 手动试验声光报警是否正常，故障报警是否完好		
13. 在线分析检测仪完好情况		
14. 仪表调节器、变送器、传感器探头完好、无腐蚀、无灰尘情况		
15. 仪表设备完好情况、防爆区内仪表是否符合防爆规范		

检查人：××× ；×××　　　　　　　　　　　　责任人：×××

表 3-8　气防消防安全管理检查表

装置：　　　　　　　　　　　　　　　　　　　　　　　　　检查时间：

项目	检查结果	问题整改情况
1. 气防、消防组织健全情况，人员配备多少		
2. 气防、消防管理制度齐全、完善情况		
3. 气防、消防器材配置分布、管理及使用符合规范要求情况，岗位职工掌握情况		
4. 对职工的气防教育、培训是否有考核，有记录，并定期演练，简述之		
5. 消防值班人员应能熟练使用消防器材和熟悉灭火预案		
6. 抽查装置人员报警及熟练使用各种消防器材和设施情况		
7. 各消防电动泵及柴油发电机保持完好，随时处于启动状态，做好灭火供水准备，消防水池水质清洁无杂物等情况		
8. 泡沫发生系统保持完好，零部件齐全，随时保持备用状态，泡沫液定期更换、有记录情况		
9. 固定式消防设施、消火栓、消防池、喷淋、水幕、汽幕等设施完好情况，随时投入使用情况		
10. 移动式灭火器材有专人定期检查，放置地方干燥清洁		
11. 消防道路畅通情况		

检查人：×××；×××　　　　　　　　　　　　责任人：×××

四、关键装置、要害(重点)部位安全监控危险点检查

制定“机、电、仪、操、管”人员和有关管理部门对关键装置、要害(重点)部位的管理职责，安全监督管理部门应定期对职责落实情况进行检查、监督和考核(表3-9)。

表3-9 ××公司关键装置要害(重点)部位安全监控危险点检查表

装置名称：　　　　　　　　　　　　　　　　　　　　　　　检查时间：

危险点：			
类别	检查内容及要求	检查结果	检查签字
工艺	工艺指标符合“工艺卡片”要求，不超温、不超压		
设备	静密封点无泄漏，压力容器安全附件好用，关键机组实行特级维护并有检查记录		
仪表	联锁好用，可燃气体报警器及其他仪表完好		
电气	电气设备符合防爆要求，接地电阻按时检测		
安全	安全设施、消防、防护器材齐备、好用，消防道路通畅		

检查人：×××　　　　　　　　　　　　　　　　　　　　责任人：×××

五、关键装置、要害(重点)部位书面检查报告

每半年组织一次全面安全检查，形成书面检查报告。检查报告编制要点如下：

(1) 前言

(2) 检查小组组成情况

(3) 检查过程

(4) 检查情况，从以下各方面反映：

① 安全生产责任制的落实情况；

② 安全监控制度；

③ 安全监控管理；

④ 工艺安全管理；

⑤ 设备安全管理；

⑥ 电气安全管理；

⑦ 仪表管理；

⑧ 消防设施；

⑨ 罐区的标准化管理；

⑩ 危险点部位抽查；

(5) 存在问题及整改办法；

(6) 附件。

六、关键装置、要害(重点)部位管理档案

关键装置、要害(重点)部位档案包括综合档案和每一套一级、二级关键装置要害(重点)部位的装置档案。

综合档案包含以下内容：关键装置要害部位目录；相关管理制度；工艺、技术、机动、安全、仪表、电气等有关部门职责；年度管理登记台账；工程师配备情况；管理概况等。

装置档案包含以下内容：

(1) 关键装置要害(重点)部位安全监控管理制度；

(2) 关键装置要害(重点)部位安全监控管理网络及职责；

(3) 关键装置要害(重点)部位安全监控突发事件应急预案；

(4) 关键装置要害(重点)部位季度监管检查表(情况汇总)；

(5) 关键装置要害(重点)部位安全检查技术报告；

(6) 关键装置要害(重点)部位应急预案演练计划和演练方案；

(7) 关键装置要害(重点)部位应急预案考核表(总结)；

(8) 领导干部定点联系登记表和汇总表；

(9) 关键装置要害(重点)部位危险点分布图；

(10) 关键装置要害(重点)部位危险点检查表；

(11) 关键装置要害(重点)部位安全评价相关情况、带病监护运行登记表和事故登记表等。

第四章　危险化学品经营安全

危险化学品经营单位主要是加油站、石油库、工业气体销售站、建材商店、油漆化工商店等。在一些省市的危险化学品从业单位中，经营企业占到了近50%，其中加油加气站约占经营企业总数的50%以上，工业气体销售站占20%左右，其他类危险化学品经营单位占20%左右。另外还有剧毒经营单位、溶解乙炔经营单位等。

通常所讲的成品油，泛指石油成品油，也称之为石油产品。它是原油经过常减压蒸馏和各种转化、精制等石油炼制工艺而获得的各种动力燃制、照明用油、溶解剂、绝缘剂、冷却剂、润滑剂及包括用途广泛、品种繁多的化工原材料等在内的石油产品的一部分。成品油主要包括汽油、煤油、柴油、润滑油和润滑脂等五大类。成品油不仅是关系国计民生的重要战略物资，更具有易燃易爆等危险特性。根据《安全生产法》和《危险化学品安全管理条例》，国家对成品油经营销售实行许可制度，并将其纳入甲种经营许可证管理。今后，凡未取得甲种危险化学品经营许可证的成品油经营单位将不得经营销售成品油。

石油库和加油站作为成品油批发与零售经营业务的主体，具体承担着成品油的接卸、存储和销售工作。为此，本章将围绕成品油经营单位的安全管理重点介绍石油成品油的危险特性、石油库及加油站爆炸危险区域的划分，以及相关的安全技术与管理方面的知识。

经营企业三种类型：不带有储存设施的经营企业、带有储存设施的经营企业和仓储经营的企业。

我国对危险化学品经营(包括仓储经营)实行许可制度。未经许可，任何单位和个人不得经营危险化学品。依法设立的危险化学品生产企业在其厂区范围内销售本企业生产的危险化学品，不需要取得危险化学品经营许可。

第一节　危险化学品的灌(充)装与包装安全

一、永久气体气瓶的充装

永久气体是指临界温度低于-10℃的气体经低温处理后气液两相共存的介质，如液氧、液氮、液氩等。本标准规定了包括工业用永久气体气瓶的充装和低温液化永久气体汽化后的气瓶充装。

1. 充装前的检查与处理

充装前的气瓶应由专人负责，逐只进行检查，具有以下所列情况之一的气瓶，禁止充装。

(1) 不具有“气瓶制造许可证”的单位生产的气瓶；

(2) 进口气瓶未经安全监察机构批准认可的；

(3) 将要充装的气体与气瓶制造钢印标记中充装气体名称或化学分子式不一致的；

（4）警示标签上印有的瓶装气体名称及化学分子式与气瓶制造钢印标记中的不一致的；

（5）将要充装的气瓶不是本充装站的自有产权气瓶，气瓶技术档案不在本充装单位的；

（6）原始标记不符合规定，或钢印标志模糊不清、无法辨认的；

（7）气瓶颜色标记不符合《气瓶颜色标志》（GB/T 7144—2016）的规定，或严重污损、脱落，难以辨认的；

（8）气瓶使用年限超过30年的；

（9）超过检验期限的；

（10）气瓶附件不全、损坏或不符合规定的；

（11）氧气瓶或强氧化性气体气瓶的瓶体或瓶阀上沾有油脂的；

（12）气瓶生产国的政府已宣布报废的气瓶；

（13）经过改装的气瓶。

颜色或其他标记以及瓶阀出口螺纹与所装气体的规定不相符的气瓶及有不明剩余气体的气瓶，除不予充气外，还应查明原因，报告上级主管部门和安全监察机构，进行处理。

无剩余压力的气瓶，充装前应充入氮气后抽真空。之后如发现瓶阀出口处有污迹或油迹，应卸下瓶阀，进行内部检查或脱脂。确认瓶内无异物，并按规定检查合格方可充气。

新投入使用或经内部检验后首次充气的气瓶，充气前都应按规定先置换，除去瓶内的空气及水分，经分析合格后方能充气。

在检验有效期内的气瓶，如外观检查发现有重大缺陷或对内部情况有怀疑的气瓶，发生交通事故后，车上运输的气瓶、瓶阀及其他附件，应先送检验单位，按规定进行技术检验与评定，检验合格后方可重新使用。库存和停用时间超过一个检验周期的气瓶，启用前应进行检验。

国外进口的气瓶，外国飞机、火车、轮船上使用的气瓶，要求在我国境内充气时，应先由安全监察机构认可和检验机构进行检验。

发现氧气瓶内有积水时，充气前应将气瓶倒置，轻轻开启瓶阀，完全排除积水后方可充气。

经检查不合格（包括待处理）的气瓶应分别存放，并作出明显标记，以防与合格气瓶相互混淆。

气瓶水压试验有效期前1个月应向气瓶检验机构提出定期检验要求。

2. 气瓶充装

气瓶充装系统用的压力表，准确度应不低于1.5级，表盘直径应不小于150mm。检验周期不应大于半年。

装瓶气体中的杂质含量应符合相应气体标准的要求。下列气体禁止装瓶：

（1）氧气中的乙炔、乙烯及氢的总含量达到或超过2%（按体积分数，下同）或易燃性气体的总含量达到或超过4%者；

（2）氢气中的氧含量达到或超过0.5%者；

（3）其他易燃性气体中的氧含量达到或超过4%者。

气瓶充装气体时，必须严格遵守下列各项规定：

（1）充气前必须检查确认气瓶是经过检查合格（应有记录）或妥善处理了（应有记

录）的；

（2）用卡子代替螺纹连接进行充装时，必须认真仔细检查确认瓶阀出气口的螺纹与所装气体所规定的螺纹形式相符；

（3）防错装接头零部件是否灵活好用；

（4）开启瓶阀时应缓慢操作，并应注意监听瓶内有无异常音响；

（5）充装易燃气体的操作过程中，禁止用扳手等金属器具敲击瓶阀或管道；

（6）在瓶内气体压力达到7MPa以前，应逐只检查气瓶的瓶体温度是否大体一致，在瓶内压力达到10MPa时，应检查瓶阀的密封是否良好，发现异常时应及时妥善处理；

（7）气瓶的充气流量不得大于$8m^3/h$（标准状态气体）且充装的时间不应少于30min；

（8）用充气汇流排充装气瓶时，在瓶组压力达到充装压力的10%以后，禁止再插入空瓶进行充装。

气瓶的充装量应严格控制，确保气瓶在最高使用温度（国内使用的，定为60℃），瓶内气体的压力不超过气瓶的许用压力。根据GB/T 5099.3—2017的规定，国产气瓶的许用压力为水压试验压力的0.8倍。

用国产气瓶充装的各种常用永久气体，充装压力（表压）不得超过国标GB/T 14194—2017的相关规定。

充装温度的确定：取充气车间的环境室温加上充气温差（指在测温试验时实际测定得出的气瓶充装温度与室温之差）作为气瓶的充装温度。充气温差应在规定的充气速度下，由实验确定，实验结果应挂贴上墙。

低温液化永久气体汽化后的气瓶充装过程中还应遵守以下规定：

（1）充装前应检查低温气体汽化器气体出口温度、压力控制装置是否处于正常状态；

（2）低温液体泵开启前，要有冷泵过程（冷泵时间参照泵的使用说明书）；

（3）气瓶充装过程中，低温液体汽化器出口温度不得低于0℃，若出现上述现象应及时妥善处理；

（4）低温液体加压气化充瓶装置中，低温泵排液量与汽化器的换热面积及充装量应匹配，应使每瓶气的充装时间不得小于30min，汽化器的出口温度低于0℃及超压时应有系统报警及联锁停泵装置；

（5）低温液体充装站的操作人员应佩戴可靠的防冻伤的劳保用品。

充装后的气瓶，应有专人负责，逐只进行检查。不符合要求时，应进行妥善处理，检查内容有以下几项：

（1）瓶内压力（充装量）及质量是否符合安全技术规范及相关标准的要求；

（2）瓶阀及其与瓶口连接的密封是否良好；

（3）气瓶充装后是否出现鼓包变形或泄漏等严重缺陷；

（4）瓶体的温度是否有异常升高的迹象；

（5）气瓶的瓶帽、防震圈、充装标签和警示标签是否完整。

3. 充装记录

充气单位应由专人负责填写气瓶充装记录，记录内容见表4-1。充气单位应负责妥善保管气瓶充装记录。保存时间不应少于2年。

表 4-1　永久气瓶充装记录

充气日期	瓶号	室温	充装压力	充装起止时间	充装人	气瓶充装前剩余气体是否与将要充装的气体相同	有无发现异常情况	不明剩余气体的气瓶的处理

二、液化气体气瓶的充装

国标《液化气体气瓶充装规定》(GB 14193—2009)规定了高压液化气体气瓶和在最高使用温度下饱和蒸气压力不小于0.1MPa(表压，下同)的低压液化气体气瓶的充装。

1. 充装前的检查与处理

充装操作人员应熟悉所装介质的特性(燃、毒及腐蚀性等)、安全防护措施及其与气瓶材料(包括瓶体及瓶阀等附件)的相容性。

充装前的气瓶应由专人负责，逐只进行检查，有下列情况之一的气瓶，禁止充装：

(1) 不具有“气瓶制造许可证”的单位生产的气瓶；

(2) 进口气瓶未经省级安全监察机构批准认可且具有合格证的；

(3) 将要充装的气体与气瓶制造钢印标记中充装气体名称或化学分子式不一致的；

(4) 警示标签上印有的气体名称及化学分子式与气瓶制造钢印标记中的不一致的；

(5) 不是本充装站的自有产权气瓶或气瓶技术档案不在本充装单位的；

(6) 气瓶的原始标记不符合规定，或钢印标志模糊不清，无法辨认的；

(7) 颜色标志不符合《气瓶颜色标志》(GB/T 7144—2016)的规定，或严重污损脱落、难以辨认的；

(8) 使用年限超过规定的；

(9) 超过检验期限的；

(10) 经过改装的；

(11) 附件不全、损坏或不符合规定的；

(12) 瓶体或附件材料与所装介质性质不相容的；

(13) 低压液化气体气瓶的许用压力小于所装介质在气瓶最高使用温度下的饱和蒸气压的(国内的低压液化气体气瓶最高使用温度定为60℃)。

颜色或其他标记以及瓶阀出口螺纹与所装气体的规定不相符的气瓶，除不予充气外，还应查明原因，报告上级主管部门或当地质监部门，进行处理。无剩余压力的气瓶，充装前应将瓶阀卸下，进行内部检查。经确认瓶内无异物，并按规定处理后方可充气。

新投入使用或经内部检验后首次充气的气瓶，充气前都应按规定先置换去瓶内的空气，并经分析合格后方可充气。

检验期限已过的气瓶、外观检查发现有重大缺陷或对内部状况有怀疑的气瓶，应先送检验检测机构，按规定进行技术检验与评定。

国外进口的气瓶，外国飞机、火车、轮船上使用的气瓶，要求在我国境内充气时，应先经由质监部门认可或指定的检测机构进行检验。

经检查不合格(包括待处理)的气瓶，应分别存放，并作出明显标记，以防止相互混淆。

2. 充装规定

充装计量衡器应保持准确，其最大称量值不得大于气瓶实际质量(包括气瓶质量与充液质量)的3倍，也不得小于1.5倍。衡器应按有关规定定期进行校验，并且至少在每班使用前校验一次。衡器应设置气瓶超装报警或自动切断气源的联锁装置。

易燃液化气体中的氧含量超过2%(体积)时，禁止充装。气瓶充装液化气体时，必须遵守以下规定：

(1) 充气前必须检查确认气瓶是经过检查合格的；

(2) 用卡子连接代替螺纹连接进行充装时，必须认真检查确认瓶阀出气口螺纹与所装气体所规定的螺纹形式相符；

(3) 开启阀门应缓慢操作，注意充装速度和充装压力，并应注意监听瓶内有无异常音响；

(4) 充装易燃气体的操作过程中，应使用不产生火花的操作机检修工具；

(5) 在充装过程中，应随时检查气瓶各处的密封状况。发现异常时应及时妥善处理。

液化气体的充装量必须精确计量，并按下列规定逐只检查核定：

(1) 气瓶的充装量不得大于气瓶容积与充装系数乘积的计算值，也不得大于气瓶产品规定的充装量；

(2) 充装量应包括余气在内的瓶中全部介质，即气瓶充装量应为气瓶充装后的实重与空瓶重之差值。

关于充装系数的规定参见《液化气体气瓶充装规定》(GB 14193—2009)。禁止计量充装量的方法有以下几种：

(1) 气瓶集合充装，统一称重均分计算，或在一个汇流排中仅使用一个衡器计量其中一瓶气体，其他气瓶参照该凭证数值计量；

(2) 按气瓶充装前后实测的质量差计量；

(3) 按气瓶充装前后储罐存液量之差计量；

(4) 按气瓶容积装载率计量。

液化气体的充装量必须严格控制，发现充装过量的气瓶，必须将超装的液体妥善排出。气瓶充装后，充装单位必须按规定在气瓶上粘贴符合国家标准《气瓶警示标签》(GB 16804—2011)的警示标签和充装标签。

充装后的气瓶，应有专人负责，逐只进行检查。不符合要求时应进行妥善处理。检查内容有以下几项：

(1) 充装量是否在规定范围内；

(2) 瓶阀及其与瓶口连接的密封是否良好；

(3) 瓶体是否出现鼓包变形或泄漏等严重缺陷；

(4) 瓶体的温度是否有异常升高的迹象；

(5) 气瓶是否粘贴警示标签和充装标签。

3. 充装记录

充气单位应由专人负责填写气瓶充装记录。记录项目见表4-2。充气单位应负责妥善保管气瓶充装记录，保存时间不应小于两年。

表 4-2 液化气瓶充装记录

充气日期	瓶号	室温	气瓶标记容积	质量	充气后总质量	有无发现异常情况	充装者代号	检验者代号

三、易燃液体的灌装

1. 液体石油产品的静电安全

液体石油产品在流动、过滤、混合、喷雾、喷射、冲洗、加注、晃动等情况下，由于静电荷的产生速度高于静电荷的泄漏速度，从而积聚静电荷。当积聚的静电荷，其放电的能量大于可燃混合物的最小引燃能，并且在放电间隙中油品蒸气和空气混合物处于爆炸极限范围时，将引起静电危害。

（1）预防静电危害的基本方法

静电接地：油品生产和储运设施、管道及加油辅助工具等应采取静电接地。当它们与防雷、电气保护接地系统可以共用时，不再采用单独静电接地措施。静电导体与大地间的总泄漏电阻值在通常情况下均不大于 1MΩ。专设的静电接地体的接地电阻值一般不应大于 100Ω，在山区等土壤电阻率较高的地区，其接地电阻值也不应大于 1000Ω。

改善工艺操作条件：在生产工艺的操作上，应控制油品处于安全流速范围内。在灌装过程中，应防止油品的飞散喷溅，从底部或上部入罐的注油管末端，应设计成不易使液体飞散的倒 T 形等形状或另加导流板；在上部灌装时，应使液体沿侧壁缓慢下流。

应避免混入其他不相容的第二物相杂质，如水等，并应尽量减少和排除容器底部和管道中的积水。当管道内明显存在不相容的第二物相时，其流速应限制在 1m/s 以内。

宜采用金属管道或部件，当采用非导体材料时，应采取相应措施。

油品通过精细过滤器时，从其出口到储器应留有 30s 的缓和时间。缓和时间不足时，应采用缓和器。

采用静电消除器：当不能以改善工艺条件等方法来减少静电积聚时，应采用液体静电消除器。静电消除器应装设在尽量靠近管道出口处。

采用抗静电添加剂：在油品中可加入微量的油溶性的防静电添加剂，使其电导率达到 250pS/m 以上［国标《轻质油品安全静止电导率》（GB 6950—2001）和《防止静电事故通用导则》（GB 12158—2006）］。

采用缓和器：带电油品在缓和器内静止一段时间可以消除静电，停留的时间一般可按缓和时间的 3 倍来设计。缓和时间的计算见《液体石油产品静电安全规程》（GB 13348—2009）。对于电导率大于 50pS/m 的油品，可以不受缓和时间的限制。

改善带电体周围的环境条件：

在油品蒸气和空气的混合物接近爆炸浓度极限范围的场合下，必须加强作业场所通风措施，必要时可配置惰性气体系统。

防止人体带电：爆炸危险场所作业人员应穿防静电服、防静电鞋［参见《防静电服》（GB 12014—2009）和《个体防护装备职业鞋》（GB 21146—2007）］，不应在爆炸危险场所穿脱衣服、帽子或类似物。泵房的门外、油罐的上罐扶梯入口与采样装卸作业区内操作平台的扶梯入口及悬梯口处、装置区采样口处、码头入口处等作业场所应设人体静电消除装置。

(2) 预防静电危害的技术措施

油罐：对于油罐，接地点应设两处以上，沿设备外围均匀布置，其间距不应大于 30m。

当油罐内壁采用导静电型防腐蚀涂料时，应采用本征型导静电型防腐蚀涂料或非碳系的浅色添加型导静电型防腐蚀涂料，涂层的表面电阻率应为 108~1011Ω。

轻质油品的进出口管口应接近油罐底部。轻质油品指的是火灾危险性属于甲类、乙类的液体石油产品。

对于电导率低于 50pS/m 的液体石油产品，在注入口未浸没前，初始流速不应大于 1m/s，当注入口浸没 200mm 后，可逐步提高流速，但最大流速不应超过 7m/s。如采用其他有效防静电措施(如防静电添加剂、静电脱除器等)，可不受上述限制。但油罐内不应存在任何未接地的浮动物。

装油完毕应静止 10min 后再进行采样、测温、检尺等作业。若油罐容积大于 5000m^3 时，应静止 30min 后作业。

汽车罐车：对于汽车罐车，在装卸油前，必须先检查罐车内部，不应有未接地的浮动物。装油鹤管、管道、罐车必须跨接和接地。采用顶部装油时，装油鹤管应深入到距槽罐的底部 200mm。装油速度宜满足下式的关系：

$$VD \leqslant 0.5 \qquad (4-1)$$

式中 V——油品流速，m/s；

D—鹤管管径，m。

装油方式应尽量采用底部装油。不应使用无挡板汽车罐车运输轻质油品。装油完毕，宜静置不少于 2min 后，再进行采样、测温、检尺、拆除接地线等。汽车罐车未经清洗不宜换装油品。

油桶：当采用金属管嘴或金属漏斗向金属油桶装油时，各部分应保持良好的电气连接，并可靠接地。不应使用绝缘性容器加注汽油、煤油等。防静电容器加注油品时，装油容器上的任何金属部件都应与装油管线跨接。若使用金属漏斗加注，金属漏斗也必须接地。

管路：管路系统的所有金属件，包括护套的金属包覆层必须接地，管路两端和每隔 200~300m 处，应有一处接地。当平行管路相距 10cm 以内时，每隔 20m 应加连接。当管路与其他管路交叉间距小于 10cm 时，应相连接地。

对金属管路中间的非导体管路段，除需做屏蔽保护外，两端的金属管应分别与接地干线相接。非导体管路段上的金属件应跨接、接地。管道泵及过滤器、缓冲器等应可靠接地。

用管路输送油品，应尽量避免混入空气、水、灰尘等物质。

搅拌、混合和调和：搅拌、混合、调和设备的所有金属零部件均应进行电气连接并接地。如果设备有绝缘内衬，可采用内部电荷泄放措施。不应用压缩空气进行汽油、煤油、轻柴油的调和。重柴油等用压缩空气调和时，必须控制风压不大于 343kPa，并使油品调和温度至少低于该油品闪点 20℃。

吹扫和清洗：采用蒸汽进行吹扫和清洗时，受蒸汽喷击的管线、导电物体都必须与油罐或设备进行接地连接。不应使用压缩空气对汽油、煤油、苯、轻柴油等产品的管线进行清扫。不应使用汽油、苯类等易燃溶剂对设备、器具吹扫和清洗。使用液体喷洗容器时，压力不得大于 980kPa。

取样、计量、测温：取样或测温设备的金属部件应该可靠接地。绳索及检尺等应采用单位长度电阻值为 $10^5 \sim 10^7\Omega/m$ 或表面电阻和体电阻率分别低于 $1\times10^9\Omega$ 及 $1\times10^8\Omega \cdot m$ 的静电亚导体材料。作业应根据静止时间的要求进行，进行油品采样、计量和测温时，不得猛拉快提，上提速度不得大于 0.5m/s，下落速度不得大于 1m/s。

2. 槽车运输类危化品装卸操作规程

槽车装卸前的准备工作有以下几项：

（1）在灌装现场准备好灭火器，要求使用 35kg 推车灭火器或 2 只 4kg 干粉灭火器；

（2）在槽车灌装管道法兰连接处，用静电专用接地线与大地作连接。如使用机械秤作计量的机械秤也应用静电专用接地线与大地作连接；

（3）准备好灌装的空桶，要求使用铁桶；

（4）准备好可能发生泄漏的吸附材料。

槽车装卸操作要求有以下几项：

（1）易燃液体灌装人员应戴好塑胶防腐手套，穿防静电的工作服和工作鞋，必要时应戴好防毒口罩；

（2）灌装现场危险品安全员必须亲临现场，做好危化品灌装过程中安全措施的落实与监督管理；

（3）灌装现场作业人员应集中精力，控制好槽车分装管道的流量和分装桶的容积，要求不能装的太满，桶内应留有 5%的空隙；

（4）易燃液体分装过程中，应分装一桶盖好桶盖的方式进行，严禁灌装完毕对满桶不加盖作业；

（5）对已经灌装完毕的满桶易燃危化品应及时运输到库房内储存，要避免在灌装现场存放大量的桶装料；

（6）易燃液体槽车分装完毕后，应对现场进行清理，做到现场无易燃液体堆放，地面无泄漏的残液。

槽车装卸注意事项有以下几项：

（1）槽罐车露天灌装易燃液体时，如气温在 30℃以上，时间应在上午 10：00 以前或下午 4：00 以后进行；

（2）灌装易燃液体必须在避光、通风的场所内进行，灌装现场严禁各类烟火；

（3）搬运易燃液体灌装空桶和满桶时均应尽量轻拿轻放，避免桶与桶之间的摩擦与碰撞；

（4）灌装作业过程中，应使用不产生火花的用具，如开桶器应使用铜制作的专用工具。

装卸过程中发生泄漏的处理应按如下方法处理：

少量泄漏的处理：作业人员应立即停止作业，戴好防毒口罩和防护手套，切断泄漏源。用活性炭或其他惰性材料吸收，应急处理现场产生的危险固废物应存放于公司指定的危险废物存放间，等到现场全部清理完毕后，方可作业。

大量泄漏的处理：作业人员应立即停止作业，戴好防毒口罩和防护手套，尽可能切断泄漏源，防止流入下水道、排洪沟等限制性空间。仓库保管员应立即向 119 报警，同时向公司上级领导汇报情况，公司领导应立即启动事故应急救援预案，采用合适的方法进行自救。

灌装过程中突然发生火灾：作业人员应立即停止作业，使用备好的干粉灭火器进行扑救。仓库保管员应立即向119报警，同时公司上级领导报告事故情况，公司领导应立即启动事故应急救援预案，采用合适的方法进行自救。

第二节　危险化学品储存功能安全技术

近年来，国内外越来越重视功能安全技术在化工企业中的应用，特别是在储运企业。如何落实功能安全管理，提升整体安全自动化水平，是非常重要的。

功能安全涉及危险辨识、风险评估与风险控制全过程，是过程安全重要组成部分，也是非常重要的风险管控措施。

正确利用功能安全技术和方法，能有效控制企业安全风险，提升整体安全自动化水平，避免过程安全事故的发生，减少误动作引起的非计划停车。

安全仪表系统(SIS)的主要作用就是实现功能安全，保障装置安全可靠运行，更是石油化工生产过程中预防泄漏、着火、爆炸等大事故的重要保护措施。

一、国内外功能安全管理的现状

由于各种原因，安全保护不足或过度保护、设备使用不规范、操作或维护不当等问题普遍存在，有的因此导致事故的发生。如2005年英国邦斯菲尔德“10·11”油库火灾爆炸事故、2005年BP得克萨斯州“3·23”炼油厂火灾爆炸事故、2011年国内温州“7·23”动车追尾事故等，教训非常深刻。

要实现功能安全，必须在整个安全生命周期内使用合理的技术与管理措施来保证安全完整性，否则不可能有真正的功能安全。

欧美国家对风险评估和安全仪表系统的应用已从法律层面进行强制规定(如美国OSHA 29 CFR 1910.119和欧洲Seveso Ⅱ Directive)，企业内部也具有完善的内部工程规范和管理体系，对安全事故起到了很好的防范作用。

我国对于功能安全的研究起步较晚，企业也缺乏完善的企业内部工程规范和管理制度。近年来，随着研究的深入，国内先后发布了GB/T 20438、GB/T 21109、GB/T 50823、GB/T 50770、HG/T 20511、SY/T 6966等安全仪表系统相关标准。

国家安全监管总局于2013年和2014年先后发布了《关于进一步加强危险化学品建设项目安全设计管理的通知》《关于加强化工过程安全管理的指导意见》以及《关于加强化工安全仪表系统管理的指导意见》等部门规章，对功能安全提出了明确要求。

二、功能安全技术在生产装置的应用

随着石油化工装置规模越来越大、密集度越来越高，对操作、控制及安全的要求也越来越严格，生产过程稍有闪失就会造成生产停工、设备损坏，甚至重大安全事故。

生产装置的安全控制问题往往是造成安全事故和非计划停车的罪魁祸首，加强功能安全管理已势在必行。

为了加强安全仪表系统及相关安全自动化保护措施的管理，落实国家、行业标准以及政府部门对功能安全的管理要求，有效控制过程风险，提升企业过程安全管理水平，主要

从以下四个方面着手，逐步加强功能安全管理：

一是大力开展功能安全技术培训。对涉及安全仪表系统的评估、设计、安装、操作维护以及管理人员开展集中培训，掌握功能安全相关技术知识，全面建立功能安全理念。

二是新建项目全面落实功能安全管理。对于新建涉及“两重点一重大”的化工装置和危险化学品储存设施项目，要在充分进行安全风险分析基础上，确定必要的安全仪表功能和安全完整性要求，严格按照功能安全标准要求进行设计和实施安全仪表系统。

三是在役装置逐步推广应用功能安全管理。要结合 HAZOP 分析，开展安全仪表系统评估，完成对现有安全仪表系统能力评估，识别安全风险，制定防控措施。要在选取成熟的、有条件的在役生产装置试点应用基础上，逐步在其他装置上推广应用。

四是加快完善管理制度和技术规范。在开展培训、试点的同时，不断深入研究和实践，进一步完善安全仪表系统管理制度和内部技术规范，不仅要符合国家标准和政府相关要求，还要与世界一流能源化工公司接轨。

三、储运企业如何应用功能安全技术

危害辨识、风险评价、管控的现状及存在的问题：

(1) 开展风险识别不规范，系统性不强，分析内容不全面、偏差大，分析人员主观性大，连续性不强，没有对所建立风险台账进行分类系统梳理；

(2) 岗位员工业务知识、技能欠缺，作业前风险辨识不到位，学习主动性差，劳保穿戴不齐，现场脏乱差，标准施工执行力不够；

(3) 承包商挂靠现象严重，作业人员自我防护意识差，蛮干，经验主义严重，违章现象突出；

(4) 承包商现场负责人、安全员大多数不在现场，没有识别危害，安全措施落空；

(5) 承包商人员流失过快，有顶岗、替岗现象，对现场存在的隐患不能及时发现或整改；

(6) 安全环保责任体系建立简单化，没有落实到位，具体到岗位安全环保工作具体干什么、如何干、如何监督检查没有统一的要求和标准，没有考虑到相关业务不同管理层级间的协调衔接；

(7) 风险管控认识有偏差，企业在预防事故发生方面做了大量的工作，事故发生的概率大大降低，但一旦事故发生，很可能是重大事故，产生严重的后果，这说明在“损失控制”方面存在短板；

(8) 风险管控重点不突出，没有充分吸取事故经验教训。按照“20/80”法则，20%的风险影响因素可能贡献了80%的风险总量，每次事故的直接原因各不相同，往往显示企业没有吸取事故教训，没有针对典型分析采取管控措施，没有从根本上举一反三，没有将事故的经验教训和防控措施形成企业的规范化管理文件加以贯彻和执行。

第三节　危险化学品装卸与运输安全

一、装卸安全

装卸作业是指危险化学品罐区、铁路、公路的油品收发作业。装卸作业设施建设、设

备应符合有关标准规范。

1. 装卸准备

应编写装卸作业指导书，检查设施设备是否处于良好状态。铁路槽车入库后，应及时安放铁鞋，防止溜车。

认真核对车船(去掉)号、油品品名、牌号和质量检验合格证明，检查车船技术状况和铅封情况。及时采样、化验、计量，发现问题应查明原因，按有关规定处理。

2. 装卸作业

遇有强雷雨天气时，应暂停收、发、输转作业。

严格按照操作规程进行作业，作业过程中作业人员应穿防静电工作服，使用符合防爆要求的工具，严守岗位，防止跑油、溢油、混油等事故。

容器内应避免出现细长的导电性突出物和避免物料高速剥离，铁路槽车卸油结束时，禁止打开鹤管透气阀向鹤管内进气。

铁路槽车卸油，轻质油品应静置15min以上，黏质油品应静置20min以上；汽车罐车卸油，应静置15min以上。铁路槽车装、卸油完成，均应静置2min以上，才能提起鹤管；汽车罐车装油作业前后，插入和提起鹤管均应静置2min以上，鹤管应轻提轻放。铁路罐车、汽车罐车、储罐等储存容器，装卸前和装卸后均应经过规定的静置时间，方可进行检尺、测温、取样、拆除接地线等作业。

储罐汽车接地线的连接，应在储罐开盖以前进行；接地线的拆除应在装卸完毕、封闭罐盖以后进行。汽车罐车装卸应有防静电防溢油的联锁措施。静电接地线应接在罐车的专用接地端子板上，严禁接在装卸油口处。

严禁喷溅式装卸油作业，装车鹤位应插到距罐底部不大于0.2m处。装车初速度不宜大于1m/s，装车速度不应大于4.5m/s。

储罐储液不得超过安全高度，应有防止超装的措施。

当采用金属管嘴或金属漏斗向金属油桶装油时，必须使其保持良好的接触或连接，并可靠接地。

装卸作业现场应设置监护人员，加强监督检查，制止“三违”作业。

二、危险化学品运输安全

危险化学品运输包括公路运输、铁路运输、水路运输、航空运输等。其中，道路运输约占运输总量的30%左右，而且随着我国道路基础设施水平的提高，高速公路里程的迅猛增加，公路运输以其快捷方便的优势还将占有重要的地位。据统计，我国95%以上的危险化学品涉及异地运输问题，例如液氨的年流动量达80多万吨，液氯的年流动量达170多万吨，其中80%是通过公路运输的。国内外统计表明，危险化学品运输事故占危险化学品事故总数的30%~40%。

1. 基本要求

危险化学品具有爆炸、易燃、毒害、腐蚀、放射性等性质，在运输、装卸和储存保管过程中，容易造成人身伤亡和财产损毁而需要特别防护。

2. 托运

托运人应向具有汽车运输危险化学品经营资质的企业办理托运，且托运的危险化学品应与承运企业的经营范围相符合，如实详细地填写运单上规定的内容，运单基本内容见附录A，并应提交与托运的危险化学品完全一致的安全技术说明书和安全标签。托运未列入《危险化学品目录》(2015版)的危险化学品时，应提交与托运的危险化学品完全一致的安全技术说明书、安全标签和危险化学品鉴定表。

危险化学品性质或消防方法相抵触的化学品应分别托运。盛装过危险化学品的空容器，未经消除危险处理、有残留物的，仍按原装危险货物办理托运。使用集装箱装运危险化学品的，托运人应提交危险化学品装箱清单。托运需控温运输的危险化学品，托运人应向承运人说明控制温度、危险温度和控温方法，并在运单上注明。托运食用、药用的危险化学品，应在运单上注明"食用""药用"字样。托运需要添加抑制剂或者稳定剂的危险化学品，托运人交付托运时应当添加抑制剂或者稳定剂，并在运单上注明。托运凭证运输的危险化学品，托运人应提交相关证明文件，并在运单上注明。托运危险废物、医疗废物，托运人应提供相应识别标识。

3. 承运

承运人应按照道路运输管理机构核准的经营范围受理危险化学品的托运，核实所装运危险化学品的收发货地点、时间以及托运人提供的相关单证是否符合规定，并核实化学品的品名、编号、规格、数量、件重、包装、标志、安全技术说明书、安全标签和应急措施以及运输要求。

危险化学品装运前应认真检查包装的完好情况，当发现破损、洒漏，托运人应重新包装或修理加固，否则承运人应拒绝运输。

承运人自接货起至送达交付前，应负保管责任。化学品交接时，双方应做到点收、点交，由收货人在运单上签收。发生剧毒、爆炸、放射性物品货损、货差的，应及时向公安部门报告。

危险化学品运达卸货地点后，因故不能及时卸货的，应及时与托运人联系妥善处理；不能及时处理的，承运人应立即报告当地公安部门。承运人应拒绝运输应派押运人员而未派的危险化学品，拒绝运输已有水渍、雨淋痕迹的遇湿易燃物品，拒绝运输不符合国家有关规定的危险化学品。

4. 车辆和设备

车辆应配置运行状态记录装置(如行驶记录仪)和必要的通信工具。运输易燃易爆危险化学品车辆的排气管，应安装隔热和熄灭火星装置，并配装符合规定的导静电橡胶拖地带装置。

车辆应有切断总电源和隔离电火花装置，切断总电源装置应安装在驾驶室内。车辆车厢底板应平整完好，周围栏板应牢固；在装运易燃易爆危险化学品时，应使用木质底板等防护衬垫措施。

各种装卸机械、工、属具，应有可靠的安全系数；装卸易燃易爆危险化学品的机械及工、属具，应有消除产生火花的措施。根据装运危险化学品性质和包装形式的需要，应配备相应的捆扎、防水和防散失等用具。

运输危险化学品的车辆应配备消防器材并定期检查、保养，发现问题应立即更换或修理。

运输爆炸品的车辆，应符合国家爆破器材运输车辆安全技术条件规定的有关要求。运输爆炸品、固体剧毒品、遇湿易燃物品、感染性物品和有机过氧化物时，应使用厢式货车运输，运输时应保证车门锁牢；对于运输瓶装气体的车辆，应保证车厢内空气流通。

运输液化气体、易燃液体和剧毒液体时，应使用不可移动罐体车、拖挂罐体车或罐式集装箱；罐式集装箱应符合《系列 1 集装箱　技术要求和试验方法　液体、气体及加压干散货罐式集装箱》(GB/T 16563—2017)的规定。运输危险化学品的常压罐体，应符合 GB 18564 规定的要求。运输危险化学品的压力罐体，应符合 GB/T 150 规定的要求。运输放射性物品的车辆，应符合《放射性物品安全运输规程》(GB 11806—2019)规定的要求。运输需控温危险化学品的车辆，应有有效的温控装置。运输危险化学品的罐式集装箱，应使用集装箱专用车辆。

5. 运输

(1) 运输车辆准备

运输危险货物车辆出车前，车辆的有关证件、标志应齐全有效，技术状况应为良好，并按照有关规定对车辆安全技术状况进行严格检查，发现故障应立即排除。

运输危险货物车辆的车厢底板应平坦完好、栏板牢固。对于不同的危险货物，应采取相应的衬垫防护措施(如铺垫木板、胶合板、橡胶板等)，车厢或罐体内不得有与所装危险货物性质相抵触的残留物。检查车辆配备的消防器材，发现问题应立即更换或修理。

驾驶人员、押运人员应检查随车携带的《道路运输危险货物安全卡》是否与所运危险货物一致。根据所运危险货物特性，应随车携带遮盖、捆扎、防潮、防火、防毒等工、属具和应急处理设备、劳动防护用品。

装车完毕后，驾驶员应对货物的堆码、遮盖、捆扎等安全措施及对影响车辆起动的不安全因素进行检查，确认无不安全因素后方可起步。

(2) 运输要求

运输时，驾驶人员应根据道路交通状况控制车速，禁止超速和强行超车、会车。运输途中应尽量避免紧急制动，转弯时车辆应减速。通过隧道、涵洞、立交桥时，要注意标高、限速。

运输危险货物过程中，押运人员应密切注意车辆所装载的危险货物，根据危险货物性质定时停车检查，发现问题及时会同驾驶人员采取措施妥善处理。驾驶人员、押运人员不得擅自离岗、脱岗。运输过程中如发生事故时，驾驶人员和押运人员应立即向当地公安部门及安全生产监督管理部门、环境保护部门、质监部门报告，并应看护好车辆、货物，共同配合采取一切可能的警示、救援措施。运输过程中需要停车住宿或遇有无法正常运输的情况时，应向当地公安部门报告。

运输过程中遇有天气、道路路面状况发生变化，应根据所装载危险货物特性，及时采取安全防护措施。遇有雷雨时，不得在树下、电线杆、高压线、铁塔、高层建筑及容易遭到雷击和产生火花的地点停车。若要避雨时，应选择安全地点停放。遇有泥泞、冰冻、颠簸、狭窄及山崖等路段时，应低速缓慢行驶，防止车辆侧滑、打滑及危险货物剧烈震荡等，确保运输安全。

工业企业厂内进行危险货物运输，应按《工业企业厂内铁路、道路运输安全规程》(GB 4387—2008)执行。

(3) 运输检查

运输危险化学品的车辆禁止搭乘无关人员。不得在居民聚居点、行人稠密地段、政府机关、名胜古迹、风景游览区停车。如需在上述地区进行装卸作业或临时停车，应采取安全措施。运输爆炸物品、易燃易爆化学物品以及剧毒、放射性等危险物品，应事先报经当地公安部门批准，按指定路线、时间、速度行驶。

运输危险货物的车辆在一般道路上最高车速为 60km/h，在高速公路上最高车速为 80km/h，并应确认有足够的安全车间距离。如遇雨天、雪天、雾天等恶劣天气，最高车速为 20km/h，并打开示警灯，警示后车，防止追尾。

运输过程中，应每隔 2h 检查一次。若发现货损(如丢失、泄漏等)，应及时联系当地有关部门予以处理。驾驶人员一次连续驾驶 1h 应休息 20min 以上；24h 内实际驾驶车辆时间累计不得超过 8h。

(4) 车辆维修

运输危险货物的车辆发生故障需修理时，应选择在安全地点和具有相关资质的汽车修理企业进行。禁止在装卸作业区内维修运输危险货物的车辆。对装有易燃易爆和有易燃易爆残留物的运输车辆，不得动火修理。确需修理的车辆，应向当地公安部门报告，根据所装载的危险货物特性，采取可靠的安全防护措施，并在消防员监控下作业。

危险化学品运输车辆严禁超范围运输。严禁超载、超限，运输不同性质危险化学品，其配装应按“危险化学品配装表”规定的要求执行。运输危险化学品应根据化学品性质，采取相应的遮阳、控温、防爆、防静电、防火、防震、防水、防冻、防粉尘飞扬、防撒漏等措施。

运输危险化学品的车厢应保持清洁干燥，不得任意排弃车上残留物；运输结束后被危险化学品污染过的车辆及工、属具，应到具备条件的地点进行车辆清洗消毒处理。

运输危险废物时，应采取防止污染环境的措施，并遵守国家有关危险化学品运输管理的规定。

6. 从业人员

运输危险化学品的驾驶人员、押运人员和装卸管理人员应持证上岗。从业人员应了解所运危险化学品的特性、包装容器的使用特性、防护要求和发生事故时的应急措施，熟练掌握消防器材的使用方法。运输危险化学品应配备押运人员。押运人员应熟悉所运危险化学品特性，并负责监管运输全过程。

驾驶人员和押运人员在运输途中应经常检查化学品装载情况，发现问题及时采取措施。驾驶人员不得擅自改变运输作业计划。

7. 劳动防护

运输危险化学品的企业(单位)，应配备必要的劳动防护用品和现场急救用具；特殊的防护用品和急救用具应由托运人提供。

危险化学品装卸作业时，应穿戴相应的防护用具，并采取相应的人身肌体保护措施；防护用具使用后，应按照国家环保要求集中清洗、处理；对被剧毒、放射性、恶臭物品污染的防护用具应分别清洗、消毒。

运输危险化学品的企业(单位)，应负责定期对从业人员进行健康检查和事故预防、急救知识的培训。

危险化学品一旦对人体造成灼伤、中毒等危害，应立即进行现场急救，并迅速送医院治疗。

8. 事故应急处理

运输危险化学品的企业(单位)，应建立事故应急预案和安全防护措施。

第四节 危险化学品经营及许可

2012年9月1日起施行的《危险化学品经营许可证管理办法》，2015年5月27日国家安全生产监督管理总局令公布第79号对其进行了修改完善。《危险化学品经营企业安全技术基本要求》(GB 18265—2019)于2019年2月25日正式发布，于2019年11月1日正式实施。

一、适用范围

在中华人民共和国境内从事列入《危险化学品目录》(2015年版)的危险化学品的经营(包括仓储经营)活动，适用于本办法。

购买危险化学品进行分装、充装或者加入非危险化学品的溶剂进行稀释，然后销售的，参照本办法执行。

储存设施，是指按照《危险化学品重大危险源辨识》(GB 18218—2018)确定，储存的危险化学品数量构成重大危险源的设施。

民用爆炸物品、放射性物品、核能物质和城镇燃气的经营活动，不适用本办法。

二、经营许可制度

国家对危险化学品经营实行许可制度。经营危险化学品的企业，应当依照本办法取得《危险化学品经营许可证》(以下简称经营许可证)。未取得经营许可证，任何单位和个人不得经营危险化学品。

从事下列危险化学品经营活动，不需要取得经营许可证：

(1) 依法取得《危险化学品安全生产许可证》的危险化学品生产企业在其厂区范围内销售本企业生产的危险化学品的；

(2) 依法取得港口经营许可证的港口经营人在港区内从事危险化学品仓储经营的。

三、受理部门

经营许可证的颁发管理工作实行企业申请、两级发证、属地监管的原则。国家应急管理部指导、监督全国经营许可证的颁发和管理工作。省、自治区、直辖市人民政府应急管理部门指导、监督本行政区域内经营许可证的颁发和管理工作。

设区的市级人民政府应急管理部门(以下简称市级发证机关)负责下列企业的经营许可证审批、颁发：

(1) 经营剧毒化学品的企业；

(2) 经营易制爆危险化学品的企业；

(3) 经营汽油加油站的企业；

(4) 专门从事危险化学品仓储经营的企业；

(5) 从事危险化学品经营活动的中央企业所属省级、设区的市级公司(分公司)；

(6) 带有储存设施经营除剧毒化学品、易制爆危险化学品以外的其他危险化学品的企业。

县级人民政府应急管理部门(以下简称县级发证机关)负责本行政区域内本条第三款规

定以外企业的经营许可证审批、颁发；没有设立县级发证机关的，其经营许可证由市级发证机关审批、颁发。

四、申请经营许可证的条件

从事危险化学品经营的单位(以下统称申请人)应当依法登记注册为企业，并具备下列基本条件：

(1) 经营和储存场所、设施、建筑物符合《建筑设计防火规范》(GB 50016—2014，2018 年版)、《石油化工企业设计防火标准》(GB 50160—2008，2018 年版)、《汽车加油加气站设计与施工规范》(GB 50156—2012，2014 年版)、《石油库设计规范》(GB 50074—2014)等相关国家标准、行业标准的规定；

(2) 企业主要负责人和安全生产管理人员具备与本企业危险化学品经营活动相适应的安全生产知识和管理能力，经专门的安全生产培训和应急管理部门考核合格，取得相应安全资格证书；特种作业人员经专门的安全作业培训，取得特种作业操作证书；其他从业人员依照有关规定经安全生产教育和专业技术培训合格；

(3) 有健全的安全生产规章制度和岗位操作规程；

(4) 有符合国家规定的危险化学品事故应急预案，并配备必要的应急救援器材、设备；

(5) 法律、法规和国家标准或者行业标准规定的其他安全生产条件。

前款规定的安全生产规章制度，是指全员安全生产责任制度、危险化学品购销管理制度、危险化学品安全管理制度(包括防火、防爆、防中毒、防泄漏管理等内容)、安全投入保障制度、安全生产奖惩制度、安全生产教育培训制度、隐患排查治理制度、安全风险管理制度、应急管理制度、事故管理制度、职业卫生管理制度等。

申请人经营剧毒化学品的，除符合从事危险化学品经营的单位的条件外，还应当建立剧毒化学品双人验收、双人保管、双人发货、双把锁、双本账等管理制度。

申请人带有储存设施经营危险化学品的，除符合从事危险化学品经营的单位规定的条件外，还应当具备下列条件：

(1) 新设立的专门从事危险化学品仓储经营的，其储存设施建立在地方人民政府规划的用于危险化学品储存的专门区域内；

(2) 储存设施与相关场所、设施、区域的距离符合有关法律、法规、规章和标准的规定；

(3) 依照有关规定进行安全评价，安全评价报告符合《危险化学品经营企业安全评价细则》的要求；

(4) 专职安全生产管理人员具备国民教育化工化学类或者安全工程类中等职业教育以上学历，或者化工化学类中级以上专业技术职称，或者危险物品安全类注册安全工程师资格；

(5) 符合《危险化学品安全管理条例》《危险化学品重大危险源监督管理暂行规定》《常用化学危险品贮存通则》(GB 15603—1995)的相关规定。

申请人储存易燃、易爆、有毒、易扩散危险化学品的，除符合本条第一款规定的条件外，还应当符合《石油化工可燃气体和有毒气体检测报警设计标准》(GB 50493—2019)的规定。

五、经营许可证的申请

申请人申请经营许可证，应当依照向所在地市级或者县级发证机关（以下统称发证机关）提出申请，提交下列文件、资料，并对其真实性负责：

（1）申请经营许可证的文件及申请书；

（2）安全生产规章制度和岗位操作规程的目录清单；

（3）企业主要负责人、安全生产管理人员、特种作业人员的相关资格证书（复制件）和其他从业人员培训合格的证明材料；

（4）经营场所产权证明文件或者租赁证明文件（复制件）；

（5）工商行政管理部门颁发的企业性质营业执照或者企业名称预先核准文件（复制件）；

（6）危险化学品事故应急预案备案登记表（复制件）。

带有储存设施经营危险化学品的，申请人还应当提交下列文件、资料：

（1）储存设施相关证明文件（复制件）；租赁储存设施的，需要提交租赁证明文件（复制件）；储存设施新建、改建、扩建的，需要提交危险化学品建设项目安全设施竣工验收报告（复制件）；

（2）重大危险源备案证明材料、专职安全生产管理人员的学历证书、技术职称证书或者危险物品安全类注册安全工程师资格证书（复制件）；

（3）安全评价报告。

六、受理与颁发

发证机关收到申请人提交的文件、资料后，应当按照下列情况分别作出处理：

（1）申请事项不需要取得经营许可证的，当场告知申请人不予受理；

（2）申请事项不属于本发证机关职责范围的，当场作出不予受理的决定，告知申请人向相应的发证机关申请，并退回申请文件、资料；

（3）申请文件、资料存在可以当场更正的错误的，允许申请人当场更正，并受理其申请；

（4）申请文件、资料不齐全或者不符合要求的，当场告知或者在 5 个工作日内出具补正告知书，一次告知申请人需要补正的全部内容；逾期不告知的，自收到申请文件、资料之日起即为受理；

（5）申请文件、资料齐全，符合要求，或者申请人按照发证机关要求提交全部补正材料的，立即受理其申请。

发证机关受理或者不予受理经营许可证申请，应当出具加盖本机关印章和注明日期的书面凭证。

发证机关受理经营许可证申请后，应当组织对申请人提交的文件、资料进行审查，指派 2 名以上工作人员对申请人的经营场所、储存设施进行现场核查，并自受理之日起 30 日内作出是否准予许可的决定。

发证机关现场核查以及申请人整改现场核查发现的有关问题和修改有关申请文件、资料所需时间，不计算在前款规定的期限内。

发证机关作出准予许可决定的，应当自决定之日起 10 个工作日内颁发经营许可证；

发证机关作出不予许可决定的，应当在10个工作日内书面告知申请人并说明理由，告知书应当加盖本机关印章。

经营许可证分为正本、副本，正本为悬挂式，副本为折页式。正本、副本具有同等法律效力。

经营许可证正本、副本应当分别载明下列事项：

(1) 企业名称；

(2) 企业住所(注册地址、经营场所、储存场所)；

(3) 企业法定代表人姓名；

(4) 经营方式；

(5) 许可范围；

(6) 发证日期和有效期限；

(7) 证书编号；

(8) 发证机关；

(9) 有效期延续情况。

七、经营许可证的变更

已经取得经营许可证的企业变更企业名称、主要负责人、注册地址或者危险化学品储存设施及其监控措施的，应当自变更之日起20个工作日内，向发证机关提出书面变更申请，并提交下列文件、资料：

(1) 经营许可证变更申请书；

(2) 变更后的工商营业执照副本(复制件)；

(3) 变更后的主要负责人安全资格证书(复制件)；

(4) 变更注册地址的相关证明材料；

(5) 变更后的危险化学品储存设施及其监控措施的专项安全评价报告。

发证机关受理变更申请后，应当组织对企业提交的文件、资料进行审查，并自收到申请文件、资料之日起10个工作日内作出是否准予变更的决定。

发证机关作出准予变更决定的，应当重新颁发经营许可证，并收回原经营许可证；不予变更的，应当说明理由并书面通知企业。

经营许可证变更的，经营许可证有效期的起始日和截止日不变，但应当载明变更日期。

已经取得经营许可证的企业有新建、改建、扩建危险化学品储存设施建设项目的，应当自建设项目安全设施竣工验收合格之日起20个工作日内，向本办法第五条规定的发证机关提出变更申请，并提交危险化学品建设项目安全设施竣工验收报告(复制件)等相关文件、资料。发证机关应当按照本办法第十条、第十五条的规定进行审查，办理变更手续。

八、重新办理

已经取得经营许可证的企业，有下列情形之一的，应当按照本办法的规定重新申请办理经营许可证，并提交相关文件、资料：

(1) 不带有储存设施的经营企业变更其经营场所的；

(2) 带有储存设施的经营企业变更其储存场所的；

(3) 仓储经营的企业异地重建的；
(4) 经营方式发生变化的；
(5) 许可范围发生变化的。

九、延期申请

经营许可证的有效期为 3 年。有效期满后，企业需要继续从事危险化学品经营活动的，应当在经营许可证有效期满 3 个月前，向本办法第五条规定的发证机关提出经营许可证的延期申请，并提交延期申请书及本办法第九条规定的申请文件、资料。

企业提出经营许可证延期申请时，可以同时提出变更申请，并向发证机关提交相关文件、资料。

符合下列条件的企业，申请经营许可证延期时，经发证机关同意，可以不提交前述从事危险化学品经营的单位应提交的文件、资料：

(1) 严格遵守有关法律、法规和本办法；
(2) 取得经营许可证后，加强日常安全生产管理，未降低安全生产条件；
(3) 未发生死亡事故或者对社会造成较大影响的生产安全事故。

带有储存设施经营危险化学品的企业，除符合前款规定条件的外，还需要取得并提交危险化学品企业安全生产标准化二级达标证书(复制件)。

发证机关受理延期申请后，应当对延期申请进行审查，并在经营许可证有效期满前作出是否准予延期的决定；发证机关逾期未作出决定的，视为准予延期。

发证机关作出准予延期决定的，经营许可证有效期顺延 3 年。

任何单位和个人不得伪造、变造经营许可证，或者出租、出借、转让其取得的经营许可证，或者使用伪造、变造的经营许可证。

十、经营许可证的监督管理

发证机关应当坚持公开、公平、公正的原则，严格依照法律、法规、规章、国家标准、行业标准和本办法规定的条件及程序，审批、颁发经营许可证。

发证机关及其工作人员在经营许可证的审批、颁发和监督管理工作中，不得索取或者接受当事人的财物，不得谋取其他利益。

发证机关应当加强对经营许可证的监督管理，建立、健全经营许可证审批、颁发档案管理制度，并定期向社会公布企业取得经营许可证的情况，接受社会监督。

发证机关应当及时向同级公安机关、生态环境部门通报经营许可证的发放情况。

应急管理部门在监督检查中，发现已经取得经营许可证的企业不再具备法律、法规、规章、国家标准、行业标准和本办法规定的安全生产条件，或者存在违反法律、法规、规章和本办法规定的行为的，应当依法作出处理，并及时告知原发证机关。

发证机关发现企业以欺骗、贿赂等不正当手段取得经营许可证的，应当撤销已经颁发的经营许可证。

第二十七条 已经取得经营许可证的企业有下列情形之一的，发证机关应当注销其经营许可证：

(1) 经营许可证有效期届满未被批准延期的；
(2) 终止危险化学品经营活动的；

（3）经营许可证被依法撤销的；

（4）经营许可证被依法吊销的。

发证机关注销经营许可证后，应当在当地主要新闻媒体或者本机关网站上发布公告，并通报企业所在地人民政府和县级以上应急管理部门。

县级发证机关应当将本行政区域内上一年度经营许可证的审批、颁发和监督管理情况报告市级发证机关。

市级发证机关应当将本行政区域内上一年度经营许可证的审批、颁发和监督管理情况报告省、自治区、直辖市人民政府应急管理部门。

省、自治区、直辖市人民政府应急管理部门应当按照有关统计规定，将本行政区域内上一年度经营许可证的审批、颁发和监督管理情况报告应急管理部。

十一、法律责任

未取得经营许可证从事危险化学品经营的，依照《中华人民共和国安全生产法》有关未经依法批准擅自生产、经营、储存危险物品的法律责任条款并处罚款；构成犯罪的，依法追究刑事责任。

企业在经营许可证有效期届满后，仍然从事危险化学品经营的，依照前款规定给予处罚。

带有储存设施的企业违反《危险化学品安全管理条例》规定，有下列情形之一的，责令改正，处5万元以上10万元以下的罚款；拒不改正的，责令停产停业整顿；经停产停业整顿仍不具备法律、法规、规章、国家标准和行业标准规定的安全生产条件的，吊销其经营许可证：

（1）对重复使用的危险化学品包装物、容器，在重复使用前不进行检查的；

（2）未根据其储存的危险化学品的种类和危险特性，在作业场所设置相关安全设施、设备，或者未按照国家标准、行业标准或者国家有关规定对安全设施、设备进行经常性维护、保养的；

（3）未将危险化学品储存在专用仓库内，或者未将剧毒化学品以及储存数量构成重大危险源的其他危险化学品在专用仓库内单独存放的；

（4）未对其安全生产条件定期进行安全评价的；

（5）危险化学品的储存方式、方法或者储存数量不符合国家标准或者国家有关规定的；

（6）危险化学品专用仓库不符合国家标准、行业标准的要求的；

（7）未对危险化学品专用仓库的安全设施、设备定期进行检测、检验的。

伪造、变造或者出租、出借、转让经营许可证，或者使用伪造、变造的经营许可证的，处10万元以上20万元以下的罚款，有违法所得的，没收违法所得；构成违反治安管理行为的，依法给予治安管理处罚；构成犯罪的，依法追究刑事责任。

已经取得经营许可证的企业不再具备法律、法规和本办法规定的安全生产条件的，责令改正；逾期不改正的，责令停产停业整顿；经停产停业整顿仍不具备法律、法规、规章、国家标准和行业标准规定的安全生产条件的，吊销其经营许可证。

已经取得经营许可证的企业出现需变更未申请变更的，责令限期改正，处1万元以下的罚款；逾期仍不申请变更的，处1万元以上3万元以下的罚款。

应急管理部门的工作人员徇私舞弊、滥用职权、弄虚作假、玩忽职守，未依法履行危险化学品经营许可证审批、颁发和监督管理职责的，依照有关规定给予处分。

承担安全评价的机构和安全评价人员出具虚假评价报告的，依照有关法律、法规、规章的规定给予行政处罚；构成犯罪的，依法追究刑事责任。

行政处罚由应急管理部门决定。其中，吊销经营许可证的行政处罚，由发证机关决定。

第五节　非药品类易制毒化学品经营的许可与备案

为加强非药品类易制毒化学品管理，规范非药品类易制毒化学品生产、经营、购买、运输和进口、出口行为，防止易制毒化学品被用于制造毒品，国务院专门制定了《易制毒化学品管理条例》(国务院令第 445 号)，对易制毒化学品的生产、经营、购买、运输和进口、出口实行分类管理和许可制度。

按照《易制毒化学品管理条例》的规定，易制毒化学品分为三类。第一类是可以用于制毒的主要原料，这一类中又分为药品类易制毒化学品和非药品类易制毒化学品，第二类、第三类是可以用于制毒的化学配剂。

这项管理工作涉及十多个政府部门。国家安监总局根据《条例》规定的安监督部门的职责制定了《非药品类易制毒化学品生产、经营许可办法》(国家安监总局 5 号令)，对非药品类易制毒化学品生产经营实行许可证制度。

一、适用范围

《非药品类易制毒化学品生产、经营许可办法》中所称非药品类易制毒化学品，是指《易制毒化学品管理条例》附表中确定的可以用于制毒的非药品类主要原料和化学配剂。

非药品类易制毒化学品分类和品种目录见表 4-3。

表 4-3　非药品类易制毒化学品分类和品种目录

第一类	● 1-苯基-2-丙酮 ● 3，4-亚甲基二氧苯基-2-丙酮 ● 胡椒醛 ● 黄樟素 ● 黄樟油 ● 异黄樟素 ● *N*-乙酰邻氨基苯酸 ● 邻氨基苯甲酸
第二类	● 苯乙酸 ● 醋酸酐☆ ● 三氯甲烷☆ ● 乙醚☆ ● 哌啶☆

续表

第三类	• 甲苯☆ • 丙酮☆ • 甲基乙基酮☆ • 高锰酸钾☆ • 硫酸☆ • 盐酸☆

注：①第一类、第二类所列物质可能存在的盐类，也纳入管制。

② 带有☆标记的品种为危险化学品。

对第一类化学品的生产、经营实行许可证管理。凡生产、经营这类化学品的单位必须取得非药品类易制毒化学品生产、经营许可证方可从事生产经营活动。

对第二类、第三类化学品的生产、经营实行备案证明管理。凡生产、经营这两类化学品的单位必须进行非药品类易制毒化学品生产、经营备案。

二、各级应急管理部门的分工

国家应急管理部监督、指导全国非药品类易制毒化学品生产、经营许可和备案管理工作。县级以上应急管理部门负责本行政区域内执行非药品类易制毒化学品生产、经营许可制度的监督管理工作。

具体分工如下：

省级应急管理部门负责本行政区域内第一类非药品类易制毒化学品生产、经营的审批和许可证的颁发工作。

设区的市级应急管理部门负责本行政区域内第二类非药品类易制毒化学品生产、经营和第三类非药品类易制毒化学品生产的备案证明颁发工作。

县级应急管理部门负责本行政区域内第三类非药品类易制毒化学品经营的备案证明颁发工作。

北京市分工如下：

北京市应急管理局负责本市非药品类易制毒化学品生产、经营的监督管理工作，并负责本市行政区域内第一类非药品类易制毒化学品生产、经营的审批和许可证的颁发工作。

区应急管理局负责辖区内非药品类易制毒化学品生产、经营的监督管理工作，并负责辖区内第二、第三类非药品类易制毒化学品生产、经营的备案证明颁发工作。

三、申请第一类化学品生产许可证应提交的文件和资料

生产单位申请第一类化学品生产许可证，应当向省级应急管理部门提交下列文件和资料，并对其真实性负责：

（1）非药品类易制毒化学品生产许可证申请书(一式两份)；

（2）生产设备、仓储设施和污染物处理设施情况说明材料；

（3）易制毒化学品管理制度和环境突发事件应急预案；

（4）安全生产管理制度；

（5）单位法定代表人或者主要负责人和技术、管理人员具有相应安全生产知识的证明

材料；

(6) 单位法定代表人或者主要负责人和技术、管理人员具有相应易制毒化学品知识的证明材料及无毒品犯罪记录证明材料；

(7) 工商营业执照副本(复印件)；

(8) 产品包装说明和使用说明书。

属于危险化学品生产单位的，还应当提交危险化学品生产企业安全生产许可证和危险化学品登记证(复印件)，但可免于提交上述第4项、第5项、第7项所要求的文件、资料。

四、申请第一类化学品经营许可证应提交的文件和资料

经营单位申请第一类化学品经营许可证，应当向省级应急管理部门提交下列文件和资料，并对其真实性负责：

(1) 非药品类易制毒化学品经营许可证申请书(一式两份)；

(2) 经营场所、仓储设施情况说明材料；

(3) 易制毒化学品经营管理制度和包括销售机构、销售代理商、用户等内容的销售网络文件；

(4) 单位法定代表人或者主要负责人和销售、管理人员具有相应易制毒化学品知识的证明材料及无毒品犯罪记录证明材料；

(5) 工商营业执照副本(复印件)；

(6) 产品包装说明和使用说明书。

属于危险化学品经营单位的，还应当提交危险化学品经营许可证(复印件)，但可免于提交上述第5项所要求的文件、资料。

五、申请第一类化学品生产、经营许可证的程序

(1) 省级应急管理部门对申请人提交的申请书及文件、资料，应当按照下列规定分别处理：

① 申请事项不属于本部门职权范围的，应当即时出具不予受理的书面凭证；

② 申请材料存在可以当场更正的错误的，应当允许或者要求申请人当场更正；

③ 申请材料不齐全或者不符合要求的，应当当场或者在5个工作日内书面一次告知申请人需要补正的全部内容，逾期不告知的，自收到申请材料之日起即为受理；

④ 申请材料齐全、符合要求或者按照要求全部补正了的，自收到申请材料或者全部补正材料之日起为受理。

(2) 对已经受理的申请材料，省级应急管理部门应当进行审查，根据需要可以进行实地核查。

(3) 自受理之日起，对生产许可证申请在60个工作日内、对经营许可证申请在30个工作日内，省级应急管理部门应当作出颁发或者不予颁发许可证的决定。

(4) 对决定颁发的，应当自决定之日起10个工作日内送达或者通知申请人领取许可证；对不予颁发的，应当在10个工作日内书面通知申请人并说明理由。

六、生产第二类、第三类化学品的单位进行备案时应提交的文件和资料

凡从事第二类、第三类化学品生产的单位，进行备案时应当提交下列文件和资料：

(1) 非药品类易制毒化学品品种、产量、销售量等情况的备案申请书；
(2) 易制毒化学品管理制度；
(3) 产品包装说明和使用说明书；
(4) 工商营业执照副本(复印件)。

属于危险化学品生产单位的，还应当提交危险化学品生产企业安全生产许可证和危险化学品登记证(复印件)，但可免于提交上述第 4 项所要求的文件、资料。

七、经营第二类、第三类化学品的单位进行备案时应提交的文件和资料

凡从事第二类、第三类化学品经营的单位，进行备案时应当提交下列文件和资料：

(1) 非药品类易制毒化学品销售品种、销售量、主要流向等情况的备案申请书；
(2) 易制毒化学品管理制度；
(3) 产品包装说明和使用说明书；
(4) 工商营业执照副本(复印件)。

属于危险化学品经营单位的，还应当提交危险化学品经营许可证，但可免于提交上述第 4 项所要求的文件、资料。

八、办理第二类、第三类化学品生产、经营备案的程序

负责第二类、第三类化学品生产、经营备案工作的安监部门收到规定的备案材料后，应当于当日发给备案证明。

第六节　危险化学品经营企业安全技术基本要求

一、危险化学品仓库安全技术基本要求

危险化学品仓库应符合本地区城乡规划，选址在远离市区和居民区的常年最小频率风向的上风侧。防火间距应按《建筑设计防火规范(2018 年版)》(GB 50016)的规定执行。危险化学品仓库与铁路安全防护距离，与公路、广播电视设施、石油天然气管道、电力设施距离应符合其法规要求。爆炸物库房除符合 GB 50016 要求外，与防护目标应至少保持 1000m 的距离；还应按《危险化学品生产装置和储存设施外部安全防护距离确定方法》(GB/T 37243—2019)的规定，采用事故后果法计算外部安全防护距离。事故后果法计算时应采用最严重事故情景计算外部安全防护距离。涉及有毒气体或易燃气体，且其构成危险化学品重大危险源的库房除符合 GB 50016 要求外，还应按 GB/T 37243—2019 的规定，采用定量风险评价法计算外部安全防护距离。定量风险评价法计算时应采用可能储存的危险化学品最大量计算外部安全防护距离。

危险化学品仓库建设应按《建筑设计防火规范(2018 年版)》(GB 50016—2014)平面布置、建筑构造、耐火等级、安全疏散、消防设施、电气、通风等规定执行。爆炸物库房建设应按《民用爆炸物品工程设计安全标准》(GB 50089—2018)或《烟花爆竹工程设计安全规范》(GB 50161—2009)平面布置、建筑与结构、消防、电气、通风等规定执行。库房应防潮、平整、坚实、易于清扫。可能释放可燃性气体或蒸气，在空气中能形成粉尘、纤维等

爆炸性混合物的危险化学品库房应采用不发生火花的地面。储存腐蚀性危险化学品的库房的地面、踢脚应采取防腐材料。危险化学品储存禁忌应按《常年化学危险品贮存通则》(GB 15603—1995)的规定执行。应建立危险化学品追溯管理信息系统，应具备危险化学品出入库记录，库存危险化学品品种、数量及库内分布等功能，数据保存期限不得少于1年，且应异地实时备份。构成危险化学品重大危险源的危险化学品仓库应符合国家法律法规、标准规范关于危险化学品重大危险源的技术要求。爆炸物宜按不同品种单独存放。当受条件限制，不同品种爆炸物需同库存放时，应确保爆炸物之间不是禁忌物品且包装完整无损。有机过氧化物应储存在危险化学品库房特定区域内，避免阳光直射，并应满足不同品种的存储温度、湿度要求。遇水放出易燃气体的物质和混合物应密闭储存在设有防水、防火、防潮措施的危险化学品库房中的干燥区域内。自热物质和混合物的储存温度应满足不同品种的存储温度、湿度要求，并避免阳光直射。自反应物质和混合物应储存在危险化学品库房特定区域内，避免阳光直射并保持良好通风，且应满足不同品种的存储温度、湿度要求。自反应物质及其混合物只能在原装容器中存放。

危险化学品库房内的爆炸危险环境电力装置应按《爆炸危险环境电力装置设计规范》(GB 50058—2014)的规定执行。爆炸危险环境内使用的电瓶车、铲车等作业工具应符合防爆要求。防雷、防静电应按《建筑物防雷设计规范》(GB 50057—2010)、《防止静电事故通用导则》(GB 12158—2006)的规定执行。应设置通信、火灾报警装置，有供对外联络的通信设备，并保证处于适用状态。储存可能散发可燃气体、有毒气体的危险化学品库房应按《石油化工可燃气体和有毒气体检测报警设计标准》(GB 50493—2019)的规定配备相应的气体检测报警装置，并与风机联锁。报警信号应传至24h有人值守的场所，并设声光报警器。储存易燃液体的危险化学品库房应设置防液体流散措施。剧毒物品的危险化学品库房应安装通风设备。应在库区建立全覆盖的视频监控系统。危险化学品库房、作业场所和安全设施、设备上，应按《安全标志及其使用导则》(GB 2894—2008)的规定设置明显的安全警示标志。不能用水、泡沫等灭火的危险化学品库房应在库房外适当位置设置醒目标识。危险化学品仓库应按 GB 50016、GB 50140—2005 的规定设置消防设施和消防器材，按《危险化学品单位应急救援物资配备要求》(GB 30077—2013)的规定配备相应的防护装备及应急救援器材、设备、物资，并保障其完好和方便使用。

二、危险化学品商店安全技术基本要求

危险化学品商店禁止选址在人员密集场所、居住建筑内。危险化学品商店建筑构造、耐火等级、安全疏散、消防设施、电气、通风应按 GB 50016—2014 规定执行，营业场所面积(不含备货库房)应不小于 $60m^2$，危险化学品商店内不应设有生活设施。营业场所与备货库房之间，以及危险化学品商店与其他场所之间应进行防火分隔。备货库房应设置高窗，窗上应安装防护铁栏，窗户应采取避光和防币措施。备货库房地面应防潮、平整、坚实、易于清扫。可能释放可燃性气体或蒸气，在空气中能形成粉尘、纤维等爆炸性混合物的备货库房应采用不发生火花的地面。储存腐蚀性危险化学品的备货库房的地面、踢脚应采用防腐材料。营业场所只允许存放单件质量小于 50 kg 或容积小于 50 L 的民用小包装危险化学品，其存放总质量不得超过 1 t，且营业场所内危险化学品的量与《危险化学品重大危险源辨识》(GB 18218—2018)中所规定的临界最比值之和应不大于 0.3。

备货库房只允许存放单件质量小于 50kg 或容积小于 50L 的民用小包装危险化学品，

其存放总质量不得超过 2t，且备货库房内危险化学品的量与 GB 18218—2018 中所规定的临界量比值之和应不大于 0.6。只允许经营除爆炸物、剧毒化学品（属于剧毒化学品的农药除外）以外的危险化学品。经营有机过氧化物、遇水放出易燃气体的物质和混合物、自热物质和混合物、自反应物质和混合物的商店应分别具备上述存储要求。危险化学品不应露天存放。危险化学品的摆放应布局合理，禁忌物品要求应按《常用化学危险品贮存通则》（GB 15603—1995）的规定执行。应建立危险化学品经营档案，档案内容至少应包括危险化学品品种、数量、出入记录等，数据保期限应不少于 1 年。

备货库房平开门应向疏散方向开启。平开门及窗应设等电位接地线，门外应设人体静电消除器设施。备货库房内的爆炸危险环境电力装置应按 GB 50058—2014 的规定执行。备货库房照明设施、电气设备的配电箱及电气开关应设置在库外，并应可靠接地，安装过压、过载、触电、漏电保护设施，采取防雨、防潮保护措施。备货库房应有防止小动物进入的设施。危险化学品商店应设置视频监控设备，商店应配备灭火器等消防器材，且其类型和数量应按《建筑灭火器配置设计规范》（GB 50140—2005）的规定执行，按《安全标志及其使用导则》（GB 2894—2008）的规定设置安全警示标志。

第五章 危险化学品使用安全

使用单位是指使用危险化学品从事生产的单位，包括使用危险化学品进行生产但产品和中间产品都不是危险化学品的化工企业；打火机生产、喷涂漆、轴承生产(使用煤油)、冷冻业及其他大量使用危险化学品的行业；电镀、漂染、纺织、制革、印刷、电子等工贸行业使用危险化学品的企业；建筑施工中使用危险化学品的企业；大量使用危险化学品如汽油、试剂等作维修清洗且设有危险化学品专用仓库的企业，不包括使用危险化学品的个体家庭及城市燃气、天然气的使用。

使用危险化学品从事生产并且使用量达到规定数量的化工企业(属于危险化学品生产企业的除外)，应当取得危险化学品安全使用许可证。危险化学品使用量的数量标准，由国务院应急管理部门会同国务院公安部门、农业部门确定并公布。纳入安全许可的使用单位指使用危险化学品从事生产且使用量达到规定数量的化工企业。

使用安全是指使用危险化学品的单位，其使用条件(包括工艺)应当符合法律、行政法规的规定和国家标准、行业标准的要求，并根据所使用的危险化学品的种类、危险特性以及使用量和使用方式，建立、健全使用危险化学品的安全管理规章制度和安全操作规程，保证危险化学品的安全使用。

第一节 危险化学品安全使用许可

2011 年 3 月 2 日，国务院颁布了新修订的《危险化学品安全管理条例》(国务院令第 591 号，以下简称《条例》)，明确规定使用危险化学品从事生产并且使用量达到规定数量的化工企业应当取得危险化学品安全使用许可证，并对使用危险化学品从事生产的安全条件提出了要求。

国家安全生产监督管理总局令第 57 号发布了《危险化学品安全使用许可证实施办法》。

危险化学品安全使用许可适用于列入危险化学品安全使用许可适用行业目录、使用危险化学品从事生产并且达到危险化学品使用量的数量标准的化工企业(危险化学品生产企业除外，以下简称企业)，不包括使用危险化学品作为燃料的企业。企业应当依照本办法的规定取得危险化学品安全使用许可证(以下简称安全使用许可证)。

一、危险化学品安全使用许可适用行业

危险化学品安全使用许可适用行业目录是指国家安全生产监督管理总局依据《条例》和有关国家标准、行业标准公布的需要取得危险化学品安全使用许可的化工企业类别。依据《国民经济行业分类》(GB/T 4754—2017)，参照我国传统化工行业的分类，从化学原料及化学制品制造业、医药制造业、化学纤维制造业三个典型的制造业(大类)化工行业剔除部分涉及化工工艺普遍简单，所用危险化学品量一般较少的小类行业后，作为使用许可范

围。危险化学品安全使用许可适用行业目录见表5-1。

表5-1　危险化学品安全使用许可适用行业目录

大类	中类	小类	详细说明
化学原料和化学制品制造业	基础化学原料制造	无机酸制造	
		无机碱制造	主要指纯碱的生产活动
		无机盐制造	
		有机化学原料制造	
	肥料制造	氮肥制造	指矿物氮肥及用化学方法制成含有作物营养元素氮的化肥的生产活动
		磷肥制造	指以磷矿石为主要原料，用化学或物理方法制成含有作物营养元素磷的化肥的生产活动
	农药制造	化学农药制造	指化学农药原药，以及经过机械粉碎、混合或稀释制成粉状、乳状和水状的化学农药制剂的生产活动
	涂料、油墨、颜料及类似产品制造	涂料制造	指在天然树脂或合成树脂中加入颜料、溶剂和辅助材料，经加工后制成的覆盖材料的生产活动
		染料制造	指有机合成、植物性或动物性色料，以及有机颜料的生产活动
	合成材料制造	初级形态的塑料及合成树脂制造	也称初级塑料或原状塑料的生产活动，包括通用塑料、工程塑料、功能高分子塑料的制造
		合成橡胶制造	指人造橡胶或合成橡胶及高分子弹性体的生产活动
		合成纤维单(聚合)体的制造	指以石油、天然气、煤等为主要原料，用有机合成的方法制成合成纤维单体或聚合体的生产活动
	专用化学产品制造	化学试剂和助剂制造	指各种化学试剂、催化剂及专用助剂的生产活动
		专项化学用品制造	指水处理化学品、造纸化学品、皮革化学品、油脂化学品、油田化学品、生物工程化学品、日化产品专用化学品等产品的生产活动
		林产化学产品制造	指以林产品为原料，经过化学和物理加工方法生产产品的活动
		环境污染处理专用药剂材料制造	指对水污染、空气污染、固体废物等污染物处理所专用的化学药剂及材料的制造
	日用化学产品制造	香精、香料制造	指具有香气和香味，用于调配香精的物质——香料的生产，以及以多种天然香料和合成香料为主要原料，并与其他辅料一起按合理的配方和工艺调配制得的具有一定香型的复杂混合物，主要用于各类加香产品中的香精的生产活动
医药制造业	化学药品原料药制造	化学药品原料药制造	指供进一步加工药品制剂所需的原料药生产活动

续表

大类	中类	小类	详细说明
化学纤维制造业	纤维素纤维原料及纤维制造	化纤浆粕制造	指纺织生产用粘胶纤维的基本原料生产活动
	合成纤维制造	锦纶纤维制造	也称聚酰胺纤维制造，指由尼龙 66 盐和聚己内酰胺为主要原料生产合成纤维的活动
		涤纶纤维制造	也称聚酯纤维制造，指以聚对苯二甲酸乙二醇酯（简称聚酯）为原料生产合成纤维的活动。
		腈纶纤维制造	也称聚丙烯腈纤维制造，指以丙烯腈为主要原料（含丙烯腈 85%以上）生产合成纤维的活动
		维纶纤维制造	也称聚乙烯醇纤维制造，指以聚乙烯醇为主要原料生产合成纤维的活动
		丙纶纤维制造	也称聚丙烯纤维制造，指以聚丙烯为主要原料生产合成纤维的活动
		氨纶纤维制造	也称聚氨酯纤维制造，指以聚氨基甲酸酯为主要原料生产合成纤维的活动

注：《危险化学品安全使用许可适用行业目录》“小类”栏列出的行业，是根据《国民经济行业分类》（GB/T 4754—2017）规定的化学原料及化学制品制造业、医药制造业、化学纤维制造业等 3 个典型的制造业（大类），从中选取 25 个小类行业构成。

二、危险化学品使用量的数量标准

危险化学品使用量的数量标准由国家应急管理部会同国务院公安部门、农业主管部门依据《危险化学品安全管理条例》进行公布。拟将重点监管的危险化学品作为使用许可品种。使用量的数量标准，拟以企业危险化学品 10 天设计用量是否达到重大危险源临界量作为依据。危险化学品使用量的数量标准见表 5-2。

表 5-2　危险化学品使用量的数量标准

化学品名称	别名	最低年设计使用量/（t/a）	CAS 号
氯	液氯、氯气	180	7782-50-5
氨	液氨、氨气	360	7664-41-7
液化石油气		1800	68476-85-7
硫化氢		180	7783-06-4
甲烷	天然气	1800	74-82-8（甲烷）
原油		180000	
汽油（含甲醇汽油、乙醇汽油）	石脑油	7300	8006-61-9（汽油）
氢	氢气	180	1333-74-0
苯（含粗苯）		1800	71-43-2
碳酰氯	光气	11	75-44-5

续表

化学品名称	别名	最低年设计使用量/(t/a)	CAS 号
二氧化硫		730	7446-09-5
一氧化碳		360	630-08-0
甲醇、木醇	木精	18000	67-56-1
丙烯腈	氰基乙烯、乙烯基氰	1800	107-13-1
环氧乙烷	氧化乙烯	360	75-21-8
乙炔	电石气	40	74-86-2
氟化氢	氢氟酸	40	7664-39-3
氯乙烯		1800	75-01-4
甲苯	甲基苯、苯基甲烷	18000	108-88-3
氰化氢	氢氰酸	40	74-90-8
乙烯		1800	74-85-1
三氯化磷		7300	7719-12-2
硝基苯		1800	98-95-3
苯乙烯		18000	100-42-5
环氧丙烷		360	75-56-9
一氯甲烷		1800	74-87-3
1，3-丁二烯		180	106-99-0
硫酸二甲酯		1800	77-78-1
氰化钠		1800	143-33-9
1-丙烯、丙烯		360	115-07-1
苯胺		1800	62-53-3
甲醚		1800	115-10-6
丙烯醛、2-丙烯醛		730	107-02-8
氯苯		180000	108-90-7
乙酸乙烯酯		36000	108-05-4
二甲胺		360	124-40-3
苯酚	石炭酸	2700	108-95-2
四氯化钛		2700	7550-45-0
甲苯二异氰酸酯	TDI	3600	584-84-9
过氧乙酸	过乙酸、过氧乙酸	360	79-21-0
六氯环戊二烯		1800	77-47-4
二硫化碳		1800	75-15-0
乙烷		360	74-84-0
环氧氯丙烷	3-氯-1，2-环氧丙烷	730	106-89-8

续表

化学品名称	别名	最低年设计使用量/(t/a)	CAS 号
丙酮氰醇	2-甲基-2-羟基丙腈	730	75-86-5
磷化氢	膦	40	7803-51-2
氯甲基甲醚		1800	107-30-2
三氟化硼		180	7637-07-2
烯丙胺	3-氨基丙烯	730	107-11-9
异氰酸甲酯	甲基异氰酸酯	30	624-83-9
甲基叔丁基醚		36000	1634-04-4
乙酸乙酯		18000	141-78-6
丙烯酸		180000	79-10-7
硝酸铵		180	6484-52-2
三氧化硫	硫酸酐	2700	7446-11-9
三氯甲烷	氯仿	1800	67-66-3
甲基肼		1800	60-34-4
一甲胺		180	74-89-5
乙醛		360	75-07-0
氯甲酸三氯甲酯	双光气	22	503-38-8
二(三氯甲基)碳酸酯	三光气	33	32315-10-9
2，2′-双偶氮-(2，4-二甲基戊腈)	偶氮二异庚腈	18000	4419-11-8
2，2′-偶氮二异丁腈		18000	78-67-1
氯酸钠		3600	7775-9-9
氯酸钾		3600	3811-4-9
过氧化甲乙酮		360	1338-23-4
过氧化(二)苯甲酰		1800	94-36-0
硝化纤维素		360	9004-70-0
硝酸胍		7200	506-93-4
高氯酸铵	过氯酸铵	7200	7790-98-9
过氧化苯甲酸叔丁酯	过氧化叔丁基苯甲酸酯	1800	614-45-9
N，*N*′-二亚硝基五亚甲基四胺	发泡剂 H	18000	101-25-7
硝基胍		1800	556-88-7
硝化甘油		36	55-63-0
乙醚	二乙(基)醚	360	60-29-7

注：① 企业需要取得安全使用许可的危险化学品的使用量，由企业使用危险化学品的最低年设计使用量和实际使用量的较大值确定。

② “CAS 号”是指美国化学文摘社对化学品的唯一登记号。

安全使用许可证的颁发管理工作实行企业申请、市级发证、属地监管的原则。应急管理部负责指导、监督全国安全使用许可证的颁发管理工作。省、自治区、直辖市人民政府应急管理部门(以下简称省级应急管理部门)负责指导、监督本行政区域内安全使用许可证的颁发管理工作。设区的市级人民政府应急管理部门(以下简称发证机关)负责本行政区域内安全使用许可证的审批、颁发和管理，不得再委托其他单位、组织或者个人实施。

三、申请安全使用许可证的条件

企业与重要场所、设施、区域的距离和总体布局应当符合下列要求，并确保安全：

(1) 储存危险化学品数量构成重大危险源的储存设施，与《危险化学品安全管理条例》第十九条第一款规定的八类场所、设施、区域的距离符合国家有关法律、法规、规章和国家标准或者行业标准的规定；

(2) 总体布局符合《工业企业总平面设计规范》(GB 50187—2012)、《化工企业总图运输设计规范》(GB 50489—2009)、《建筑设计防火规范》(GB 50016—2014，2018 年版)等相关标准的要求；石油化工企业还应当符合《石油化工企业设计防火标准》(GB 50160—2008，2018 年版)的要求；

(3) 新建企业符合国家产业政策、当地县级以上(含县级)人民政府的规划和布局。

企业的厂房、作业场所、储存设施和安全设施、设备、工艺应当符合下列要求：

(1) 新建、改建、扩建使用危险化学品的化工建设项目(以下统称建设项目)由具备国家规定资质的设计单位设计和施工单位建设；其中，涉及应急管理部公布的重点监管危险化工工艺、重点监管危险化学品的装置，由具备石油化工医药行业相应资质的设计单位设计；

(2) 不得采用国家明令淘汰、禁止使用和危及安全生产的工艺、设备；新开发的使用危险化学品从事化工生产的工艺(以下简称化工工艺)，在小试、中试、工业化试验的基础上逐步放大到工业化生产；国内首次使用的化工工艺，经过省级人民政府有关部门组织的安全可靠性论证；

(3) 涉及应急管理部公布的重点监管危险化工工艺、重点监管危险化学品的装置装设自动化控制系统；涉及应急管理部公布的重点监管危险化工工艺的大型化工装置装设紧急停车系统；涉及易燃易爆、有毒有害气体化学品的作业场所装设易燃易爆、有毒有害介质泄漏报警等安全设施；

(4) 新建企业的生产区与非生产区分开设置，并符合国家标准或者行业标准规定的距离；

(5) 新建企业的生产装置和储存设施之间及其建(构)筑物之间的距离符合国家标准或者行业标准的规定。

同一厂区内(生产或者储存区域)的设备、设施及建(构)筑物的布置应当适用同一标准的规定。

企业应当依法设置安全生产管理机构，按照国家规定配备专职安全生产管理人员。配备的专职安全生产管理人员必须能够满足安全生产的需要。企业主要负责人、分管安全负责人和安全生产管理人员必须具备与其从事生产经营活动相适应的安全知识和管理能力，参加安全资格培训，并经考核合格，取得安全合格证书。特种作业人员应当依照《特种作业人员安全技术培训考核管理规定》，经专门的安全技术培训并考核合格，取得特种作业操作证书。其他从业人员应当按照国家有关规定，经安全教育培训合格。

企业应当建立全员安全生产责任制，保证每位从业人员的安全生产责任与职务、岗位相匹配。根据化工工艺、装置、设施等实际情况，至少应当制定、完善下列主要安全生产规章制度：

（1）安全生产例会等安全生产会议制度；

（2）安全投入保障制度；

（3）安全生产奖惩制度；

（4）安全培训教育制度；

（5）领导干部轮流现场带班制度；

（6）特种作业人员管理制度；

（7）安全检查和隐患排查治理制度；

（8）重大危险源的评估和安全管理制度；

（9）变更管理制度；

（10）应急管理制度；

（11）生产安全事故或者重大事件管理制度；

（12）防火、防爆、防中毒、防泄漏管理制度；

（13）工艺、设备、电气仪表、公用工程安全管理制度；

（14）动火、进入受限空间、吊装、高处、盲板抽堵、临时用电、动土、断路、设备检维修等作业安全管理制度；

（15）危险化学品安全管理制度；

（16）职业健康相关管理制度；

（17）劳动防护用品使用维护管理制度；

（18）承包商管理制度；

（19）安全管理制度及操作规程定期修订制度。

企业应当根据工艺、技术、设备特点和原辅料的危险性等情况编制岗位安全操作规程。

企业应当依法委托具备国家规定资质条件的安全评价机构进行安全评价，并按照安全评价报告的意见对存在的安全生产问题进行整改。

企业应当有相应的职业病危害防护设施，并为从业人员配备符合国家标准或者行业标准的劳动防护用品。

企业应当依据《危险化学品重大危险源辨识》(GB 18218—2018)，对本企业的生产、储存和使用装置、设施或者场所进行重大危险源辨识。对于已经确定为重大危险源的，应当按照《危险化学品重大危险源监督管理暂行规定》进行安全管理。

企业应当符合下列应急管理要求：

（1）按照国家有关规定编制危险化学品事故应急预案，并报送有关部门备案；

（2）建立应急救援组织，明确应急救援人员，配备必要的应急救援器材、设备设施，并按照规定定期进行应急预案演练。

储存和使用氯气、氨气等对皮肤有强烈刺激的吸入性有毒有害气体的企业，还应当配备至少两套以上全封闭防化服；构成重大危险源的，还应当设立气体防护站(组)。

企业除符合本章规定的安全使用条件外，还应当符合有关法律、行政法规和国家标准或者行业标准规定的其他安全使用条件。

四、安全使用许可证的申请

企业向发证机关申请安全使用许可证时，应当提交下列文件、资料，并对其内容的真实性负责：

（1）申请安全使用许可证的文件及申请书；

（2）新建企业的选址布局符合国家产业政策、当地县级以上人民政府的规划和布局的证明材料复制件；

（3）安全生产责任制文件，安全生产规章制度、岗位安全操作规程清单；

（4）设置安全生产管理机构，配备专职安全生产管理人员的文件复制件；

（5）主要负责人、分管安全负责人、安全生产管理人员安全合格证和特种作业人员操作证复制件；

（6）危险化学品事故应急救援预案的备案证明文件；

（7）由供货单位提供的所使用危险化学品的安全技术说明书和安全标签；

（8）工商营业执照副本或者工商核准文件复制件；

（9）安全评价报告及其整改结果的报告；

（10）新建企业的建设项目安全设施竣工验收报告；

（11）应急救援组织、应急救援人员，以及应急救援器材、设备设施清单。

有危险化学品重大危险源的企业，还应当提交重大危险源的备案证明文件。新建企业安全使用许可证的申请，应当在建设项目安全设施竣工验收通过之日起 10 个工作日内提出。

五、安全使用许可证的变更

企业在安全使用许可证有效期内变更主要负责人、企业名称或者注册地址的，应当自工商营业执照变更之日起 10 个工作日内提出变更申请。增加使用的危险化学品品种，且达到危险化学品使用量的数量标准规定的；涉及危险化学品安全使用许可范围的新建、改建、扩建建设项目的；改变工艺技术对企业的安全生产条件产生重大影响的，在建设项目安全设施竣工验收合格之日起 10 个工作日内向原发证机关提出变更申请。并提交下列文件、资料：

（1）变更申请书；

（2）变更后的工商营业执照副本复制件；

（3）变更主要负责人的，还应当提供主要负责人经安全生产监督管理部门考核合格后颁发的安全合格证复制件；

（4）变更注册地址的，还应当提供相关证明材料。

新建、改建、扩建建设项目及改变工艺技术建设项目还应提供安全设施竣工验收报告等相关文件、资料。应当进行专项安全验收评价，并对安全评价报告中提出的问题进行整改；在整改完成后，向原发证机关提出变更申请并提交安全验收评价报告。

对已经受理的变更申请，发证机关对企业提交的文件、资料审查无误后，方可办理安全使用许可证变更手续。企业在安全使用许可证有效期内变更隶属关系的，应当在隶属关系变更之日起 10 日内向发证机关提交证明材料。

六、安全使用许可证的延期

安全使用许可证有效期为3年。企业安全使用许可证有效期届满后需要继续使用危险化学品从事生产、且达到危险化学品使用量的数量标准规定的，应当在安全使用许可证有效期届满前3个月提出延期申请，并提交相关的文件、资料。

发证机关进行审查，并作出是否准予延期的决定。

企业取得安全使用许可证后，符合下列条件的，其安全使用许可证届满办理延期手续时，经原发证机关同意，可以直接办理延期手续：

(1) 严格遵守有关法律、法规和本办法的；

(2) 取得安全使用许可证后，加强日常安全管理，未降低安全使用条件，并达到安全生产标准化等级二级以上的；

(3) 未发生造成人员死亡的生产安全责任事故的；

(4) 企业二级以上安全生产标准化证书复印件。

安全使用许可证分为正本、副本，正本为悬挂式，副本为折页式，正、副本具有同等法律效力。发证机关应当分别在安全使用许可证正、副本上注明编号、企业名称、主要负责人、注册地址、经济类型、许可范围、有效期、发证机关、发证日期等内容。其中，“许可范围”正本上注明“危险化学品使用”，副本上注明使用危险化学品从事生产的地址和对应的具体品种、年使用量。企业不得伪造、变造安全使用许可证，或者出租、出借、转让其取得的安全使用许可证，或者使用伪造、变造的安全使用许可证。

七、安全使用许可证的监督管理

发证机关应当坚持公开、公平、公正的原则，依照本办法和有关行政许可的法律法规规定，颁发安全使用许可证。应当加强对安全使用许可证的监督管理，建立、健全安全使用许可证档案管理制度。发证机关工作人员在安全使用许可证颁发及其监督管理工作中，不得索取或者接受企业的财物，不得谋取其他非法利益。

有下列情形之一的，发证机关应当撤销已经颁发的安全使用许可证：

(1) 滥用职权、玩忽职守颁发安全使用许可证的；

(2) 超越职权颁发安全使用许可证的；

(3) 违反规定的程序颁发安全使用许可证的；

(4) 对不具备申请资格或者不符合法定条件的企业颁发安全生产许可证的；

(5) 以欺骗、贿赂等不正当手段取得安全使用许可证的。

企业取得安全使用许可证后有下列情形之一的，发证机关应当注销其安全使用许可证：

(1) 安全使用许可证有效期届满未被批准延期的；

(2) 终止使用危险化学品从事生产的；

(3) 继续使用危险化学品从事生产，但使用量降低后未达到危险化学品使用量的数量标准规定的；

(4) 安全使用许可证被依法撤销的；

(5) 安全使用许可证被依法吊销的。

安全使用许可证注销后，发证机关应当在当地主要新闻媒体或者本机关网站上予以公告，并向省级和企业所在地县级应急管理部门通报。

发证机关应当将其颁发安全使用许可证的情况及时向同级环境保护主管部门和公安机关通报。发证机关应当于每年1月10日前，将本行政区域内上年度安全使用许可证的颁发和管理情况报省级应急管理部门，并定期向社会公布企业取得安全使用许可证的情况，接受社会监督。省级应急管理部门应当于每年1月15日前，将本行政区域内上年度安全使用许可证的颁发和管理情况报应急管理部。

八、安全使用许可证的法律责任

发证机关工作人员在对危险化学品使用许可证的颁发管理工作中滥用职权、玩忽职守、徇私舞弊，构成犯罪的，依法追究刑事责任；尚不构成犯罪的，依法给予处分。

企业未取得安全使用许可证，擅自使用危险化学品从事生产，且达到危险化学品使用量的数量标准规定的，责令立即停止违法行为并限期改正；或企业在安全使用许可证有效期届满后未办理延期手续，仍然使用危险化学品从事生产，且达到危险化学品使用量的数量标准规定的，处10万元以上20万元以下的罚款；逾期不改正的，责令停产整顿。

企业伪造、变造或者出租、出借、转让安全使用许可证，或者使用伪造、变造的安全使用许可证的，处10万元以上20万元以下的罚款，有违法所得的，没收违法所得；构成违反治安管理行为的，依法给予治安管理处罚；构成犯罪的，依法追究刑事责任。企业在安全使用许可证有效期内主要负责人、企业名称、注册地址、隶属关系发生变更，未按照相关规定的时限提出安全使用许可证变更申请或者将隶属关系变更证明材料报发证机关的，责令限期办理变更手续，处1万元以上3万元以下的罚款。企业在安全使用许可证有效期内有下列情形之一，未按照相关规定提出变更申请，继续从事生产的，责令限期改正，处1万元以上3万元以下的罚款：

（1）增加使用的危险化学品品种，且达到危险化学品使用量的数量标准规定的；

（2）涉及危险化学品安全使用许可范围的新建、改建、扩建建设项目，其安全设施已经竣工验收合格的；

（3）改变工艺技术对企业的安全生产条件产生重大影响的。

发现企业隐瞒有关情况或者提供虚假文件、资料申请安全使用许可证的，发证机关不予受理或者不予颁发安全使用许可证，并给予警告，该企业在1年内不得再次申请安全使用许可证。企业以欺骗、贿赂等不正当手段取得安全使用许可证的，自发证机关撤销其安全使用许可证之日起3年内，该企业不得再次申请安全使用许可证。

安全评价机构有下列情形之一的，给予警告，并处1万元以下的罚款；情节严重的，暂停资质6个月，并处1万元以上3万元以下的罚款；对相关责任人依法给予处理：

（1）从业人员不到现场开展安全评价活动的；

（2）安全评价报告与实际情况不符，或者安全评价报告存在重大疏漏，但尚未造成重大损失的；

（3）未按照有关法律、法规、规章和国家标准或者行业标准的规定从事安全评价活动的。

承担安全评价的机构出具虚假证明的，没收违法所得；违法所得在10万元以上的，并处违法所得2倍以上5倍以下的罚款；没有违法所得或者违法所得不足10万元的，单处或者并处10万元以上20万元以下的罚款；对其直接负责的主管人员和其他直接责任人员处 2 万元以上 5 万元以下的罚款；给他人造成损害的，与企业承担连带赔偿责任；构成犯罪的，依照刑法有关规定追究刑事责任。对有违法行为的机构，依法吊销其相应资质。

第二节　危险化学品安全使用技术

使用危险化学品从事生产的企业，涉及各行各业，数量很大。使用危险化学品从事生产的情况又很复杂，使用的品种、数量差别很大，危险程度也各不相同。近年来的实践证明，使用危险化学品特别是使用危险化学品从事生产，在危险程度上并不亚于生产危险化学品，由此引发的事故约占全部危险化学品事故的 1/4 左右。因此《危险化学品安全管理条例》修订后，对“使用安全”单设一章做了规定，目的就是突出和强调危险化学品使用的安全管理，其中最为重要的是确立了危险化学品安全使用许可制度。

一、危险化学品使用中的不安全因素

危险化学品使用中的不安全因素主要表现在如下几方面：

(1) 安全知识缺乏，擅自使用危险化学品。

(2) 工艺不合理，工艺条件不当。例如：工艺不成熟，盲目进行工业化生产；工艺设施不完善，盲目生产。

(3) 设施存在缺陷，场所不符合安全要求。例如：违章安装电器设备；厂房疏散通道不畅通；设计安装无资质，留下重大隐患；腐蚀穿孔，造成大量泄漏；敞口留隐患；违章存放危险品，引起火灾爆炸事故；易燃场所，使用高热灯具引起爆燃等。

(4) 操作错误，缺乏应急处置能力。例如：违章操作，引起的爆炸事故；违章运输，引起的特大中毒事故；易燃易爆场所身着化纤服装，产生静电引起火灾事故；缺乏防火防爆知识，引起爆炸；违反操作规程，引起爆燃等。

(5) 管理不善，隐患变事故。例如：设备未定期检查，引起爆炸；气瓶混放，导致储气罐爆炸；动火责任不落实，导致动火作业中发生事故；配方不当，工艺不合理导致爆炸；没有应急处理训练，忽视应急救援等。

二、危险化学品使用的基本要求

1. 危险化学品使用设施安全控制的基本原则

危险化学品使用设施安全控制的目的是通过采取适当的工程技术措施，消除或降低工作场所的危害，防止操作人员在作业时受到危险化学品的危害。

基本原则包括如下几方面：

(1) 通过改进工艺或合理的设计，从根本上消除危险化学品的危害；

(2) 通过变更工艺降低或减弱化学品的危害；

(3) 采取各种预防性的技术措施，防止危险变为事故和职业危害；

(4) 通过封闭、设置屏障等措施，使作业人员与危险源隔离开，避免作业人员直接暴露于危险或有害环境中；

(5) 借助于有效通风，使空气中的有害气体浓度降到安全浓度以下，防止火灾或职业危害；

(6) 当操作失误或设备运行达到危险状态时，采取能自动终止危险、避免危害发生的本质安全措施；

（7）当操作过程发生异常或危险性较大的情况，场所能产生报警或提示的安全措施。

2. 使用易燃、易爆危险品的安全控制措施

易燃、易爆化学品包括易燃气体、易燃液体、易燃固体、自燃物品和遇湿易放出易燃气体的固体。控制此类化学品的措施可分为以下几类：

消除着火源或引爆源：例如严格管理明火；避免摩擦撞击；隔离高温表面；防止电气火花；消除静电；安装避雷装置；预防发热自燃等。

防止危险化学品混合接触的危险性：禁止禁忌物品混放。

泄漏控制和通风控制：采取设备密闭；防止泄露；加强通风等措施。

惰化和稀释：使用惰性气体代替空气或添加稀释气体防止爆炸等措施。

安全防护设施：阻火器；安全液封；过压保护；紧急切断；信号报警；可燃气体检测等。

耐燃、抗爆建筑结构：合适的耐火等级；防火墙；防火门；不发火地面；防火堤；防火间距等。

厂房防爆泄压措施。

3. 使用有毒类危险化学品的安全控制措施

采取防毒技术措施就是要控制有毒物质，不让它从使用设施中散发出来危害操作人员。采取的措施如下：

① 以无毒或低毒物质代替有毒或高毒物质；

② 设备的密闭化、机械化，让有毒物质在设备中密闭运行，自动化操作，避免操作人员直接接触有毒物质；

③ 隔离操作和自动控制，把操作地点与使用设备隔离开来，采用自动控制系统，起到隔离操作人员的目的；

④ 通风排毒，采取强制通风，降低毒气浓度；

⑤ 有毒气体检测，设置有毒气体报警器；

⑥ 个体防护，包括佩戴各种防护器具，属于防御性措施，是防止毒气进入人体的最后一道屏障。

4. 危险化学品使用的安全管理

国际劳工组织公布的 170 号公约《作业场所安全使用化学品》，规定了在工作场所工作人员接触化学品的作业活动应遵守的国际公约，我国在 1994 年批准了 170 号公约，负有实施该国际公约的义务。在 1996 年，当时的劳动部、化学工业部颁发了《工作场所安全使用化学品规定》，对工人在工作场所化学品的安全使用做了明确的规定；2002 年 5 月 12 日公布实施了《使用有毒物品作业场所劳动保护条例》，其立法目的就是为了保证作业场所安全使用有毒物品，预防、控制和消除职业中毒危害，保护劳动者的生命安全，身体健康及其相关权益。

为了加强危险化学品的使用管理，我国近几年相继颁布了多部关于危险化学品使用方面的法规，例如，2009 年 9 月 8 日国家安全生产监督管理总局制定公布的《作业场所职业危害申报管理办法》，目的是为了规范作业场所职业危害的申报工作，加强对生产经营单位职业健康工作的监督管理；2011 年新修订的《危险化学品安全管理条例》专门有一章论

述危险化学品使用的安全管理，要求对使用危险化学品达到一定量的化工企业要申办安全使用许可证；新修订的《职业病防治法》《工伤保险条例》等，都从不同方面对安全使用危险化学品做出了具体的要求。

《危险化学品安全管理条例》作为一部专门针对危险化学品管理行政规章，对使用危险化学品的单位，做出了明确的要求，弥补了在使用危险化学品方面的管理空白。《条例》规定，生产经营单位使用危险化学品，其使用条件(包括工艺)应当符合法律、行政法规的规定和国家标准、行业标准的要求，并根据所使用的危险化学品的种类、危险特性以及使用量和使用方式，建立、健全使用危险化学品的安全管理规章制度和安全操作规程，保证危险化学品的安全使用。

使用危险化学品从事生产并且使用量达到规定数量的化工企业(属于危险化学品生产企业的除外)，应当依照本条例的规定取得危险化学品安全使用许可证。

使用实施重点环境管理的危险化学品从事生产的企业，其管理要求等同于生产、储存实施重点环境管理的化学品企业。

国家对危险化学品的使用有限制性规定的，任何单位和个人不得违反限制性规定使用危险化学品。任何单位或个人不得使用国家明令禁止的危险化学品。

使用剧毒化学品、易制爆危险化学品的单位不得出借、转让其购买的剧毒化学品、易制爆危险化学品；因转产、停产、搬迁、关闭等确需转让的，应当向具有相关许可证件或者证明文件的单位转让，并在转让后将有关情况及时向所在地县级人民政府公安机关报告。

危险品使用单位要建立、健全使用危险化学品的安全管理规章制度和安全操作规程；有与所使用的危险化学品相适应的专业技术人员；有安全管理机构和专职安全管理人员；有符合国家规定的危险化学品事故应急预案和必要的应急救援器材、设备；使用剧毒品的化学品单位应当对本单位的使用设施每年进行一次安全评价，使用其他危险品的企业每两年进行一次安全评价。安全评价报告应当报应急管理部门备案。

剧毒品的使用企业应当对剧毒品的流向、储存量和用途如实记录，设置治安保卫机构，防止剧毒品被盗、丢失或者误售、误用。发现剧毒化学品被盗、丢失或者误售、误用时，必须立即向当地公安部门报告。

对于工作场所使用危险化学品产生的危害应定期进行监测和评估，对检测和评估结果应建立档案。作业人员接触的危险化学品浓度不得高于国家规定的标准，暂时没有规定的，使用单位应在保证安全的情况下使用。

危险化学品使用单位，应当在使用场所设置通信、报警装置，并保证在任何情况下处于正常使用状态。在工作场所设有急救设施，并提供应急处理方法。

对盛装、输送、储存危险化学品的设备、容器，应采用符合国家标准要求的警示标志以表明其危险性，应按国家规定清除化学废料和清洗盛装化学品的废旧容器。

危险化学品使用单位应将危险化学品的有关安全卫生资料向职工公开，向操作人员提供安全技术说明书，应经常进行关于安全使用化学品的教育培训，令其掌握必要的应急处理方法和自救措施。

5. 工作场所安全使用化学品

使用单位使用的化学品应有标识，危险化学品应有安全标签，并向操作人员提供安全技术说明书。使用单位购进危险化学品时，必须核对包装(或容器)上的安全标签。安全标签若脱落或损坏，经检查确认后应补贴。

使用单位购进的化学品需要转移或分装到其他容器时，应标明其内容。对于危险化学品，在转移或分装后的容器上应贴安全标签；盛装危险化学品的容器在未净化处理前，不得更换原安全标签。

使用单位对工作场所使用的危险化学品产生的危害应定期进行检测和评估，对检测和评估结果应建立档案。作业人员接触的危险化学品浓度不得高于国家规定的标准；暂没有规定的，使用单位应在保证安全作业的情况下使用。使用单位应通过下列方法，消除、减少和控制工作场所危险化学品产生的危害：①选用无毒或低毒的化学替代品；②选用可将危害消除或减少到最低程度的技术；③采用能消除或降低危害的工程控制措施（如隔离、密闭等）；④采用能减少或消除危害的作业制度和作业时间；⑤采取其他的劳动安全卫生措施。

使用单位在危险化学品工作场所应设有急救设施，并提供应急处理的方法。

使用单位应按国家有关规定清除化学废料和清洗盛装危险化学品的废旧容器。使用单位应对盛装、输送、储存危险化学品的设备，采用颜色、标牌、标签等形式，标明其危险性。使用单位应将危险化学品的有关安全卫生资料向职工公开，教育职工识别安全标签、了解安全技术说明书、掌握必要的应急处理方法和自救措施，并经常对职工进行工作场所安全使用化学品的教育和培训。

6. *危险化学品使用安全技术措施*

在化学品尤其是危险化学品使用中，如果不注意安全管理和职业卫生防护，很容易造成职业中毒伤害事故。大量的事故案例表明，事故的发生主要是两个方面的原因：一是一些企业只顾生产不顾安全，生产条件差，缺少预防职业中毒的措施；二是劳动者缺乏安全意识和职业卫生知识，不懂得安全防护。因此，在防范化学品伤害事故中，要有针对性地采取各项措施，降低事故发生率，保证劳动者的安全和健康。

由于化学品普遍具有易燃易爆、有毒有害的特性，因此在化学品的生产、经营、储存、运输、使用过程中，需要加强安全管理，并且采取积极的技术措施，防止化学品（尤其是危险化学品）对作业人员以及其他人员的伤害。

7. *法律法规的有关规定*

为了加强对化学品（尤其是危险化学品）使用的安全管理，预防事故的发生，国务院于 2002 年 5 月 12 日批准公布并施行《使用有毒物品作业场所劳动保护条例》（国务院令第 352 号）。除该条例之外，《安全生产法》《职业病防治法》《危险化学品全管理条例》《工作场所安全使用化学品规定》等法律法规，对使用化学品及危险化学品的安全管理作出了规定。

综合这些规定，主要内容有：

（1）从事使用有毒物品作业的用人单位应当使用符合国家标准的有毒物品，不得在作业场所使用国家明令禁止使用的有毒物品或者使用不符合国家标准的有毒物品。用人单位应当尽可能使用无毒物品；需要使用有毒物品的，应当优先选择使用低毒物品。

（2）用人单位应当依照《使用有毒物品作业场所劳动保护条例》和其他有关法律、行政法规的规定，采取有效的防护措施，预防职业中毒事故的发生，依法参加工伤保险，保障劳动者的生命安全和身体健康。

（3）禁止使用童工。用人单位不得安排未成年人和孕期、哺乳期的女职工从事使用有毒物品的作业。

(4) 用人单位使用有毒物品作业场所，除应当符合职业病防治法规定的职业卫生要求外，还必须符合下列要求：

① 作业场所与生活场所分开，作业场所不得住人；

② 有害作业与无害作业分开，高毒作业场所与其他作业场所隔离；

③ 设置有效的通风装置；可能突然泄漏大量有毒物品或者易造成急性中毒的作业场所，设置自动报警装置和事故通风设施；

④ 高毒作业场所设置应急撤离通道和必要的泄险区。

(5) 从事使用高毒物品作业的用人单位，应当配备应急救援人员和必要的应急救援器材、设备，制定事故应急救援预案，并根据实际情况变化对应急救援预案适时进行修订，定期组织演练。

(6) 用人单位应当依照职业病防治法的有关规定，采取有效的职业卫生防护管理措施，加强劳动过程中的防护与管理。

(7) 用人单位应当与劳动者订立劳动合同，将工作过程中可能产生的职业中毒危害及其后果、职业中毒危害防护措施和待遇等如实告知劳动者，并在劳动合同中写明，不得隐瞒或者欺骗。

劳动者在已订立劳动合同期间因工作岗位或者工作内容变更，从事劳动合同中未告知的存在职业中毒危害的作业时，用人单位应当依照规定，如实告知劳动者，并协商变更原劳动合同有关条款。

(8) 用人单位应当对劳动者进行上岗前的职业卫生培训和在岗期间的定期职业卫生培训，普及有关职业卫生知识，督促劳动者遵守有关法律、法规和操作规程，指导劳动者正确使用职业中毒危害防护设备和个人使用的职业中毒危害防护用品。劳动者经培训考核合格，方可上岗作业。

(9) 用人单位应当为从事使用有毒物品作业的劳动者提供符合国家职业卫生标准的防护用品，并确保劳动者正确使用。

(10) 用人单位维护、维修存在高毒物品的生产装置，必须事先制定维护、检修方案，明确职业中毒危害防护措施，确保维护、维修人员的生命安全和身体健康。维护、维修存在高毒物品的生产装置，必须严格按照维护、维修方案和操作规程进行。维护、维修现场应当有专人监护，并设置警示标志。

(11) 需要进入存在高毒物品的设备、容器或者狭窄封闭场所作业时，用人单位应当事先采取下列措施：

① 保持作业场所良好的通风状态，确保作业场所职业中毒危害因素浓度符合国家职业卫生标准。

② 为劳动者配备符合国家职业卫生标准的防护用品。

③ 设置现场监护人员和现场救援设备。

未采取规定措施或者采取的措施不符合要求的，用人单位不得安排劳动者进入存在高毒物品的设备、容器或者狭窄封闭场所作业。

(12) 用人单位应当按照国务院卫生行政部门的规定，定期对使用有毒物品作业场所职业中毒危害因素进行检测、评价。检测、评价结果存入用人单位职业卫生档案，定期向所在地卫生行政部门报告并向劳动者公布。

(13) 从事使用有毒物品作业的劳动者在存在威胁生命安全或者身体健康危险的情况

下，有权通知用人单位并从使用有毒物品造成的危险现场撤离。用人单位不得违反劳动者依据规定行使权利，取消或者减少劳动者在正常工作时享有的工资、福利待遇。

（14）劳动者享有下列职业卫生保护权利：

① 获得职业卫生教育、培训。

② 获得职业健康检查、职业病诊疗、康复等职业病防治服务。

③ 了解工作场所产生或者可能产生的职业中毒危害因素、危害后果和应当采取的职业中毒危害防护措施。

④ 要求用人单位提供符合防治职业病要求的职业中毒危害防护设施和个人使用的职业中毒危害防护用品，改善工作条件。

⑤ 对违反职业病防治法律、法规，危及生命、健康的行为提出批评、检举和控告。

⑥ 拒绝违章指挥和强令进行没有职业中毒危害防护措施的作业。

⑦ 参与用人单位职业卫生工作的民主管理，对职业病防治工作提出意见和建议。

（15）劳动者有权在正式上岗前从用人单位获得下列资料：

① 作业场所使用的有毒物品的特性、有害成分、预防措施、教育和培训资制。

② 有毒物品的标签、标识及有关资料。

③ 有毒物品安全使用说明书。

④ 可能影响安全使用有毒物品的其他有关资料。

（16）劳动者有权查阅、复印其本人职业健康监护档案。劳动者离开用人单位时，有权索取本人健康监护档案复印件，用人单位应当如实、无偿提供，并在所提供的复印件上签章。

8. 预防职业中毒的综合性措施

工业毒物的种类繁多，影响巨大，职业中毒约占职业病总数的一半。多年来，国家有关部门为预防职业中毒发布实施了一系列的法律法规、标准制度，对职业中毒的防治起到了重要的作用。

预防职业中毒必须采用综合性的防治措施。

（1）组织管理措施

企业的各级领导必须十分重视预防职业中毒工作，在工作中认真贯彻执行国家有关预防职业中毒的法律法规和政策；结合企业内部接触毒物的性质，制定预防措施及安全操作规程，并建立相应的组织领导机构。

（2）消除毒物

在生产中，利用科学技术和工艺改革，使用无毒或低毒物质代替有毒或高毒的物质。

（3）降低毒物浓度

降低空气中毒物含量使之达到或者低于最高容许浓度，是预防职业中毒的中心环节。为此，首先要使毒物不能逸散到空气中，或消除工人接触毒物的机会；其次，对逸出的毒物要设法控制其飞扬、扩散，对散落到地面的毒物应及时消除；最后，缩小毒物接触的范围，以便于控制，并减少受毒物危害的人数。降低毒物浓度的方法包括：

① 改革工艺。尽量采用先进技术和工艺过程，避免开放式生产，消除毒物逸散的条件；采用远距离程序控制，最大限度地减少工人接触毒物的机会；用无毒或低毒物质代替有毒物质等。如用真空灌装代替热灌法生产水银温度计，用四氯乙烯代替四氯化碳干洗衣物，用静电喷漆代替人工喷漆等。

② 通风排毒。应用局部抽风式通风装置将产生的毒物尽快收集起来，防止毒物逸散。常用的装置有通风柜、排气罩、吸气罩等，排出的毒物要经过净化装置，或回收利用或净化处理后排空。

③ 合理布局。不同生产工序的布局，不仅要满足生产上的需要，而且要考虑卫生上的要求。有毒的作业应与无毒的作业分开，危害大的毒物要有隔离设施及防范手段。

④ 安全管理。对生产设备要加强维修和管理，防止“跑、冒、滴、漏”污染环境。

(4) 个人防护

做好个人防护与个人卫生，对于预防职业中毒虽不是根本性的措施，但在许多情况下起着重要作用。

除普通工作服外，对某些作业工人还需供应特殊质地或式样的防护服。如接触强碱、强酸应有耐酸耐碱的工作服，对某些毒物作业要有防毒口罩与防毒面具等。为保持良好的个人卫生状况，减少毒物作用机会，应设置盥洗设备、淋浴室及存衣室，配合个人专用更衣箱等。

(5) 增强体质

合理实施有毒作业保健待遇制度，因地制宜地开发体育锻炼，注意安排夜班工人的休息，组织青年进行有益身心的业余活动，以及做好季节性多发病的预防等，对提高机体抵抗力有重要的意义。

(6) 严格进行环境监测、生物材制监测与健康检查

要定期监测作业场所空气中毒物浓度，将其控制在最高容许浓度以下。实施就业前健康检查，排除职业禁忌证者参加接触毒物的作业。坚持定期健康检查，尽早发现工人健康问题并及时处理。

9. 预防职业中毒的通风排毒措施

工业毒物进入人体的途径有三种，即呼吸道、皮肤和消化道，其中主要是呼吸道。从大量事故案例来看，加强作业场所的通风排毒，是防范事故的一个最重要技术措施。

通风按其动力分为自然通风和机械通风，按其范围又可分为局部通风和全面通风。通风排毒措施是一种简便易行又十分有效的防毒措施。

(1) 局部通风

局部通风是指有毒物质比较集中，或作业人员经常活动的局部地区的通风。局部通风有局部排风、局部送风和局部送、排风三种类型。

(2) 全面通风

全面通风是用大量新鲜空气将作业场所的有毒气体冲淡至符合卫生要求的通风方式。全面通风多用于毒源不固定，毒物扩散面积较大，或虽实行局部通风，但仍有毒物散逸点的车间或场所。全面通风只适用于低毒有害气体、有害气体散发量不大或作业人员离毒源比较远的情形。全面通风不适用于产生粉尘、烟尘、烟雾的场所。

(3) 混合通风

混合通风是既有局部通风又有全面通风的通风方式。如局部排风，室内空气是靠门窗大量补入的，在冬季大量补入冷空气，会使房间过冷，往往要采用一套空气预热的全面送风系统。

10. 预防职业中毒的个体防护措施

根据有毒物质进入人体的途径，相应地采取各种有效措施，保护劳动者在使用化学品

时的安全。

（1）呼吸防护措施

正确使用呼吸防护器是防止有毒物质从呼吸道进入人体引起职业中毒的主要措施之一。需要指出的是，这种防护只是一种辅助性的保护措施，根本的解决办法还在于改善劳动条件，降低作业场所有毒物质的浓度。用于防毒的呼吸器材，大致可分为过滤式防毒呼吸器和隔离式防毒呼吸器两类。

（2）皮肤防护

皮肤防护主要依靠个人防护用品，如工作服、工作帽、工作鞋、手套、口罩、眼镜等，这些防护用品可以避免有毒物质与人体皮肤的接触。对于外露的皮肤，则须涂上皮肤防护剂。由于工种不同，个人防护用品的配备也有所区别。操作者应按工种要求穿用工作服等防护用品，对于裸露的皮肤，也应视其所接触的不同物质，采用相应的皮肤防护剂。

皮肤被有毒物质污染后，应立即清洗。许多污染物是不易被普通肥皂洗掉的，而应按不同的污染物分别采用不同的清洗剂。但最好不用汽油、煤油作清洗剂。

（3）消化道防护

防止有毒物质从消化道进入人体，一是要严格遵守有关规定，在有毒工作场所作业时，应按照规定不饮水不吃食物，防止有毒有害物质进入体内；二是提高安全防范意识，养成良好的卫生习惯，做到饭前洗手，注意搞好个人卫生。

第六章　危险化学品设备安全

第一节　设备安全管理与完整性管理

设施完整性是指机械设备、配套设施及相关技术资料齐全完整，设备始终处于满足安全生产平稳要求的状态。设备可靠性则是设备或系统在规定时间内、规定条件下无故障地完成运行要求的能力。关键设备是指因失效可能导致或促使工艺事故，造成人员死亡或严重伤害、重大财产损失或重大环境影响的部件、设备或系统。

一、工艺信息和资料档案完整性管理

设备设施从设计、制造、监造、入场检验、验收和储存、安装调试等环节应符合工艺安全管理的要求。设备启用前应根据最终工艺危害分析报告(HA 报告)等相关资料，编制投产方案和检查表，执行启动前安全检查。设施投运 3~6 个月进行基准工艺危害分析(HA)，3~5 年进行周期工艺危害分析(PHA)，报废前进行工艺危害分析(HA)。设备设施的相关工艺安全信息应齐全、准确、规范，及时补充完善和更新。在设备调拨时，设备工艺安全信息应进行移交和更新，确保工艺安全信息完整性。企业应依据相关标准编制设备的操作维护保养规程和关键设备的维修规程，并对维修关键任务制定更加详细的维修规程。通过培训，使设备操作人员严格执行相关设备的操作和维护保养规程，正确使用、维护好相关设备、设施、附件和工具。

企业应建立关键设备台账和技术档案，并组织相关人员对关键设备资料的完整性、有效性等进行审查。关键设备台账应结合关键设备投用以来的工艺设备变更、操作使用、故障事故、检维修等记录，补充完善和及时更新。工艺设备变更相关的工艺安全信息管理应履行变更手续。设备技术档案应包括各类图纸、设备使用和保养手册、设备维修手册、合格证、设备零部件和易损件清单及图册等内容。通过收集设备故障和性能数据，对关键设备进行可靠性分析，保证生产设施安全稳定运行。

二、检维修管理

企业应建立健全、贯彻落实设备的使用、保养的管理制度，现场应实施目视化管理。组织开展完整性和质量保证的专项审核。对已经制定的操作规程和员工实际操作行为进行分析和评价，企业应进行设施完整性和质量保证的培训。确认和提供设施完整性管理和质量保证工作所需的资源，制定设备操作和维护保养规程，对相关操作人员按照组织培训。关键设备操作人员严格执行持证上岗制度，企业设备管理部门要对设备操作人员持证情况进行监督检查。设备操作人员要执行操作和维护保养规程，做好设备的例行检查和维护保养工作。

企业设备使用单位应对设备使用中发现的问题采取预防措施并跟踪验证。加强备用、停用、闲置和封存设备的管理。对备用、封存设备应定期组织维护和进行试运转。对停用恢复使用前、闲置重新使用前、维修后重新使用前，按照规定进行检查、试验、验收和确认。

企业应对关键设备维修过程中的关键任务编制维修规程，确保维修人员易获取和正确掌握维修规程。成立维修规程编写小组，成员由了解相关维修工作的工程师和进行此项工作的人员组成。对于某些特殊工艺设备的维修规程，小组还应有工艺工程师和操作员等人员参加编写。收集内部现有的维修规程及设备制造商提供的维修规程或维修手册，建立维修规程清单，并评价清单中维修规程的适用性。依据评价结果，结合现场安全信息、维修记录等，完善现有维修规程或重新编制。企业对新编或修订的维修规程实施文件控制管理，确保任何新的或修订的维修规程的编制、审批、编号、发放、变更、作废、销毁和归档均受到有效控制，确保设备维修人员使用有效的书面或电子版的维修规程。

企业应制定和落实设备检维修人员针对性培训矩阵，制定和实施维修培训计划，并将维修培训计划纳入本企业员工培训计划中。为确保安全正确地完成维修关键任务，对维修人员培训可分为基本技能培训、现场维修培训和专项技能培训三种。企业应制定针对三种技能培养的培训计划并按培训管理要求组织实施。基本技能培训应包括使用工具的能力、测量技能等以及作为维修人员应掌握的其他技能和安全基础知识等方面的培训。现场维修培训应使维修人员了解现场工艺概述、主要风险及应急预案，包括以下内容：①工艺流程简图，标识出需要维修的关键设备；②关键检修点相关危险描述；③现场应急方案；④各种报警如火灾警报、疏散警报等应对措施；⑤作业区域巡视或设备巡视。专项技能培训包括完成关键任务要求掌握的技能。所有参与维修的人员、借调人员、承包商等在执行维修任务之前，必须接受培训。

设备检维修单位在维修工作中应执行 HSE 相关管理要求，如动火、吊装等高危作业应实施许可管理、上锁挂签管理等。企业设备使用单位应安排人员对检维修过程进行跟踪，确保检维修按计划完成并达到预期目标。跟踪信息如维修措施、进度、质量、现场管理等应及时传递给设备管理、生产运行等部门，以便协调维修、安排生产等。检维修工作完成后，应对检维修质量进行验收，合格后方能投用。验收宜由设备管理部门牵头组织，设备使用单位、维修单位共同参与验收。设备使用单位和维修单位应保存修理记录、跟踪记录、变更记录等资料，确保将来在设备完整性和安全方面的决策以及修理规程的修订具有完整准确的信息依据。企业设备使用单位应依据生产经营工作需要、年度设备维修计划和备品配件消耗情况，制订材料与备件的需求计划。企业物资管理单位应根据批复的材料与备件需求计划和现有的库存储备情况，确定材料与备件的采购计划。企业应制定相应的管理制度，实行采购市场供应商准入制度。严格供应商资质审查，建立合格供应商名录。企业从合格供应商名录中选择相关的供应商，并严格按照采购计划组织采购。要严格采购合同管理，技术合同或协议应有质量和验收要求及 HSE 相关要求，明确双方的责任。应制定材料与备件验收程序，并根据程序进行验收。验收程序应明确验收质量标准、验收人员，规范合格品标记、不合格品处理、信息反馈程序等。制定相应的仓储管理实施细则，明确不同类别物资的质量控制办法、出入库交接手续及管理控制监督等具体规定。

企业应根据供应商、生产商提供的信息以及相关经验，制定标准和措施，保证材料与备件安全可靠储存，主要包括储存期限、保护措施、检查等。企业物资管理部门要明确库存物资日常保养规范及周期，严格库房月末库存盘点制度，及时掌握物资报損报废及库存物资呆滞情况。

维修材料与备件应经检维修人员进行最终检验，确认准确无误后，才能安装使用，任何不相符的情况要及时书面报告。应对关键设备实施以时间/状况为基础的监测，根据设备使用时间或设备状况以及国家法律法规要求，制定监测或检测计划。监测(或检测)人员必须依据计划执行，记录监测(或检测)数据并保存。对不合格的数据需要进一步核实，确认不合格的设备，应根据标准对比监测情况提出维修建议。维修建议应提供给相关业务和生产单位进行分析讨论，并进行跟踪。

三、可靠性、完整性管理

企业应准确、完整地收集关键设备可靠性信息，可采用数据采集系统或书面收集系统。在可靠性分析计划中应包含所有的关键设备。记录中应明显标记不合格数据，判断存在异常的位置、范围和严重性，并提供简图或图片。

数据采集系统或书面收集系统应收集以下信息：①性能数据摘要；②制造商预期运行时间和预期出现的故障；③运行记录、腐蚀数据、防御性维修或无损检测数据；④测试与检查记录；⑤在线数据采集(DCS记录的工艺数据)，如泵在特别应用中故障的平均时间间隔；⑥基准比较；⑦机械故障和从工艺事故中分析出的设备方面的问题；⑧维修记录；⑨事故报告；⑩其他。

应建立数据输入规则，确保输入的数据便于检索和分析。可用代码和关键字描述各种状况，如正常、超差、替换、整改等。应经专业人员审阅收集的数据，确定其描述的准确性和一致性后，输入数据。数据输入人员一般是：①执行维修工作的机械师、技术员、作业者和承包商；②生产单位或工作组记录员、计划人或日程安排员；③作业、维修协调人。

数据分析：找出故障或失效的根本原因。依据分析结果，再对等进行分析(必要时还应进行实物故障分析)设备进行测试与检查，确定设备可靠性问题。

设计优化：针对从数据采集系统导出的某类或某台设备的数据，采用适当的故障根本原因分析方法(故障树)分析等方式，审核可发现系统弱点，故障根本原因分析可找出人员问题趋势，人员问题可能导致将来出现重大问题，依据分析出的可靠性问题提出改善可靠性提案。参照最佳作法，优化设计，提出变更提案。变更前应评估将对装置可靠性和所有关键设备产生的影响。变更提案应包括以下内容：①问题性质；②不采取措施或延迟采取措施的潜在后果；③问题根源；④所需的修正措施；⑤修正所需的成本、人力、时间和停工时间。所有增强可靠性的措施都应实施。

设备可靠性分析审查：企业应确定适当的可靠性分析频率。对失效后果严重的、产生失效可能性最大的、实际失效率最高的设备进行更高频率的审查。应确保及时执行依据可靠性分析频率制定的设备可靠性分析计划。对可靠性分析过程及结果进行记录，并保持其不断更新。

持续改进可靠性分析：应不断提升可靠性改进计划，可以采用对设备可靠性系统执行情况的审核和故障根本原因。应及时更新关键设备台账，确保关键设备台账准确完整。如果发现新的故障模式，应及时将该设备纳入关键设备。如果该项目用途已不符合关键设备定义，应将其从关键设备台账中去除。记录发现结果，作为历史依据，共享发现结果，并通报给相关人员。

更新、改造和报废管理：应本着提高设备技术水平、生产上的必要性、技术上的先进性、安全上的可靠性和经济上的合理性等因素进行设备更新改造。根据生产实际，编制设备更新改造计划和经济技术论证方案。设备更新改造项目完成后，应由企业设备管理部门组织有关专家进行验收。应制定设备报废管理制度，按照设备报废条件办理相关手续，并保留相关资料。对报废的受压容器及国家规定淘汰设备，不得转售其他单位。对报废的安全装置或附件应按有关要求及时进行销毁。对报废设备的处理，不得造成风险转嫁，不得再流入使用环节。

审核、偏离、培训和沟通：应把设施完整性管理作为审核的一项重要内容，必要时可针对设施完整性管理组织专项审核。完整性管理程序执行时发生的偏离，应报企业主管领导批准。偏离应书面记录，其内容应包括支持偏离理由的相关事实。每一次授权偏离的时间不能超过 1 年。组织企业相关管理、技术、维修、操作人员进行培训。

第二节　动设备、静设备安全技术

在危险化学品的生产、经营、使用和运输中，由于加工过程的复杂多样化，各类机械有着广泛应用。危险化学品生产和运输中用的压缩机、泵、汽轮机等都是常见动机械。生产经营过程中的机械伤害主要是由这些动机械造成的。消除动机械的事故源，加强动设备的安全管理，对于安全生产具有重要意义。

而塔槽釜、加热炉、换热器等设备是静止设备，而有些设备内部储有大量的可燃性以及有毒的流体，又经常工作在较高的压力下，一旦发生泄漏、断裂等事故时，会引起火灾、爆炸中毒等危害性事故，因此，加强这类设备的检查管理是非常重要的。塔槽釜内的流体温度、压力以及腐蚀性的组合是相当复杂的，要充分认识其设计条件和材质结构的允许极限，在运转条件下对其进行检查。

一、压缩机安全

压缩机是一种压缩气体以提高气体压力或输送气体的机器。它是输气加压站的主要设备，也为各种风动机械、控制仪表或为清扫管线提供压缩空气。由于压缩机输送介质有易燃、易爆或有毒的气体，如果维修、保养不及时，容易引起事故，所以加强压缩机的安全管理是非常重要的。

可燃气体压缩机应设置安全泄放系统。比空气轻的可燃气体压缩机半敞开式或封闭式厂房的顶部，应安装可燃气体检测报警器，与顶部通风措施联锁。比空气重的可燃气体压缩机厂房的地面，不应有地坑或地沟，若有地坑或地沟，应有防止气体积聚的措施。侧墙下部应有通风措施，并与可燃气体检测报警器联锁。压缩机厂房应有不少于两个的安全疏散门，应向外开启。可燃气体压缩机在停电、停气或操作不正常情况下，介质倒流可能造成事故，应在其出口管道上安装止回阀。

压缩机操作中的危险因素包括：

(1) 机械伤害

压缩机的轴、联轴器、飞轮、活塞杆、皮带轮等裸露运动部件可造成对人体的伤害。零部件的磨蚀，腐蚀或冷却、润滑不良及操作失误，超温、超压、超负荷运转，均有可能引起断轴、烧瓦、烧缸、烧填料、零部件损害等重大机械事故。这不仅造成机械设备损坏，对操作者和附近的人也会构成威胁。

(2) 爆炸和着火

输送易燃、易爆介质的压缩机，在运转或开停车的过程中极易发生爆炸和着火事故。这是因为气体在压缩过程中温度和压力升高，使其爆炸下限降低，爆炸危险性增大；同时，温度和压力的变化，易发生泄漏。处于高温、高压的可燃介质一旦泄漏，体积会迅速膨胀并与空气形成爆炸性气体，加上泄漏点漏出的气体流速很高，极易在喷射口产生静电火花而导致着火爆炸。

(3) 中毒

输送有毒介质的压缩机，由于泄漏操作失误、防护不当等，易发生中毒事故。另外，在生产过程中对废气、废液的排放管理不善或违反操作规程进行不合理排放，操作现场通风、排气不好等，也易发生中毒。

(4) 噪声危害

压缩机在运转时会产生很强的噪声。如空气鼓风机、煤气鼓风机、空气压缩机等的工业噪声经常可达到92~110dB，大大超过国家规定的噪声级标准，对操作者有很大危害。

(5) 高温与中暑

压缩机操作岗位环境温度一般比较高，特别是夏季，受太阳辐射热的影响，常产生高温、高湿度、强热辐射的特殊气候条件，影响人体的正常散热功能，引起体温调节障碍而导致中暑。

压缩机操作应遵守下列原则：

① 时刻注意压缩机的压力、温度等各项工艺指标是否符合要求。如有超标现象应及时查找原因，及时处理。

② 经常检查润滑系统，使之通畅、良好。所用润滑油的牌号必须符合设计要求。润滑油必须严格实行三级过滤制度，充分保证润滑油的质量。属于循环使用的润滑油，必须定期分析化验，并定期补加新油或全部更换再生，使润滑油的闪点、黏度、水分、杂质、灰分等各项指标保持在设计要求范围之内。采用循环油泵供油的，应注意油箱的油压和油位；采用注油泵自动注油的，则应注意各注油点的注油量。

③ 气体在压缩过程中会产生热量，这些热量是靠冷却器和气缸夹套中的冷却水带走的。必须保证冷却器和水夹套的水畅通，不得有堵塞现象。冷却器和水夹套必须定期清洗，冷却水温度不应超过40℃。如果压缩机运转时，冷却水突然中断，应立即关闭冷却水入口阀，而后停机令其自然冷却，以防设备很热时，放进冷却水使设备骤冷发生炸裂。

④ 应随时注意压缩机各级出入口的温度。如果压缩机某段温度升高，则有可能是压缩比过大、活门坏、活塞环坏、活塞托瓦磨损、冷却或润滑不良等原因造成的。应立即查明原因，作相应的处理。如不能立即确定原因，则应停机全面检查。

⑤ 应定时(每30min)把分离器、冷却器、缓冲器分离下来的油水排掉。如果油水积蓄太多，就会带入下一级气缸。少量带入会污染气缸、破坏润滑，加速括塞托瓦、活塞环、气缸的磨损；大量带入则会造成液击，毁坏设备。

⑥ 应经常注意压缩机的各运动部件的工作状况。如有不正常的声音、局部过热、异常气味等，应立即查明原因，作相应的处理。如不能准确判断原因，应紧急停车处理。待查明原因，处理好后方可开车。

⑦ 压缩机运转时，如果气缸盖、活门盖、管道连接法兰、阀门法兰等部位漏气，需停机卸掉压力后再行处理。严禁带压松紧螺栓，以防受力不均、负荷较大导致螺栓断裂。

⑧ 在寒冷季节，压缩机停车后，必须把气缸水夹套和冷却器中的水排净或使水在系统中强制循环，以防气缸、设备和管线冻裂。

⑨ 压缩机开车前必须盘车。压缩可燃气体的压缩机开车前必须进行置换，分析合格后方可开车。

二、汽轮机安全

汽轮机连续长期在高温、高压、高转速条件下工作，又与众多辅助设备和复杂的汽、水、油、气系统有机地联合工作，不可避免地会发生一些故障和事故，不但对企业造成严重的经济损失，而且会对国民经济和人民生活带来重大的损失。为了避免设备发生重大损坏事故，以及减轻设备的损坏程度，就要加强对汽轮机的维护管理，保证汽轮机安全运行。

由于汽轮机在高速旋转的同时又处于高温高压下，因此预防汽轮机出现危险及紧急情况时，联锁保护系统能及时动作，迅速停机，防止事故扩大，具有重要的意义。汽轮机的保护主要有以下几项：

① 超速保护。超速保护对汽轮机组的安全是十分重要的。由于机组处于高速旋转状态，转子部分的材料强度裕量不多，而离心力的增加却正比于转速的平方，机组即使在极短的时间内超速，也可能引起严重的事故发生。一般机组超速至安全转速的9%~11%时，超速保护装置将立即动作，迅速关闭自动主汽门和调节阀门，使机组停止运转，以确保机组的安全。

② 轴向位移保护。汽轮机运行时，如果产生过大的轴向推力，就会使推力瓦的钨金熔化，从而使转子产生不允许的轴向位移。轴向位移一般是利用电涡流原理的传感器来测量，分为正向轴位移和负向轴位移两个测量点。

③ 润滑油压低保护。润滑油压过低既会影响调节系统和保安系统执行机构的正常工作，又将破坏轴承油膜，情况严重时不仅会烧坏轴瓦，而且能造成动静部分间的摩擦等恶性事故。一般用电接点压力表作为油压过低的发讯装置。

④ 真空度低保护。汽轮机在运行中真空降低，会造成排汽温度过高，轴向推力增加，从而影响汽轮机的安全。

⑤ 轴承回油温度高保护。油温过高，润滑油会迅速汽化，使油膜破坏，造成与轴瓦产生干摩擦，使机组发生强烈振动，损坏设备。

⑥ 轴承振动高保护。由于汽轮机的故障大多能从其轴振动上体现出来，因此轴振动的联锁保护异常重要。

⑦ 其他保护。汽轮机保护系统主要有电源系统、PLC、继电器、现场输入/输出设备组成。现场输入设备部分包括各种现场检测元件和仪表，负责工艺参数的检测变送，有的能够直接使参与联锁保护的参数向控制逻辑运算单元PLC发出超限信号。输出设备包括现场电磁阀、主汽门、抽汽逆止阀、油动机等，输入设备负责信号采集，输出设备负责执行控制命令，而PLC负责逻辑运算，继电器主要是实现信号转换与隔离。要完成自动保护任务，就必须使用仪表和控制设备，构成一套完善灵敏可靠的自动控制系统。当有联锁保护发生时，能自动推动主汽门动作，迅速关闭主汽门，切断进汽，迫使汽轮机停机，同时关

闭调节汽门和抽汽逆止阀。要求主汽门、抽汽逆止阀的关闭时间小于1s。

三、泵安全

泵是输送液体的动机械，泵的作用就是给臂路中的油品提供动力(机械能)，使它们能够克服管路中各种摩擦阻力与位差，完成介质的输送。

1. 往复泵安全操作

① 泵在启动前必须进行全面检查，检查的重点是：盘根箱的密封性、润滑和冷却系统状况、各阀门的开关情况、泵和管线的各连接部位的密封情况等。

② 盘车数周，检查是否有异常声响或阻滞现象。

③ 具有空气室的往复泵，应保证空气室内有一定体积的气体，应及时补充损失的气体。

④ 检查各安全防护装置是否完好、齐全，各种仪表是否灵敏。

⑤ 为了保证额定的工作状态。对蒸汽泵通过调节进汽管路阀门改变双冲程数；对动力泵则通过调节原动机转数或其他装置。

⑥ 泵启动后，应检查各传动部件是否有异声，泵负荷是否过大，一切正常后方可投入使用。

⑦ 泵运转时突然出现不正常，应停泵检查。

⑧ 结构复杂的往复泵必须按制造厂家的操作规程进行启动、停泵和维护。

2. 离心泵安全管理

安全操作须注意以下几点：

① 开泵前检查泵的进排出阀门的开关情况，泵的冷却和润滑情况，压力表、温度计、流量表等是否灵敏，安全防护装置是否齐全。

② 盘车数周，检查是否有异常声响或阻滞现象。

③ 按要求进行排气和灌注，如果是输送易燃、易爆、易中毒介质的泵，在灌注、排气时，应特别注意勿使介质从排气阀内喷出。如果是易腐蚀介质，勿使介质喷到电机或其他设备上。

④ 应检查泵及管路的密封情况。

⑤ 启动泵后，检查泵的转动方向是否正确，当泵达到额定转数时，检查空负荷电流是否超高。当泵内压力达到工艺要求后，立即缓慢打开出口阀。泵升启后，关闭出口阀的时间不能超过3min。因为泵在关闭排出阀运转时，叶轮所产生的全部能量都变成热能使泵变热，时间一长有可能把泵的摩擦部位烧毁。

⑥ 停泵时，应先关闭出口阀，使泵进入空转，然后停下原动机，关闭泵入口阀。

⑦ 泵运转时，应经常检查泵的压力、流量、电流、温度等情况，应保持良好的润滑和冷却，应经常保持各连接部位、密封部位的密封性。

⑧ 如果泵突然发出异声、振动、压力下降、流量减小、电流增大等不正常情况时，应停泵检查，找出原因后再重新开泵。

⑨ 结构复杂的离心泵必须按制造厂家的要求进行启动、停泵和维护。

四、塔设备安全

塔设备是化工、炼油生产中最重要的设备之一。塔是化工生产过程中可使气液或液液两相之间进行紧密接触，达到相际传质受传热目的的设备。塔设备的分类方法很多，按操作压力分为加压塔、常压塔和减压塔；按形成相际接触界面的方式分为具有固定相界面的和流动过程中形成相界面的塔；按塔的内件构成分为板式塔和填料塔；按单元操作可以分为：

（1）精馏塔

精馏主要是利用混合物中各组分的挥发度不同而进行分离。挥发度较高的物质在气相中的浓度比在液相中的浓度高，因此借助于多次的部分汽化及部分冷凝，而达到轻重组分分离的目的。

（2）吸收塔

吸收主要是利用一种或多种气体溶解于液体的过程。

（3）解吸塔

解吸是吸收操作的逆过程，即将液体混合物中的某一可挥发性组分转移至气体中。

（4）萃取塔

萃取是分离和提纯物质的重要单元操作之一，是在液态（第一相液）中各组分在两液相之间不同的分配关系。

（5）反应塔

反应即混合物在一定的温度、压力等条件下生成新物质的过程。

（6）再生塔

再生的过程是混合物经蒸汽传质、汽提而使溶液解吸再生的过程。

（7）干燥塔

固体物料的干燥包括两个基本过程。首先是对固体加热以使湿分气化的传热过程，然后是汽化后的湿分蒸气分压较大而扩散进入气相的传质过程，而湿分从固体物料内部借扩散等的作用而源源不断地输送到达固体表面，则是一个物料内部的传质过程。因此干燥过程的特点是传质和传热过程并存。

五、反应釜安全

反应釜普遍应用于石油化工、橡胶，农药、燃料、医药等工业，用来完成化工工艺过程的反应。

反应釜内进行化学反应的种类很多，操作条件差异很大，物料的聚集状态也各不一样。反应釜具有如下的特点：操作灵活方便，可以按工艺要求进行间歇式、半间歇式及连续操作；温度易于控制，根据生产需要，可以控制生产的时间，易于控制反应速率。

反应釜（器）内应设置温度和压力与反应进料、紧急冷却系统的报警和联锁装置；应设置测量和控制保险装置，有搅拌的应设置稳定控制系统；应设置安全泄放系统，有收集泄压反应物的附加装置；操作间内应设置可燃和有毒气体检测报警装置。

反应釜的维护要点：

①反应釜在运行中，严格执行操作规程，禁止超温、超压。②接工艺指标控制夹套（或蛇管）及反应器的温度。③避免温差应力与内压应力叠加，使设备产生应变。④要严格控制配料比，防止剧烈的反应。⑤要注意反应釜有无异常振动和声响，如发现故障，应停止检查检修，及时消除。

六、加热炉安全

加热炉是化工生产过程中的高温加热设备。化工生产中很多反应需要在特定的条件下进行，对某些反应加热是加速化学反应的重要手段，加热操作是最广泛应用的操作之一。因此，加热炉被广泛应用于石油化工炼油化肥和有机化学工业中。加热炉常因维护、管理不当而发生事故，而加热炉爆炸是普遍发生、破坏性强及导致人员伤亡极为严重的事故。

加热炉(工业炉)宜集中布置在装置的边缘，且位于可燃气体、可燃液体设备的全年最小频率风向的下风侧。当在明火加热炉与露天布置的液化烃设备之间，设置非燃烧材料的实体墙时，其防火间距应大于15m。实体墙的高度不应小于3m，距加热炉不应大于5m，应能防止可燃气体窜入炉体。

加热炉(工业炉)应在每个燃料气调节阀与加热炉之间设置阻火器，设置火焰探测器，炉内设置温度、压力监测报警等安全装置。

七、换热器安全

换热器是一种实现物料之间热量传递的节能设备。换热器在工业中应用非常普遍，是石油、化工、电力、冶金等行业不可缺少的工艺设备之一。因此，加强换热器的维护和保养是石油、化工、电力、冶金工业安全运行的保证。

换热器应设计温度监测并远传至控制室，满足安全运行的要求。空冷器不宜布置在操作温度等于或高于自燃点的可燃液体设备上方；若布置在其上方，应用非燃烧材料的隔板隔离保护。空冷器管束两端管箱和传动机械处应设置平台。

八、大型机组安全

大型机组设计选型时，设计单位应根据使用单位的生产工艺技术要求，经设计计算后，向使用单位和制造厂商提供大型机组选型技术资料。制造厂商的设计方案和图纸，必须通过由设计单位、使用单位和维护单位参加的设计审查后，方能投入制造。大型机组设计选型应符合相应的最新版本的技术标准和规范，结合炼油化工企业易燃、易爆等特点，选用性能可靠、结构合理、技术先进、节能环保、易于维护检修的产品。

大型机组必须配置完善的控制系统、联锁保护系统、实时监测仪表及状态监测系统等设施。为了保证机组安全，联锁保护系统必须投入自动状态。机械、仪表、电气维修人员应按各自专业管理要求对机械设备、控制仪表、联锁保护设施、电气设备进行日常维护保养工作，提高设备完好率、仪表控制率和联锁投用率。另外，还要做好备用机组的定期维护和保养工作，使之处于完好备用状态。

九、火炬系统安全

火炬设施是石油化工企业内可燃气体排放系统中一个主要的事故处理措施。企业中可以设一个排放系统和一个火炬，也可以两个排放系统合用一个火炬，或分设两个火炬。这主要取决于需要排放装置的数量，以及这些装置的排放量和排放压力的差异。

火炬系统的安全监督管理主要有以下几个方面：

(1) 必须保证火焰完全燃烧。为了减少对大气的污染，应力求使火炬的排放气能完全燃烧，必须采用强制的方法补充供氧，一般采用的是注入蒸汽的方法以保证完全燃烧；

（2）防止火炬头烧坏。在火炬操作中规定最小蒸汽量的目的是对火炬头起冷却保护作用和防止火焰返烧，因此即使无排放气体情况下也不允许停止蒸汽供给，并及时根据排放量大小调整蒸汽量；

（3）防止下火雨。火炬下火雨是排放气体中带液燃烧所造成的，这种情况极易造成安全事故。防止下火雨的最根本的办法是严格控制装置的排放，可燃液体必须经蒸发器蒸发后，才允许排入火炬系统；

（4）防止回火。火炬火焰发生回火会引起火炬系统的爆炸，通过保持火炬系统正压和设置分子封是防止回火的主要安全措施；

（5）长明灯应处于点燃状态。要经常检查长明灯点燃情况和长明灯气源的供应情况，以防止长明灯熄灭时火炬排放气排空而发生事故；

（6）排放低温系统物料时速度不能过快。排放速度过快容易造成火炬管线冷淬，特别当火炬罐和管线有水时，可造成冻堵；

（7）绝对禁止将工艺空气等排入火炬系统。

第三节　特种设备安全技术

按照2009年1月24日国务院第549号令《特种设备安全监察条例》《特种设备目录》（国质检锅〔2004〕31号）和《增补的特种设备目录》（国质检特〔2010〕22号，以下简称《目录》）规定：特种设备是指涉及生命安全、危险性较大的锅炉、压力容器（含气瓶，下同）、压力管道、电梯、起重机械、客运索道、大型游乐设施和场（厂）内专用机动车辆，即已经列入国务院特种设备安全监督管理部门制订的《特种设备目录》和《增补的特种设备目录》中的八大类设备与设施及其所用的材料、附属的安全附件、安全保护装置及与安全保护装置有关的设施。其中《特种设备目录》中规定了七大类特种设备共61个类别，301个品种。《增补的特种设备目录》中又增加2个类别，6个品种厂（场）内机动车辆目录。目前纳入《特种设备安全监察条例》监管的特种设备共计八大类，63个类别，307个品种。

根据特种设备的结构特征和属性，通常将特种设备主要分为承压类和机电类两大类。承压类特种设备指锅炉、压力容器和压力管道三类特种设备，机电类特种设备指电梯、起重机械、客运索道、大型游乐设施和厂（场）内机动车辆五类特种设备。

一、锅炉安全

锅炉是指利用各种燃料、电或者其他能源，将所盛装的液体加热到一定的参数，并对外输出热能的设备，其范围规定为容积大于或者等于30L的承压蒸汽锅炉；出口水压大于或者等于0.1MPa（表压），且额定功率大于或者等于0.1MW的承压热水锅炉；有机热载体锅炉。

锅炉的主要安全附件包括：

（1）安全阀用于防止锅炉超压运行，压力超过就自动开启，压力正常后，安全阀自动关闭的设备。安全阀每年检验一次，司炉工一般应每月进行手动试验。

（2）压力表是用来显示锅炉的工作状态压力大小的设备，当出现超压或压力大小不符合工艺要求时以提示操作人员采取措施。压力表应每半年校验一次。

（3）水位计（水位表）用于监视锅炉水位。锅炉缺、满水易引发事故。

(4) 其他有高低水位报警装置，自动联锁、熄火保护装置等等。

锅炉运行操作人员在锅炉运行前必须做好各项检查；按安全操作规程进行启动和运行；不应当任意提高运行参数。

当锅炉运行中发生受压元件泄漏、炉膛严重结焦、液态排渣锅炉无法排渣、锅炉尾部烟道严重堵灰、炉墙烧红、受热面金属严重超温、汽水质量严重恶化等情况时，应当停止运行。

对工业用蒸汽锅炉运行中发生下列情况时也需要立即停炉：

(1) 锅炉水位低于水位表最低可见边缘时；

(2) 不断加大给水及采取其他措施，但水位仍然继续下降时；

(3) 锅炉满水，水位超过最高可见水位，经过放水仍不能见到水位时；

(4) 给水泵失效或给水系统故障，不能向锅炉给水时；

(5) 水位表、安全阀或者装设在汽空间的压力表全部失效时；

(6) 锅炉元(部)件受损坏，危及锅炉运行操作人员安全时；

(7) 燃烧设备损坏、炉墙倒塌或者锅炉构架被烧红等，严重威胁锅炉安全运行时；

(8) 其他危及锅炉安全运行的异常情况时。

安全阀符合规程要求，灵敏可靠，有定期校验记录。

设备的运行参数，包括压力、温度及其蒸发量，在允许范围内，不存在超压、超温和高水位等运行。

锅炉及其零部件的采购必须购置具有相应制造许可资质的制造厂商的产品。

使用单位应根据有关规范、锅炉技术管理的规章制度，结合设备系统实际以及制造厂技术文件，编制《锅炉运行规程》等技术文件。

《锅炉运行规程》应包括下列内容：

(1) 锅炉的技术规范和特性；

(2) 锅炉设备检修后的检查与试验；

(3) 锅炉的启动；

(4) 锅炉运行控制与调整；

(5) 锅炉的停止；

(6) 锅炉辅助设备的试验及运行；

(7) 锅炉事故及事故处理；

(8) 应附有下列图纸或简图：

① 锅炉纵剖面图；

② 锅炉蒸汽、给水系统图；

③ 锅炉空气、烟气系统图；

④ 锅炉燃料系统图。

二、压力容器安全

压力容器是指盛装气体或者液体，承载一定压力的密闭设备，其范围规定为最高工作压力大于或者等于0.1MPa(表压)，且压力与容积的乘积大于或者等于2.5MPa·L的气体、液化气体和最高工作温度高于或者等于标准沸点的液体的固定式容器和移动式容器；盛装公称工作压力大于或者等于0.2MPa(表压)，且压力与容积的乘积大于或者等于

1.0MPa·L的气体、液化气体和标准沸点等于或者低于60℃液体的气瓶；氧舱等。压力容器分为固定式、移动式压力容器和气瓶三类。

要确保压力容器安全运行，要求压力容器必须具有较强的强度、刚度、稳定性、耐久性、密封性等。但在实际生产过程中常由于多种原因会导致压力容器由于过度失效而不能发挥原有效能或引发更大的事故影响企业的安全生产。

所谓压力容器失效是指包括爆炸、破裂、泄漏及容器过度变形、膨胀、局部鼓胀、严重腐蚀、产生较大裂纹、裂纹的疲劳扩展或腐蚀扩展、高温下过度的蠕变变形、几何形状受压失衡变形、金属材料长期使用的变形等现象，即凡因安全问题导致容器不能发挥原有效能的现象均为失效。在石油化工生产过程中影响较大，且常见的压力容器失效情况有：

1. 裂纹

裂纹是压力容器中最危险的一种常见缺陷，是导致容器发生脆性破坏的主要因素。裂纹存在于焊缝的融合区到热影响区范围内。同时它还加速容器的疲劳破裂和腐蚀断裂。

压力容器的裂纹，按其产生的原因可分为：原材料裂纹、焊接裂纹、过载裂纹、热应力裂纹、热疲劳裂纹、蠕变裂纹、腐蚀裂纹、苛性脆化裂纹、氢裂纹等。不同的裂纹产生的位置不同，并且具有不同的形貌。压力容器中腐蚀裂纹及疲劳裂纹是最常见的两种裂纹。

2. 腐蚀

腐蚀是压力容器中较常见的一种缺陷，根据它产生的现象可以分为：均匀腐蚀、蚀坑、点蚀、应力腐蚀、晶间腐蚀、腐蚀疲劳和氢损伤等。

3. 变形

根据变形产生的原因看，内外检验中发现的变形有：超压引起的变形、超温引起的变形及其他原因引起的变形等。变形是一种严重缺陷。

4. 磨损

在物料进、出口管与容器连接处，由于流体速度的突然变化等原因，常常在此发现冲刷磨损的缺陷。在内外检验过程中发现的磨损缺陷有均匀磨损和局部磨损两种。

5. 渗漏

渗漏不是一种独立的缺陷，而是容器中各种缺陷的一种“症状”，在压力容器上一般是不允许存在渗漏的。因此，一旦发现渗漏存在，必须查明原因，进行处理，以免引起大的事故。

6. 组织恶化

工作在高温状态下的压力容器，会发生长期高温状态下的珠光体负的球化和碳钢的石墨化。组织恶化是金属材料中较严重的一种缺陷。

7. 元件缺损

压力容器上备的附件缺损是造成压力事故的重要原因，如安全附件缺乏或失灵，螺栓缺少等。

8. 压力容器产生破裂

从压力容器安全的角度，按金属材料破裂的现象不同，把压力容器的破裂分为延性破裂、脆性断裂、疲劳破裂、腐蚀破裂和蠕变破裂等形式。

三、固定式压力容器安全监督重点

1. 固定式压力容器管理的基本安全要求

① 在用压力容器逐台编号、登记、建台账且编号标示于容器显要部位。

② 压力容器的安全管理规章制度、救援预案和安全操作规程，运行记录、压力容器台账(或者账册)是否齐全、真实，与实际相符。有定期巡回检查记录。

③ 压力容器图样、使用登记证、产品质量证明书、使用说明书、监督检验证书、历年检验报告以及维修、改造资料等建档资料齐全并且符合要求。

④ 压力容器作业人员持证上岗。

⑤ 上次检验、检查报告中所提出的问题是否解决。

⑥ 危险区域有醒目的安全警示标牌。

⑦ 连接管道有防静电跨接，安全色要正确。

⑧ 容器与相邻管道，构件间无异常振动、响声、摩擦。

⑨ 底部支架应牢固，不得有活动现象。

⑩ 罐体有接地装置。

⑪ 外表面无腐蚀严重现象。

⑫ 设备的本体没有明显的损坏。

⑬ 在用压力容器必须定期检验。

2. 压力容器本体及运行状况的安全要求

① 压力容器的铭牌、漆色、标志及喷涂的使用证号码是否符合有关规定。

② 压力容器的本体等是否有变形、泄漏等。

③ 外表面有无腐蚀，有无异常结霜、结露等。

④ 支承或者支座有无损坏，基础有无下沉、倾斜，是否完好。

⑤ 快开门式压力容器安全联锁装置是否符合要求。

⑥ 设备的运行参数，包括压力、温度等在允许范围内，不存在超压、超温运行。

⑦ 仪器仪表运行参数正常，与直读水位表、压力表一致。

⑧ 运行记录上的各项参数记录与实际一致，在允许的参数内。

3. 压力容器安全附件的安全要求

(1) 压力表

① 压力表的选型、定期检验有效期及其封印是否符合要求。

② 压力表外观、精度等级、量程、表盘直径是否符合要求。

凡发现以下情况之一的，要求使用单位限期改正并且采取有效措施确保改正期间的安全，如果逾期仍未改正的，应当暂停该压力容器使用。

a. 选型错误。

b. 表盘封面玻璃破裂或者表盘刻度模糊不清。

c. 封印损坏或者超过检定有效期限。

d. 指针扭曲断裂或者外壳腐蚀严重。

(2) 液位计

① 是否有液位计的定期检修维护制度。

② 液位计外观及附件是否符合要求。

凡发现以下情况之一的，要求使用单位限期改正并且采取有效措施确保改正期间的安全，如果逾期仍未改正应当暂停该压力容器使用。

a. 超过规定的检修期限。

b. 玻璃板(管)有裂纹、破碎。

c. 防止泄漏的保护装置损坏。

(3) 测温仪表

① 是否有测温仪表的定期检定和检修制度。

② 测温仪表的量程与其检测的温度范围的匹配情况。

凡发现以下情况之一的，要求使用单位限期改正并且采取有效措施确保改正期间的安全，如果逾期仍未改正则该压力容器暂停使用：

a. 超过规定的检定、检修期限。

b. 仪表及其防护装置破损。

c. 仪表量程选择错误。

(4) 爆破片装置

① 爆破片是否超过产品说明书规定的使用期限。

② 核实铭牌上的爆破压力和温度是否符合运行要求。

对有问题的，要求使用单位限期更换爆破片装置并且采取有效措施确保更换期的安全，如果逾期仍未更换则该压力容器暂停使用。

(5) 安全阀

① 有效期是否过期。

② 如果安全阀和排放口之间装设了截止阀，检查截止阀是否处于全开位置及铅封是否完好。

四、移动式压力容器和气瓶安全

按《特种设备目录》规定，移动式压力容器有铁路罐车、汽车罐车、长管拖车、罐式集装箱。气瓶包括无缝气瓶、焊接气瓶、液化石油气钢瓶、溶解乙炔气瓶、车用气瓶、低温绝热气瓶、缠绕气瓶、非重复充装气瓶、特种气瓶。

移动式压力容器和气瓶除具有固定式压力容器的很多危险特性外，由于它常装载易燃、易爆、有毒及腐蚀性的危险介质，压力范围遍及高、中、低压，而且移动式压力容器和气瓶在移动或搬运过程中，易与硬物撞击而增加移动式容器和气瓶的爆炸危险，同时经常处于储存物的灌装和使用的交替进行中，承受较大的交变载荷的作用，极易破坏而污染环境或造成人员伤亡或燃烧爆炸等事故。

1. 移动式压力容器和气瓶的主要安全附件与装置

移动式压力容器和气瓶上的主要安全附件与装置有安全阀、爆破片、易熔塞、压力表、温度计、液位计、紧急切断装置和安全联锁装置等。

移动式压力容器和气瓶的事故和事故隐患主要有以下几种：

(1) 爆炸事故；

(2) 泄漏及引发的二次事故(火灾/爆炸/中毒/窒息等)；

(3) 移动式压力容器设备损坏事故；

(4) 错装及混装引发的二次事故(火灾/爆炸/中毒/窒息等);

(5) 静电或雷电引发的事故等。

造成移动式压力容器和气瓶事故的原因很多，常见的有：

① 超装，是低压液化气体移动式压力容器事故的主要原因。

② 错装，如氧气瓶错装了氢，或者相反，是永久性气体气瓶事故的主要原因。

③ 混装，对于永久性气体气瓶(氢、氧混装，这在电解制氢时极易发生)和液化气瓶(如液化石油气不纯，混入空气后装瓶，或液氯、液氨混水装瓶或瓶中有水，对气瓶造成强腐蚀)都是致害因素。

④ 泄漏，阀或接管处容易泄漏，这主要是使用不当或产品质量不合格造成移动式压力容器产生事故。

⑤ 超温，太阳曝晒、火灾、化学反应等影响使移动式压力容器温度升高显著。一旦超过移动式压力容器的最高工作压力对应的极限温度，移动式压力容器有发生爆破的危险。

⑥ 移动式压力容器本体或构件损坏，长期的移动式压力容器本体腐蚀、构件的磨损等造成移动式压力容器的强度不足，发生事故。

2. 移动式压力容器和气瓶的安全监督重点

(1) 移动式压力容器和气瓶的基本安全管理要求

① 贯彻执行《移动式压力容器安全技术监察规程》和《气瓶安全监察规定》移动式压力容器和气瓶有关的安全技术规范;

② 建立健全移动式压力容器和气瓶安全管理制度，制定移动式压力容器和气瓶安全操作规程；使用单位应当配备具有移动式压力容器和气瓶专业知识，熟悉国家相关法律、法规、安全技术规范和标准的工程技术人员作为安全管理人员负责移动式压力容器和气瓶的安全管理工作。

(2) 移动式压力容器和气瓶的使用单位，应当在工艺操作规程和岗位操作规程中，明确提出移动式压力容器和气瓶安全操作要求，操作规程至少包括以下内容:

① 操作工艺参数，包括工作压力、工作温度范围以及最大允许充装量的要求;

② 岗位操作方法，包括车辆停放、装卸的操作程序和注意事项;

③ 运行中应当重点检查的项目和部位，运行中可能出现的异常现象和防止措施，以及紧急情况的处置和报告程序;

④ 车辆安全要求，包括车辆状况、车辆允许行驶速度以及运输过程中的作息时间要求。

(3) 办理移动式压力容器和气瓶使用登记，建立移动式压力容器和气瓶技术档案，其中档案包括:《移动式压力容器使用登记证》及电子记录卡、移动式压力容器和气瓶登记卡、设计制造技术文件和资料、定期检验报告及有关检验的技术文件和资料、维修和技术改造文件和资料、定期自行检查和日常维护保养记录、安全附件和承压附件(如果有)的校验、修理和更换记录、有关事故的记录资料和处理报告等。

(4) 负责移动式压力容器和气瓶的设计、采购、使用、充装、改造、维修、报废等全过程管理。

(5) 移动式压力容器和气瓶装卸现场必须设置明显的警示标志，涉及危险化学品的要注明危险化学品的主要品种、特性、危害防治、处置措施、报警电话等；装卸有毒危险化学品的场所应按照规定设置卫生间、洗眼器、淋洗器等安全卫生防护设施和有毒气体检测报警仪。装卸易燃易爆危险化学品的场所区域内应当按照规定设置可燃气体报警设施。装卸危险化学品的场所必须配备应急通信器材，并保证畅通。现场必须装设风向标，其位置和高度应设在容易看到的显著位置。现场及时清理杂物，保持整洁。对岗位职工必须定期进行健康检查，并建立健康监护档案。

(6) 移动式压力容器和气瓶装卸现场必须按照法律法规要求发放配备符合国家标准或者行业标准的劳动防护用品，且保证从业人员能够正确佩戴和熟练使用；各种防护器具都应定点存放在安全、方便的地方，并有专人负责保管，定期校验和维护，每次校验后应记录或铅封，主管人应经常检查。必须建立防护用品和器具的领用登记制度，并根据有关规定制订发放标准。

(7) 组织开展移动式压力容器和气瓶安全检查，至少每月进行一次自行检查，并且作出记录。日常维护保养和定期自行检查应当至少包括如下内容：

① 罐体涂层及漆色是否完好，有无脱落等；

② 罐体保温层、真空绝热层的保温性能是否完好；

③ 罐体外部的标志标识是否清晰；

④ 紧急切断阀以及相关的操作阀门是否置于闭止状态；

⑤ 安全附件的性能是否完好；

⑥ 承压附件(阀门、装卸软管等)的性能是否完好；

⑦ 紧固件的连接是否牢固可靠、是否有松动现象；罐体与底盘(底架或框架)的连接紧固装置是否完好、牢固；

⑧ 罐体内压力、温度是否异常及有无明显的波动；

⑨ 罐体各密封面有无泄漏；

⑩ 随车配备的应急处理器材、防护用品及专用工具、备品备件是否齐全，是否完好有效。

(8) 编制移动式压力容器和气瓶的定期检验计划，督促安排落实移动式压力容器和气瓶定期检验和事故隐患的整治。

(9) 向主管部门和登记地的质量技术监督部门报送当年移动式压力容器和气瓶数量和变更情况的统计报表，移动式压力容器和气瓶定期检验计划的实施情况，存在的主要问题及处理情况等。

(10) 按规定报告移动式压力容器和气瓶事故，组织、参加移动式压力容器和气瓶事故的救援、协助调查和善后处理。

(11) 组织开展移动式压力容器和气瓶作业人员的教育培训。

(12) 按照《特种设备作业人员监督管理办法》《压力容器安全管理人员和操作人员考核大纲》(TSG R6001—2011)等规定，移动式压力容器和气瓶的管理人员和操作人员应当持相应的特种设备作业人员证。移动式压力容器和气瓶使用单位应当对移动式压力容器和气瓶作业人员定期进行安全教育与专业培训并且作好记录，保证作业人员了解所运载介质的性质、危害特性和罐体的使用特性，具备必要的压力容器安全作业知识、作业技能，及时进行知识更新，确保作业人员掌握操作规程及事故应急措施，按章作业。

对于从事移动式压力容器和气瓶运输押运的作业人员，须取得国家有关管理部门规定的资格证书，如进行特种设备作业人员取证。

(13) 制定事故救援预案并且组织演练。

(14) 移动式压力容器发生下列异常现象之一时，操作人员或者押运人员应当立即采取紧急措施，并且按规定的报告程序，及时向有关部门报告。

① 罐体工作压力、工作温度超过规定值，采取措施仍不能得到有效控制；

② 罐体的主要受压元件发生裂缝、鼓包、变形、泄漏等危及安全的现象；

③ 安全附件失灵、损坏等不能起到安全保护的情况；

④ 承压管路、紧固件损坏，难以保证安全运行；

⑤ 发生火灾等直接威胁到移动式压力容器安全运行；

⑥ 装运介质质量超过核准的最大允许充装量；

⑦ 装运介质与核准不符的；

⑧ 真空绝热低温罐体外壁局部存在严重结冰、结霜，介质压力和温度明显上升；

⑨ 移动式压力容器的走行部分及其与罐体连接部位的零部件等发生损坏、变形等危及安全运行；

⑩ 其他异常情况。

(15) 确保移动式压力容器的运输过程作业安全。

使用单位应当严格执行国家相关主管部门的有关规定，在运输过程至少还须满足以下安全要求：

① 在道路运输过程中，除驾驶人员外，应当另外配备操作人员，操作人员应当对运输全过程进行监管；

② 运输过程中，任何的操作阀门必须置于闭止状态；

③ 快装接口安装盲法兰或等效装置；

④ 真空绝热移动式压力容器的停放不得超过其无损储存时间；

⑤ 罐式集装箱按规定的要求进行吊装和堆放；

⑥ 移动式压力容器和气瓶的使用单位应当为操作人员或者押运员配备日常作业必需的安全防护措施，专用工具和必要的备品、备件等，还应当根据所装运介质的物理化学性质随车配备必需的应急处理器材和个人防护用品；

⑦ 除携带国家相关主管部门颁发的证书外，如交通部门颁发的《道路运输证》、公安部门发放的剧毒危险化学品道路运输通行证或者国务院铁路运输主管部门颁发的《铁路危险货物自备货车安全技术审查合格证》等，还应当携带的文件和资料至少包括：《移动式压力容器使用登记证》及电子记录卡；《特种设备作业人员证》和相关管理部门的从业资格证；液面计指示值与液体容积对照表；移动式压力容器装卸记录及运行记录；事故应急救援预案等。

压力容器的设计必须由具有相应资质的设计单位承担。压力容器的设计文件应符合相应压力容器安全技术监察规程等法规和相应设计标准的要求。压力容器制造(含现场组焊)必须由具有相应制造许可资质的单位承担，物资采购部门要对采购的压力容器质量负责，压力容器到货的同时，要向使用单位提供符合国家法规要求、齐全合格的压力容器制造文件资料。进口压力容器(指境外制造的压力容器)应采购取得中国政府颁发许可证书企业的产品，并按有关法规要求进行安全性能的监督检验。

现场组焊的压力容器应由地方特种设备监督管理部门批准认可的检验检测机构进行现场组装监督检验，出具安全质量监督检验证书。压力容器安装必须由具有相应制造资质或安装资质的单位承担。压力容器安装竣工后，主管部门组织或参与竣工验收，竣工验收合格后方可投入使用。施工单位应在竣工验收合格后的30个工作日内将下列文件移交给使用单位，办理使用证：

安全技术规范要求的压力容器设计文件需要包括竣工总图及其零部件图，Ⅲ类压力容器的强度计算书、风险评估报告，按JB 4732设计的压力容器的分析计算书、设计变更通知书等。

安全技术规范要求的压力容器制造、现场组焊技术文件要包括产品质量合格证明，制造、安装过程的监督检验证明，设备安装使用维修说明等；从国外采购的压力容器应提供《进口产品安全性能监督检验证明》；移动式压力容器应提供车辆行走部分和承压附件的质量证明书以及强制性产品认证证书。

设备安装技术文件要包括设备安装前的检查验收记录、设备安装记录、基础检查记录、现场耐压试验记录、隐蔽工程记录等。

五、压力管道

压力管道是指利用一定的压力，用于输送气体或者液体的管状设备，其范围规定为最高工作压力大于或者等于0.1MPa(表压)的气体、液化气体、蒸汽介质或者可燃、易爆、有毒、有腐蚀性、最高工作温度高于或者等于标准沸点的液体介质，且公称直径大于50mm的管道。

压力管道上常用的安全保护装置有安全阀、压力表、爆破片和爆破帽、紧急切断阀等。

1. 压力管道的安全标识

(1) 危险标识

① 适用范围：管道内的物质，凡属于《化学品分类和危险性公式　通则》(GB 13690—2009)所列的危险化学品，其管道应设置危险标识。

② 表示方法：在管道上涂150mm宽黄色，在黄色两侧各涂25mm宽黑色的色环或色带，安全色范围应符合《安全色》(GB 2893—2008)的规定。

③ 表示场所：基本识别色的标识上或附近。

(2) 消防标识

工业生产中设置的消防专用管道应遵守《消防安全标志 第1部分：标志》(GB 13495.1—2015)的规定，并在管道上标识"消防专用"识别符号。标识部位、最小字体应分别符合该标准的规定。

2. 压力管道的安全监督重点

使用压力管道的单位和个人(以下统称使用单位)，应当按照该规则的规定办理压力管道使用登记。使用登记证有效期为6年。

使用单位应当贯彻执行有关压力管道安全的法律、法规、国家安全技术规范和国家现行标准。配备满足压力管道安全所需求的资源条件，建立健全压力管道安全管理体系，在管理层设有1名人员负责压力管道安全管理工作；派遣具备相应资格的人员从事压力管道的安全管理、操作和维修工作；压力管道安全管理人员和操作人员应当经安全技术培训和考核；建立健全安全管理制度；在管理制度中应当对下列事项作出明确规定：①在用压力管道需要进行一般修理、改造时，其修理、改造方案由使用单位技术负责人批准；②在用压力管道需要进行重大修理、改造时，向负责使用登记部门的安全监察机构申报，并由经核准的监检机构进行监督检验；③使用有安全标记的压力管道元件；④按期进行定期检验。

输送可燃、易爆或者有毒介质压力管道的使用单位应具备：

（1）事故预防方案（包括应急措施和救援方案）；

（2）巡线检查制度；

（3）根据需要建立抢险队伍，并且定期演练。

在用工业管道定期检验分为在线检验和全面检验。在线检验是在运行条件下对在用工业管道进行的检验，在线检验每年至少一次。在线检验一般以宏观检查和安全保护装置检验为主，必要时进行测厚检查和电阻值测量。管道的下述部位一般为重点检查部位：①压缩机、泵的出口部位；②补偿器、三通、弯头（弯管）、大小头、支管连接及介质流动的死角等部位；③支吊架损坏部位附近的管道组成件以及焊接接头；④曾经出现过影响管道安全运行的问题的部位；⑤处于生产流程要害部位的管段以及与重要装置或设备相连接的管段；⑥工作条件苛刻及承受交变载荷的管段。

全面检验是按一定的检验周期于在用工业管道停车期间进行的较为全面的检验。安全状况等级为1级和2级的在用工业管道，其检验周期一般不超过6年；安全状况等级为3级的在用工业管道，其检验周期一般不超过3年。管道检验周期可根据规定适当延长或缩短。

压力管道安全保护装置包括安全阀、爆破片、压力表、测温仪表、紧急切断装置等。安全保护装置的采购、校验、维护、更换等相关管理工作应符合相应规程与标准的规定。各使用单位不得随意变更压力管道安全阀的整定压力、爆破片的设计爆破压力，如确需修改时，应经设计单位确认，并向相关主管部门进行审批。

安全阀校验依据《在用工业管道定期检验规程（试行）》与相关安全技术规范的要求，按以下原则执行：

（1）新安全阀应当校验合格后才能安装使用。

（2）停工检修装置的安全阀，要求在检修期间解体进行离线校验；非停工检修装置有底阀、并联阀可以拆下校验的安全阀，要求在到期日前安排校验或者采取局部系统倒停的方式拆下校验。

（3）开展RBI检验的连续运行装置或系统，可以依据风险分析的结果和检验策略安排安全阀校验工作；尚未开展RBI的生产装置中因长周期运行确实不具备条件拆下校验的安全阀，委托检验机构进行RBI评估，根据风险分析的结果安排安全阀校验工作。

（4）过热蒸汽管道上的高压蒸汽安全阀按上述原则开展热态校验工作。

六、长输管道

长输管道的阴极保护系统硬件设施（包括地上部分和地下部分）的日常维护、维修、更新改造、日常巡检、阴极保护电位测试与相关记录工作由生产运行保障部门负责。巡检与测试工作每季度至少进行一次。长输管道阴极保护系统腐蚀防护的有效性评价、阴极保护系统管理的执行效果评价由使用单位负责。生产运行保障部门每次完成测试工作后，要将测试结果及时反馈给使用单位。

在规定的日常巡检中和对电位测试结果进行确认后，发现存在问题，要及时组织维修。使用单位对所属长输管道负有安全管理主体责任。

七、电梯

电梯是指动力驱动，利用沿刚性导轨运行的箱体或者沿固定线路运行的梯级(踏步)，进行升降或者平行运送人、货物的机电设备，包括载人(货)电梯、自动扶梯、自动人行道等。

1. 电梯的安全保护设施或保护功能

(1) 超速(失控)和断绳保护装置——限速器、安全钳；凡是有钢丝绳或链条悬挂的电梯轿厢均应设置安全钳，用于制停轿厢的最终动作执行。

(2) 超越上下极限工作位置(防越程)的保护装置——强迫减速开关、终端限位开关、终端极限开关来达到强迫换速、切断控制电路、切断动力电源三级保护。

(3) 撞底(与冲顶)保护装置——缓冲器。

(4) 层门门锁与轿门电气联锁装置。

(5) 门的安全保护装置。

(6) 电梯不安全运行防止系统——轿厢超载装置、限速器断绳开关等。

(7) 供电系统断相、错相保护装置——相序保护器。

(8) 停电或电气系统发生故障时，轿厢慢速移动装置。

(9) 报警、救援装置——轿厢内外警铃、电话等。

(10) 不正常状态处理系统——机房曳引机的手动盘车、自备发电机以及轿厢安全窗、轿门手动开门设备等。

(11) 超载保护装置。当轿厢超过额定载荷时，以发出警告信号并使轿厢不关门不能运行。

(12) 消防功能。在火灾发生时必须使所有电梯停止应答召唤信号，直接返回撤离层站，具有火灾自动返基站功能。

(13) 其他安全保护装置。机构安全防护主要有轿厢顶部的安全窗、轿顶护栏、安全防护罩等机械安全防护装置。电气安全防护主要有直接触电的防护、间接触电的防护、电气故障的防护以及安全装置等安全保护装置。

2. 电梯事故及事故隐患

电梯事故的种类按发生事故的系统位置，可分为门系统事故、冲顶或蹲底事故、其他事故。按照电梯事故的性质可分为机械设备事故、人身伤害事故和运行事故等。

3. 电梯的安全监督重点

电梯使用单位，应当严格执行电梯有关安全生产的法律、行政法规的规定，保证电梯设备的安全使用。电梯交付使用前，应由有资格的检测部门进行安全检验，检验合格后在相关特种设备安全监督管理部门登记，电梯方可投入使用。投入使用前，使用单位与安装单位进行设备交接时，应办理相应的交接手续。使用单位应当核对其是否附有《电梯制造与安装安全规范》(GB 7588—2003)要求相关资料和文件。使用单位应建立电梯安全技术档案。使用单位应当根据本单位拥有的电梯使用实际情况，设置电梯安全管理机构或者配备专职的安全管理人员。使用单位电梯作业人员(电梯司机、维护人员)及其相关管理人员应当按照国家有关规定经特种设备安全监督管理部门考核合格，取得国家统一格式的相应的资格证书，方可从事相应的作业或者管理工作。电梯作业人员在作业中应当严格执行电梯的操作规程和有关的安全规章制度。在作业过程中发现事故隐患或者其他不安全因素，应当立即向现场安全管理人员和单位有关负责人报告。对在用电梯应当至少每月进行一次自行检查，并作出记录。应当对在用电梯的安全附件、安全保护装置、限速器及有关附属仪器仪表进行定期校验、检修，并作出记录。电梯使用单位应将电梯的安全注意事项和警示标志置于易于为乘客注意的显著位置，并在安全检验合格有效期届满前1个月向特种设备检验检测机构提出定期检验要求。未经定期检验或者检验不合格的电梯，不得继续使用。电梯使用单位应当对在用特种设备进行经常性日常维护保养，并定期自行检查。健全必要的规章制度，进行必要的监督和管理。电梯存在严重事故隐患，无改造、维修价值，电梯使用单位应当及时予以报废，并应当向原登记的特种设备安全监督管理部门办理注销。电梯使用单位应当制定电梯的事故应急措施和救援预案。

八、起重机械安全

是指用于垂直升降或者垂直升降并水平移动重物的机电设备，其范围规定为额定起重量大于或者等于0.5t的升降机；额定起重量大于或者等于1t，且提升高度大于或者等于2m的起重机和承重形式固定的电动葫芦等。

1. 起重机械安全装置

① 上升极限位置限制器和下降极限位置限制器；

② 运行极限位置限制器；

③ 缓冲器；

④ 夹轨器和锚定装置；

⑤ 超载限制器；

⑥ 力矩限制器；

⑦ 防碰撞装置；

⑧ 防偏斜和偏斜指示装置。

2. 起重机械安全监督重点

起重机械在投入使用前或者投入使用后30日内，使用单位应当按照规定到登记部门办理使用登记。流动作业的起重机械，使用单位应当到产权单位所在地的登记部门办理使用登记。

起重机械使用单位发生变更的，原使用单位应当在变更后30日内到原登记部门办理使用登记注销；新使用单位应当按规定到所在地的登记部门办理使用登记。起重机械报废的，使用单位应当到登记部门办理使用登记注销。

起重机械使用单位应当履行下列义务：

① 使用具有相应许可资质的单位制造并经监督检验合格的起重机械；

② 建立健全相应的起重机械使用安全管理制度；

③ 设置起重机械安全管理机构或者配备专（兼）职安全管理人员从事起重机械安全管理工作；

④ 对起重机械作业人员进行安全技术培训，保证其掌握操作技能和预防事故的知识，增强安全意识；

⑤ 对起重机械的主要受力结构件、安全附件、安全保护装置、运行机构、控制系统

等进行日常维护保养，并作出记录；

⑥ 配备符合安全要求的索具、吊具，加强日常安全检查和维护保养，保证索具、吊具安全使用；

⑦ 制定起重机械事故应急救援预案，根据需要建立应急救援队伍，并且定期演练。

使用单位应当建立起重机械安全技术档案，起重机械安全技术档案应当包括以下内容：

① 设计文件、产品质量合格证明、监督检验证明、安装技术文件和资料、使用和维护说明；

② 安全保护装置的形式试验合格证明；

③ 定期检验报告和定期自行检查的记录；

④ 日常使用状况记录；

⑤ 日常维护保养记录；

⑥ 运行故障和事故记录；

⑦ 使用登记证明。

起重机械定期检验周期最长不超过 2 年，不同类别的起重机械检验周期按照相应安全技术规范执行。

使用单位应当在定期检验有效期届满 1 个月前，向检验检测机构提出定期检验申请。

流动作业的起重机械异地使用的，使用单位应当按照检验周期等要求向使用所在地检验检测机构申请定期检验，使用单位应当将检验结果报登记部门。

旧起重机械应当符合下列要求，使用单位方可投入使用：

① 具有原使用单位的使用登记注销证明；

② 具有新使用单位的使用登记证明；

③ 具有完整的安全技术档案；

④ 监督检验和定期检验合格。

起重机械承租使用单位应当按照相关规定，在承租使用期间对起重机械进行日常维护保养并记录，对承租起重机械的使用安全负责。

禁止承租使用下列起重机械：

① 没有在登记部门进行使用登记的；

② 没有完整安全技术档案的；

③ 监督检验或者定期检验不合格的。

起重机械具有下列情形之一的，使用单位应当及时予以报废并采取解体等销毁措施：

① 存在严重事故隐患，无改造、维修价值的；

② 达到安全技术规范等规定的设计使用年限或者报废条件的。

起重机械出现故障或者发生异常情况，使用单位应当停止使用，对其全面检查，消除故障和事故隐患后，方可重新投入使用。

发生起重机械事故，使用单位必须按照有关规定要求，及时向所在地的质量技术监督部门和相关部门报告。

起重机械检验检测工作应当符合安全技术规范的要求。

第四节　电气安全技术

电气设备是构成电力系统的基础，其健康水平和运行状况直接影响到电力系统的安全运行，从而影响到生产装置的安全生产。因此，应高度重视电气设备管理工作。

电气设备的管理应实行全员、全方位和全过程的管理。要抓好专业技术人员和管理人员的业务培训，建立、健全设备管理制度以及有关规程、规定，严格执行国家电气设备管理的有关规章制度，切实做好电气设备的管理工作。

电气工作必须严格执行电气管理“三三二五”制。电气作业必须按照规章制度办理相关作业票证并按规定执行，确保安全生产。

在全部停电或部分停电的电气设备上工作，必须完成下列措施：停电，验电，装设接地线，悬挂标示牌和装设遮拦。

电气作业应使用电工安全用具，电工安全用具一般包括绝缘安全用具、登高安全用具、携带式电压和电流指示器、验电器、临时接地线等。

为保证电气作业安全进行，安全用具应按有关规定，定期进行检查、试验合格。高低压变电所、配电间均应备有适量的易损备件，如熔断器、指示灯泡、绝缘带等。高低压变电所、配电间均应备有适宜的灭火器材。对带电设备应使用干粉灭火器、二氧化碳灭火器等灭火，不得使用泡沫灭火器灭火。对注油设备断电后应使用泡沫灭火器或干燥的沙子等灭火。

第五节　仪表安全技术

仪表设备的前期管理是全过程管理中规划、设计、选型、购置、安装、投运阶段的全部管理工作。仪表设备规划主要依据企业的生产经营发展方向、安全生产和环境保护要求、产品质量保证体系的需要、仪表设备新技术新成果的应用等因素来确定。

仪表设备主管部门应负责组织仪表设备更新、仪表隐患治理等项目的设计审查，参与新建、改扩建等项目中仪表设备的设计审查，依据安全可靠、技术成熟、经济合理的原则，对仪表设备提出具体技术要求。

仪表设备购置要坚持质量第一、性能价格比高和全寿命周期成本最低的原则；仪表设备主管部门应参与主要仪表设备的选型、技术协议签订及设备购置和进厂验收等环节的管理。

仪表联锁临时停运(两周之内)时，必须办理仪表联锁工作票。临时停运仪表联锁的工作程序：由于工艺、机组原因需临时停运的仪表联锁，必须由生产单位工艺车间主任(或装置负责人)同意后，到负责所在装置保运的仪表班组办理仪表联锁工作票。

联锁保护系统的变更(包括设定值、联锁程序、联锁方式等的变更)、仪表联锁的长期停运(二周以上)及仪表联锁的摘除(永久性取消，不准备恢复)时，必须办理联锁保护系统变更、长期停运、摘除审批手续。长期停运仪表联锁理由要充分，并要有恢复计划；联锁停运期间要有工艺操作监护措施和处理预案。长期停运的联锁，有效期最长为一年，到期不能恢复的必须，重新办理审批手续。

仪表联锁变更、长期停运、摘除审批程序：

提出申请单位(生产单位或运保中心仪表作业部)填写《仪表联锁变更、长期停运、摘除审批表》，在填写停运(变更)原因、联锁停运监护措施、恢复计划等内容后由生产单位工艺车间主任(或装置负责人)和运保中心仪表作业部主任(或主管生产副主任)签字确认，双方同意后报相关主管部门审批。

要加强仪表联锁的管理，提高仪表联锁投用率。

仪表作业人员依照装置实际情况，制定仪表联锁操作规程。仪表人员处理仪表联锁问题时，事先必须研究仪表联锁相关图纸，确定工作方案；对仪表联锁的操作必须有两人同时在场才能实施，操作要严格按规程进行。

装置正常生产运行期间，仪表联锁系统的辅操台上/盘前开关及按钮等均由工艺操作人员操作；盘后/机柜内的开关及按钮等均由仪表人员操作。仪表人员在进行操作前必须通知工艺人员，有工艺操作监护人和监护措施，以防止误操作；处理后，由工艺操作人员确认工艺状况，将开关、按钮等复位，并在仪表联锁工作票上详细记载并签字确认。

联锁保护系统仪表的维护和检修按石油化工设备维护检修规程《特殊仪表》(SHS 07007)要求进行。联锁保护系统所用器件(包括一次检测元件和执行元件)、运算单元应随装置停车检修进行检修、校验、标定。新更换的元件、仪表、设备必须经过校验后方可安装。新装置或设备检修后投运之前、长期停运的联锁保护系统恢复之前，必须对所有的联锁回路进行联校确认。

凡基建或技措项目新上的联锁保护系统，必须与项目整体同时完工，同时投用，否则不得移交生产。仪表联锁保护系统变更时应及时修改各级图纸、台账，新增联锁保护系统必须做到图纸、资料齐全；联锁停运、变更、摘除审批表、仪表联锁工作票以及联锁保护系统检修、校验的各种资料，要放入仪表设备档案中，妥善保管。参与联锁的现场仪表、开关、端子排应设置明显标志，凡是在仪表盘上的紧急停车按钮，必须加装防护罩。

运维单位要认真做好仪表联锁系统的运行维护工作，保证仪表联锁系统动作灵敏、准确、可靠，并做好仪表联锁系统的备品备件的管理工作。发生因仪表联锁保护系统误动作引起的事故后，要及时通知生产单位运行保障部和运保中心仪表管理部，并按照“事故四不放过”的原则，对事故的原因进行调查，并采取相应措施，完善仪表联锁保护系统。凡未经审批擅自停用联锁或违反操作规程而造成事故的，要追究当事人责任。

一、可燃、有毒气体检测报警仪管理

凡新建、扩建、改建的石油化工生产装置及储运设施，如有可燃、有毒气体意外泄漏可能的，必须按照“三同时”原则配备可燃、毒性气体检测报警仪。

可燃、有毒气体检测报警仪的配置、选型应严格执行《可燃气体检测报警器》(JJG 693—2011)的规定。可燃、有毒气体检测报警仪的选型应符合以下要求：

可燃气体报警器的功能、结构、性能和质量应符合国家法定要求，并取得国家计量行政部门颁发的计量器具生产许可证或计量器具形式批准证书、国家指定防爆检验部门发放的防爆合格证；具有技术先进、质量稳定、反应灵敏、便于维修、保证备品备件的供应；

根据使用场所爆炸危险区域的划分，选择检测器的防爆类型；根据使用场所被检测的可燃性气体的类别、级别、组别，选择检测器的防爆等级、组别；当使用场所存在能使检测元件中毒的硫、砷、磷、卤素化合物等介质时，应选择抗毒性检测器；

采用多点式指示报警器或信号引入系统时，系统应具有相对独立、互不影响的声光报警功能，并能区分和识别报警位置的位号。

可燃、毒性气体报警器的安装必须符合有关规范规定的要求，根据可燃、毒性气体的密度和主导风向，确定检测器的安装高度和位置。检测器宜安装在无冲击、无振动、无强电磁场干扰的场所。检测元件应有防雨措施。指示报警器或报警器的安装安置，应考虑便于操作和监测的原则、报警器应有其对应检测器所在位置的指示标牌或检测器的分布图。检测器的安装和接线应按制造厂规定的要求进行，并应符合防爆仪表安装接线的有关规定。要加强对可燃气体检测报警仪的日常维护、故障处理及检修管理。

检测器为隔爆型时，不得在超出规定的条件范围下使用；在仪表通电情况下，严禁拆卸检测器。检查时，应按动试验按钮，检查指示、报警系统是否工作正常；经常检查检测器是否意外进水，防止检测元件浸水受潮后影响其工作性能。定期对报警器进行检查、校验，每月检查一次零点，每 3 个月标定一次量程。

可燃气体及有毒气体检测报警仪属于国家强制检定计量器具，强检周期为一年。每次检修完毕，必须重新检定。可燃、有毒气体检测报警仪的检定按《可燃气体检测报警器检定规程》《硫化氢气体检测报警仪检定规程》等要求进行。检定或校准仪器人员应取得有效的计量检定员证书。

可燃气体报警器的维护和检修按《特殊仪表》(SHS 07007)要求进行。

可燃、有毒气体报警器的新增、移位、停运、拆除应报生产单位运行保障、安全监察等主管部门审批同意后方能进行。

二、在线分析仪表安全管理

在线分析仪表的配置、选型应遵循《石油化工自动化仪表选型设计规范》(SH/T 3005—2016)，仪表设备主管部门应参与在线分析仪表的选用和配置。在线分析仪表选型应考虑以下原则：技术成熟、性能可靠，操作、维修简便；满足被分析介质的操作温度、压力和物料性质的要求；仪表的各种技术指标，必须满足工艺流程要求；用于腐蚀性介质测量或安装在易燃、易爆危险场所的在线分析仪表，应符合有关标准规范的规定；用于控制功能的分析仪表，其线性范围和响应时间须满足控制系统的要求；需要进行数据通信时，其通信接口、通信协议、通信速率必须满足要求。

在线分析仪表的操作及维护保养人员应经过培训，取得相应的职业技能鉴定证书。

要严格执行在线分析仪表有关定期检查，定期校准制度，搞好计划检修工作。在线分析仪表的维护、检修及校准应根据《执行器》(SHS 07005)及相应在线分析仪表说明书中的要求进行。各种标准仪器应按有关计量法规要求进行周期检定，严禁使用超期未检或检定不合格的标准仪器。标定时所采用的标准样品应符合相关规程要求。对参加联锁的在线分析仪表进行维护检修时，应严格按照本制度仪表联锁管理的要求进行。

在线分析仪表运行时如发现示值异常或故障，维护人员应及时进行处理，并对故障现象、原因、处理方法及结果做好记录。

防爆型在线分析仪表的选型、安装、使用和维护应符合防爆仪表设计、安装和检维修规范要求。

在线分析仪表的大修随装置停工大修进行；大修期间要对在线分析仪表系统进行全面、彻底的清洁工作、要进行系统的调试、诊断、维护和系统联校工作。参加联锁的在线分析仪表还应进行联锁回路确认。

在线分析仪表样品处理系统的日常维护和检修管理的要求：应建立、健全在线分析仪表样品处理系统的维护、检修规程，并严格执行；严格执行样品处理系统定期检查制度，每日对样品处理系统进行检查，确保待测样品的温度、压力、流量等指标满足在线分析仪表技术要求；样品处理系统运行时如发现异常和故障，维护人员应及时进行处理，并对故障现象、原因、处理方法及结果做好记录；样品处理系统的维护、检修应根据制定的规程及样品处理系统说明书中的要求进行；装置停工检修时，应对在线分析仪表的样品处理系统进行全面的、彻底的清洁和系统调试、诊断、维护工作。在线分析仪表的停运应报生产单位运行保障、生产技术等主管部门审批同意后方能进行。

三、安全仪表系统

1. 化工安全仪表系统的设计和工程

化工安全仪表系统应由具有石油化工工程设计甲级资质的设计单位基于 SIS 安全要求规格书进行设计，包括安全仪表系统设计说明、安全仪表系统规格书、安全联锁因果表或功能说明、功能逻辑图、组态编程等。安全仪表系统集成、调试、工厂和现场验收测试、系统硬件、系统软件和应用软件等，应符合安全仪表系统技术要求。

（1）系统设计

① 安全仪表系统独立于基本过程控制系统，并独立完成安全仪表功能。安全仪表系统不介入基本过程控制系统的工作。基本过程控制系统不介入安全仪表系统的运行或逻辑运算。

凡是 SIL 1 级及以上、涉及“两重点一重大”以及符合国家相关法律法规、部门规章规定要求的生产装置、储存设施应独立设置安全仪表系统。

安全仪表系统逻辑控制器应与基本过程控制系统分开，采用冗余配置。测量仪表应与基本过程控制系统分开，测量仪表及取源点独立设置。控制阀应与基本过程控制系统分开。

② 安全仪表系统可实现一个或多个安全仪表功能，多个安全仪表功能可使用同一个安全仪表系统。当多个安全仪表功能在同一个安全仪表系统内实现时，系统内的共用部分应符合各功能中最高安全完整性等级要求。

③ 安全仪表系统设计成故障安全型。当安全仪表系统内部产生故障时，安全仪表系统应能按设计预定方式，将过程转入安全状态。安全仪表系统由测量仪表、逻辑控制器和最终元件等组成。

④ 在爆炸危险场所，测量仪表应采用隔爆型或本安型。当采用本安系统时，采用隔离式安全栅。

⑤ 安全仪表系统采用冗余测量仪表。高安全性时，采用“或”逻辑结构；高可用性时，采用“与”逻辑结构；兼顾高安全性和高可用性时，采用三取二逻辑结构。

⑥ 安全仪表系统用的开关量测量仪表，正常工况时，触点处于闭合状态；非正常工况时，触点处于断开状态。

⑦ 重要的输入回路设置线路开路和短路故障检测。输入回路的开路和短路故障，在安全仪表系统中报警和记录。

⑧ 在爆炸危险场所，电磁阀和阀位开关采用隔爆型或本安型。当采用本安型时，应采用隔离式安全栅。

⑨ 电磁阀采用24VDC长期励磁型，电磁阀电源由安全仪表系统提供。当系统要求高安全性时，冗余电磁阀采用“或”逻辑结构；当系统要求高可用性时，冗余电磁阀采用“与”逻辑结构。

⑩ SIL 2级或SIL 3级安全仪表功能，控制阀采用冗余配置。冗余方式可采用一个调节阀和一个切断阀，也可采用两个切断阀。

⑪ 室外安装的测量仪表、控制阀、电磁阀和阀位开关等，防护等级不应低于IP 65。

⑫ 逻辑控制器采用可编程电子系统。对于输入、输出点数较少、逻辑功能简单的场合，采用继电器系统。逻辑控制器也可采用可编程电子系统和继电器系统混合构成。逻辑控制器系统应取得国家权威机构的功能安全认证。

⑬ 逻辑控制器的响应时间应包括输入、输出扫描处理时间与中央处理单元运算时间，宜为100~300ms。

⑭ 逻辑控制器硬件和软件版本应是正式发布版本。逻辑控制器所有部件应满足安装环境的防电磁干扰、防腐蚀、防潮湿、防锈蚀等要求。

⑮ 逻辑控制器的中央处理单元、输入单元、输出单元、电源单元、通信单元等应为独立的单元，允许在线更换且不影响逻辑控制器的正常运行。

⑯ 输入、输出卡件信号通道应带光电或电磁隔离。检测同一过程变量的多台变送器信号接到不同输入卡件。冗余的最终元件接到不同的输出卡件，每一输出信号通道只接一个最终元件。需要线路检测的回路，采用带有线路短路和开路检测功能的输入、输出卡。

⑰ 安全仪表系统与基本过程控制系统通信采用RS 485串行通信接口，MODBUS RTU或TCP/IP通信协议。通信接口冗余配置，有诊断功能。

⑱ 安全仪表系统采用操作员站作为过程信号报警和联锁动作报警的显示和记录。操作员站不应修改安全仪表系统的应用软件。

⑲ 紧急停车按钮、开关、信号报警器及信号灯等，安装在辅助操作台。紧急停车按钮、开关、信号报警器等与安全仪表系统连接，采用硬接线方式，不采用通信方式。紧急停车按钮采用红色。复位按钮、紧急停车按钮的动作应设置报警和记录。

⑳ 维护旁路开关和操作旁路开关设置在输入信号通道上；维护和操作旁路开关的动作应设置报警和记录。

当工艺过程变量从初始值变化到工艺条件正常值，信号状态不改变时，不设置操作旁路开关；当工艺过程变量从初始值变化到工艺条件正常值，信号状态发生改变时，应设置操作旁路开关。

㉑ 安全仪表系统设工程师站。工程师站用于安全仪表系统组态编程、系统诊断、状态监测、编辑、修改及系统维护。

应用软件的逻辑功能应采用布尔逻辑及布尔代数运算规则。应用软件的逻辑设计采用正逻辑。

㉒ 安全仪表系统的交流供电采用双路不间断电源（UPS）的供电方式，电气负责直接供电的现场设备除外。安全仪表系统的接地采用等电位连接方式。

㉓ 有毒有害、可燃气体检测报警系统独立于基本过程控制系统单独设置，其选型应符合《石油化工可燃气体和有毒气体检测报警设计标准》（GB/T 50493—2019）规定；按照《可燃气体检测报警器》（JJG 693—2011）定期进行检验标定，确保安全可靠，催化燃烧式可燃气体报警器检验标定周期不超过6个月；在操作室或控制室设置灯光、音响报警终端。

(2) 系统工程实施

依据《自动化仪表工程施工及质量验收规范》(GB 50093)、《石油化工仪表工程施工技术规程》(SH/T 3521—2013)、《石油化工建设工程项目交工技术文件规定》(SH 3503)、《石油化工建设工程项目施工过程技术文件规定》(SH/T 3543—2017)制定安装、调试及确认方案并实施。

① SIS 安装

安装方案包括确定组织结构、负责人，审核、确认施工图纸，确认安装条件等。

② SIS 调试

系统安装完毕后，要进行系统硬件、软件的单调和联调，达到安全仪表功能的要求方能投用。

③ SIS 确认

SIS 联调后，确认安全仪表系统及相关安全仪表系统的功能达到安全要求规格书/安全仪表系统规格书的要求。

按照安全仪表系统接地电阻测量记录表、安全仪表系统供电测试记录表、安全仪表系统控制阀调校记录表、安全仪表系统变送器调校记录表、安全仪表系统输入输出回路测试记录表(AI/AO)、安全仪表系统输入输出回路测试记录表(DI/DO)、安全仪表系统回路联校确认表、安全仪表系统检查确认表等逐项进行确认，并做好记录。

2. 化工安全仪表系统的运行和维护

(1) 系统的运行规程编制

内容包括：

① SIS 基本构成的描述；

② 操作员画面上与 SIS 有关的显示和操作；

③ 联锁设定值及其 SIS 的动作；

④ 旁路和复位功能的使用；

⑤ 何时启动以及如何操作手动开关；

⑥ 对 SIS 的报警和 SIF 动作的响应；

⑦ SIS 诊断报警的含义及相关的响应；

⑧ 安全操作的限制；

⑨ 辅操台上的开关、按钮和报警指示的功能和操作。

(2) 系统的维护规程编制

内容包括：

① 规定维护类型、维护内容、应急预案、维护步骤、维护完成的确认标准、工具和备件材料、技术文档、工艺和电气等部门的配合、授权批准程序、危险警告的辨识、遵循的 HSE 管理程序，以及维护后续工作等。

② 规定维护活动的功能，如报警、旁路开关、紧急停车按钮及复位按钮等。

③ SIS 旁路管理程序，如权限管理，限制某些工艺操作模式、启动报警和解除要求。

④ 对维护活动的潜在危险和风险进行评定，执行不同的维护作业，应有报警显示及监护程序等。

(3) 系统的运行和维护

① 对回路中各元件进行定期检查，修复或更换，并做好记录。每天对系统的诊断报

警情况进行巡检，确保系统的完好运行状态，环境条件应满足系统正常运行要求，检查情况应做好相关记录，参见表6-1。

表6-1　安全仪表系统巡检记录

装置名称		系统型号	
检查项目		检查情况	
1. 机房温度、湿度			
2. 操作室温度、湿度			
3. 机房内各设备的卫生			
4. 机柜的风扇及风扇保护罩			
5. 过滤网			
6. 打印机，拷贝机运行			
7. 冗余设备的功能和切换			
8. 供电电压和波动的测量			
9. 各指示灯的确认			
10. 软件、硬件变更及时归档			
11. 主机设备的运行			
系统运行情况评价：			

检查日期：　　　　检查人：

② 对SIS系统的仪表设备进行重点监控，实施预防性维护。

③ 根据检验测试计划，定期对系统进行点检测试，确认满足安全要求规格书规定，并做好记录，参见表6-2。如在验证测试中发现元件/功能不满足要求，应及时修复或更换，并做好记录。

表6-2　安全仪表系统点检记录

装置名称								
序号	控制系统类型	控制站	操作站	通信	仪表回路	电源状态	环境温度	环境湿度
检查情况及日常维护记录：								

注：① 在各检查情况栏填写“正常”“故障”，在“环境温度、湿度”栏填写实际检查值。

② 如果有问题须描述故障现象。

检查日期：　　　　检查人：　　　　校核人：

④ 所有 SIS 系统的作业(回路检查、维修、校验等)必须办理《联锁工作票》，参见表 6-3。作业时，必须实行监护操作(至少两人)。

表 6-3 安全仪表系统联锁工作票

装置名称		联锁名称	
仪表位号		申请单位	
工作内容	□解除 □恢复 □修改 □取消 □临时解除		
联锁类别	□设备联锁 □工艺联锁		
作业起始和截止时间			
事由、工作内容及要求			
作业风险评估内容			
工艺(设备)采取的安全措施			
作业方案			
作业结果			

批准日期： 批准人： 执行人： 校核人：

⑤ SIS 系统联锁投运后的变更(包括设定值、联锁条件、联锁程序、联锁方式等)，必须办理联锁变更审批手续，参见表 6-4。SIS 系统的变更原则上要重新设计，以满足 SIS 的 SIL 要求。联锁变更后必须经过联锁联校后方可投运。

表 6-4 安全仪表系统联锁变更审批表

装置名称		联锁名称		仪表位号	
申请单位		申请日期		有效期	
联锁类别	□设备联锁 □工艺联锁		变更类别	□解除 □恢复 □修改 □取消	
变更理由及内容：					
变更风险识别及工艺(设备)上采取的安全措施：					
作业方案和采取的安全措施：					
恢复计划及措施：					

批准日期： 批准人： 执行人： 校核人：

⑥ SIS 系统维护活动的各个步骤应有详细记录，如预防性维护、故障维修、联锁测试等。

⑦ SIS 系统的维护结束后，必须进行检查确认工作，方可恢复正常运行。

⑧ 加强安全仪表系统相关设备故障管理(包括设备失效、联锁动作、误动作情况等)和分析处理，建立相关设备失效数据库。

（4）系统的变更管理

安全仪表系统的变更要执行企业的变更管理程序，根据变更的范围以及影响的程度，需要不同级别的审查和批准，以保证任何的变更均满足 SIS 的 SIL 要求。

① 变更应遵循报批管理规定，并评估变更对安全的影响，要澄清下列问题：

a. 变更的技术依据。

b. 对安全和人身安全的影响。

c. 对操作和维护规程的影响。

d. 需要的时间。

e. 对系统响应时间的影响。

② 对项目文件(操作、调试、维护规程等)做相应变更。

③ 在完成变更后，应对系统进行测试并将结果记录归档。

④ 应用管理程序确认检验变更已全部完成。

⑤ 变更涉及的有关部门应进行确认。

⑥ 变更后涉及的资料信息应包括下述内容：

a. 变更的描述。

b. 变更的原因。

c. 对涉及的工艺过程危险和风险分析。

d. 变更对 SIS 的影响分析。

e. 所有的批复文件。

f. 变更的测试记录。

g. 变更影响到的图纸、技术文件更新记录。

h. 变更后的应用软件备份存储。

（5）系统的文档管理

① 建立 SIS 系统基础台账，包括 SIS 系统组件台账、联锁台账、联锁设定值清单、联锁逻辑图、联锁联校记录、联锁解除和投用记录。

② 应保存至少有一套对应的应用软件和两套在用的程序备份(异地保存)；应用软件要注明软件名称、版本、备份日期、备份人；程序备份要注明内容、日期、备份人，并将有关变更设计资料存档。

③ SIS 投运后按照规定的文档管理规则对所有的图纸和资料整理分类造册。

④ 应重视 SIS 日常维护记录的整理和存档这些资料将为采用“经验使用”规则提供依据。

⑤ SIS 的任何变更和升级其相应文档应随之更新，SIS 文档是对现状的真实完整的记录，也可追溯其历史变迁。

⑥ SIS 应用程序的备份资料，应纳入文档管理的范围之内。

（6）系统的私密性保护

SIS 操作和维护的访问权限限制，包括以下几个方面：

① 智能变送器应有写保护措施，防止通过 Hart 通信对其量程等参数的修改。

② 旁路操作宜设置总的硬钥匙允许开关，并通过 Password 对单点进行操作。

③ 禁止使用未经许可的数据存储介质，系统组态的备份应严格做到专盘专用。

④ SIS 的维护/工程接口，对下列的每种功能应设置访问权限。

a. 系统硬件组态、应用软件组态，下装应用程序。

b. 访问应用逻辑的在线显示和监控，测试和强制等操作。

c. 访问诊断信息界面，进行故障排查等维护工作。

d. 允许或禁止读写访问。

e. SIS 的维护/工程接口不应用作操作员界面。

f. 在 SIS 操作和维护规程中，明确访问权限管理策略和原则。

g. SIS 的维护/工程接口，应作为 SIS 的组成部分进行管理。

⑤ SIS 的网络安全防护

a. 确保 SIS 系统网络具有高度的安全性和独立性。

b. SIS 系统工作站宜安装防病毒软件。

（7）系统的培训

为了对安全仪表系统进行正确操作和维护，在系统投用前，使用单位或维修单位应对相关人员进行培训。培训应做好相关记录。

① 培训对象

化工、危险化学品生产及储存企业中从事化工安全仪表系统应用的人员，包括化工安全仪表系统主管领导、工艺人员、工业危害分析人员、化工安全仪表系统设计人员、化工安全仪表系统安装人员、化工安全仪表安装、调试、运行维护人员。

② 培训内容

a.《国家安全监管总局关系加强化工安全仪表系统管理的指导意见》(安监总管三〔2014〕116 号)。

b. 国家安全相关的标准法规，如 GB/T 20438、GB/T 21109、AQ 3035、AQ 3036、AQ/T 3049、AQ/T 3054、GB/T 50770。

c. GB/T 20438、GB/T 21109 的生命周期架构以及关于 SIS 功能安全的基本知识和概念。

d. 安全工程知识、化工工艺知识、工艺过程危险分析及风险评估。

e. SIS、SIF、SIL 基本知识。

f. HAZOP 分析方法、LOPA 保护层分析方法。

g. SIL 定级：矩阵法、风险图法。

h. 化工安全仪表系统生命周期的管理技术。

i. 可靠性分析技术与方法。

j. 安全要求规格书的解读。

k. SIS 系统组态和编程。

l. 安全仪表的设计选型、安装、调试及运行维护。

（8）系统的检验测试和功能评估

SIS 系统的检验测试和功能评估贯穿于 SIS 生命周期的各阶段，检验测试周期一般由设计单位或符合要求的第三方根据 SIL 评估结果给出，并写入 SIS 安全要求规格书。

① 在系统运行和维护期间，应根据 SIS 安全要求规格书所规定的检验测试周期编制检验测试计划和检验测试规程，对安全仪表功能的部件进行校准和性能确认，对包括传感器、逻辑控制器和最终执行元件在内的整个安全仪表系统进行检验测试。

a. 检验测试规程，包括测试方法、步骤、验收标准、对发现故障的处理等；辨识潜在失效可采用故障树分析(FTA)、潜在失效模式及后果分析(FMEA)等方法；在测试前应制定周密的检验测试方案，防止在检验测试过程中，由于误操作、管线隔离不彻底等原因造成事故。

b. 传感器检验测试，包括安装情况和仪表外观；保温、伴热系统；接线情况；遵循设计或制造商提供的检验方法进行性能测试，包括测量精度、量程范围、重复性、测量方式、信号输出特征等；输入回路功能测试等。

c. 逻辑控制器检验测试，一般由供应商或具有资质能力的集成商提供标准的检验测试维护服务。

d. 最终执行元件检验测试，包括安装情况和仪表外观；气源压力及其操作；接线情况；通过在应用程序上进行"强制"等操作，检查电磁阀操作；检查切断阀或调节阀的行程和开闭时间；检查阀位开关的动作；检查去 MCC 的电机开启或关停动作；对于关断阀门，检查其密封性能(TSO 等级)，如条件允许，对其内构件也应进行检查。

e. 整体功能测试，包括测试与 DCS 等的通信；测试顺序事件记录 SOE 功能；测试第一报警功能；测试系统诊断和报警功能；测试电源系统的冗余性以及接地；根据因果图等设计文件测试应用程序；测试逻辑复位功能；测试手动停车功能；测试射频干扰/电磁干扰，以及环境因素影响等。

② 通过检验测试评判安全仪表系统各子系统或者部件的实际失效率与设计阶段的 PFD 计算结果一致性，并详细记录执行的测试和检查的说明、测试和检查的日期、执行测试和检查的人员姓名、被测系统的序号或者别的唯一标识符(如回路号、工位号、设备号和 SIF 号)、测试和检查的结果。通过周期性功能测试实现对潜在危险的有效控制，对于不满足安全仪表功能的保护层，通过增加保护层、提升现有保护层级别等方法进行改造，以到达准确、及时地执行其规定的安全仪表功能。

③ 企业应至少每三年执行一次 SIS 功能评估，包括系统统计完好率、投用率、失效率、管理制度完善程度、执行情况、人员匹配程度等，关键是再次通过 HAZOP 分析、SIL 评估和验证等确认 SIS 系统是否仍然满足设计的安全完整性等级和风险降低要求，对不满足要求的应及时更换，SIS 系统的生命周期原则上不超过 12 年。

(9) 系统的停用

按照变更管理程序，对 SIS 停用/恢复进行审批，保证 SIS 在停用/恢复过程中不对要求的安全仪表功能造成影响。

3. 化工安全仪表系统安全生命周期

SIS 安全生命周期阶段图如图 6-1 所示，SIS 安全生命周期阶段表见表 6-5。

表 6-5　SIS 安全生命周期阶段表

阶　段	目　的	输　入	输　出
危险和风险分析	确认过程及相关设备的危险和危险事件、导致后果、与危险事件相关的过程风险、要达到风险降低所需要的安全仪表功能	过程设计、布局、人员配置、安全目标	过程危险分析报告，如 HAZOP 分析报告：对危险、要求的 SIF 和相关风险降低进行描述
给保护层分配安全功能	给保护层分配安全功能，为每个安全仪表功能(SIF)确定其安全完整性等级(SIL)	要求的安全仪表功能和其安全完整性要求的描述	SIL 评估报告：如采用 LOPA 方法对保护层安全功能分配，对 SIF 及其 SIL 等进行描述

续表

阶　段	目　的	输　入	输　出
SIS 安全要求规格书	为了达到要求的安全仪表功能(SIF)，根据要求的 SIF 及其 SIL 确定每个 SIS 的要求	安全仪表功能分配的描述	安全要求规格书：对硬件安全要求、软件安全要求进行描述
SIS 设计和工程	SIS 设计应满足安全仪表功能(SIF)及其安全完整性等级(SIL)要求	硬件安全要求、软件安全要求	设计输出文件：设计符合完整性等级的要求；编制集成测试的计划
SIS 安装、调试和确认	SIS 集成和测试；根据安全仪表功能和安全完整性，确认 SIS 在各方面都满足安全要求	设计；集成测试；安全要求；安全确认	完全起作用并符合设计要求；集成测试的结果；安装、调试和确认的结果
SIS 运行和维护	保证在运行和维护期间 SIS 的功能安全	要求；设计；运行和维护计划	运行和维护活动的结果
SIS 变更	对 SIS 进行校正、增强或自适应，以达到要求的安全完整性等级	修正的安全要求	变更结果
停用	保证正确复审、部门确保 SIF	安全要求和过程信息	停止服务

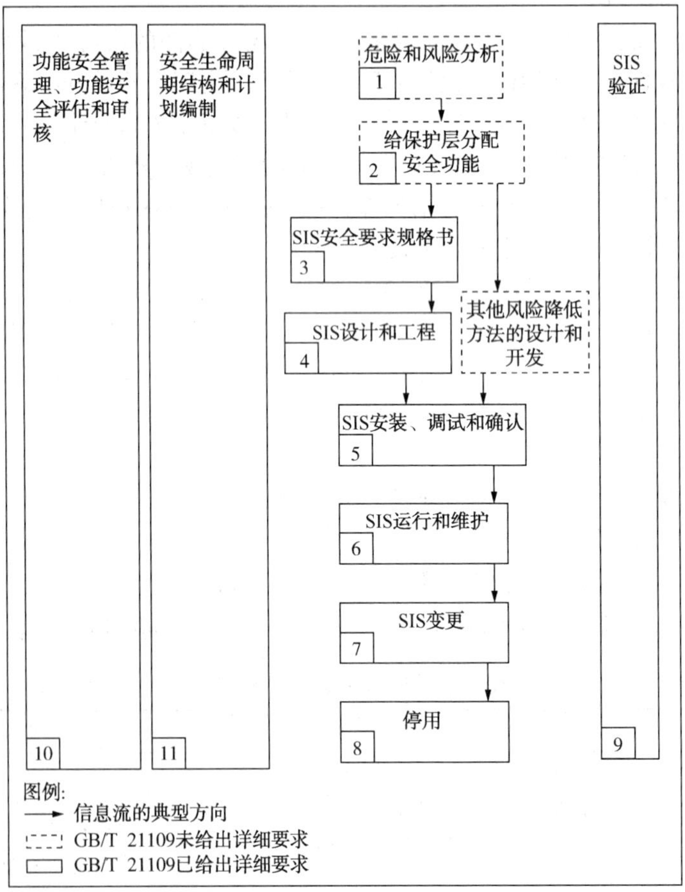

图 6-1　SIS 安全生命周期阶段

注：图中 9. SIS 验证，10. 功能安全管理、功能安全评估和审核，11. 安全生命周期结构和计划编制贯穿于安全生命周期各阶段

SIS系统的生命周期原则上不超过12年，企业应根据设计院或符合要求的第三方所提供的SIS安全要求规格书中规定的检验测试周期编制检验测试计划，进行SIS验证，并至少每三年执行一次SIS功能评估，对不满足SIL要求的应及时更换。

4. 化工安全仪表系统安全完整性等级确定

（1）方法选择

推荐企业自行组织或委托符合要求的第三方采用过程危险与可操作性分析（HAZOP）及保护层分析（LOPA）方法确定化工装置和危险化学品储存设施需要的安全仪表功能（SIF）及其安全完整性等级（SIL），其中注意检验测试周期选定。

（2）工作准备

① 确定工作范围和计划

a. 工作范围：资产所有者确定须评估的化工（危险化学品生产、储存）装置和边界。

b. 工作计划：确定工作目标、启动时间、阶段性安排、完成时间、人力资源配置、工作地点和条件等。

c. 协调人：为被评估单位该项工作的责任人，应得到企业法人代表授权，具有协调所需人、财、物的能力。

② 确定企业可接受的风险标准

企业可接受风险标准应依据国家和地方相关法律法规、标准规范，考虑安全、环境、资产、社会影响等因素确定。

以风险矩阵法为例，参见表6-6、表6-7、表6-8。

考虑风险承受能力、控制能力等因素，通过技术分析、现场调查、集体讨论等方式，分析确定事故的可能性和后果的严重性，确定风险等级，并在风险矩阵表上标明。

表6-6 风险矩阵表

风险等级			后果严重性				
			1	2	3	4	5
			很小	小	一般	大	很大
可能性	1	基本不可能	低	低	低	低	低
	2	较不可能	低	低	低	一般	一般
	3	可能	低	一般	一般	一般	较大
	4	较可能	一般	一般	一般	较大	重大
	5	很可能	一般	一般	较大	重大	重大

可能性分析采用定性和半定量分级形式，按照事故发生频率从低到高依次分为5个等级。

表6-7 可能性分析度量表

等级	半定量/（次/年）	定　性
5	$\geqslant 10^{-1}$	作业场所发生过/本企业发生过多次
4	$10^{-1} \sim 10^{-2}$	本企业发生过/本系统内发生过多次
3	$10^{-2} \sim 10^{-3}$	本系统内发生过/本行业发生过多次
2	$10^{-3} \sim 10^{-4}$	本行业发生过/世界范围内发生过多次
1	$10^{-4} \sim 10^{-5}$	世界范围内发生过本行业未发生过

后果严重性从人员伤害、财产损失、防护目标影响和声誉影响四方面分析，每类影响按照其严重性从低到高依次分为5个等级。根据每类影响的等级值，计算平均值，若为小数则采用进一法取整，得出后果严重性值。

表6-8 后果严重性分析度量表

等级	人员伤害	财产损失	防护目标影响	声誉影响
5	3人以上死亡；10人以上重伤	事故直接经济损失1000万元以上；失控火灾或爆炸	距离风险源200m范围内存在敏感场所或是高密度场所	国际影响
4	1~2人死亡或丧失劳动能力；3~9人重伤	事故直接经济损失200万~1000万元；3套及以上装置停车	距离风险源200~500m范围内存在敏感场所或是高密度场所	国内影响；政府介入，媒体和公众关注负面后果
3	3人以上轻伤，1~2人重伤(包括急性工业中毒)；职业相关疾病	部分失能事故直接经济损失50万~200万元；1~2套装置停车	距离风险源500~1000m范围内存在敏感场所或是高密度场所	本地区内影响；政府介入，公众关注负面后果
2	工作受限；1~2人轻伤	事故直接经济损失10万~50万元；局部停车	距离风险源1000~2000m范围内存在敏感场所或是高密度场所	社区、邻居、合作伙伴影响
1	急救处理；医疗处理；短时间身体不适	事故直接经济损失在10万元以下	距离风险源2000m范围内不存在敏感场所或是高密度场所	企业内部关注；形象没有受损

注：敏感场所：文化活动中心、学校、医疗卫生场所、社会福利设施、公共图书展览设施、古建筑、宗教场所、城市轨道交通设施、军事设施、外事场所等；
高密度场所：住宅、行政办公设施、体育场馆、综合性商业服务建筑、旅馆住宿业建筑、交通枢纽设施等。

③ 收集文件资料

文件资料包括工艺路线和技术说明、工艺流程图(PFD)、工艺管道及仪表流程图(P&ID)、操作规程、动静设备设计资料及制造商说明书和安全手册、安全阀规格书、控制方案说明，安全联锁逻辑图或因果表、安全联锁设备台账、本企业或本行业事故事件案例报告等。

④ 确定评估小组主要成员

评估小组主要成员包括主席、记录员、工艺工程师、操作人员、仪表工程师、安全工程师、设备工程师、电气工程师等。

(3) 安全完整性等级确定

① 依据过程危险分析结论，如HAZOP分析报告中的建议，筛选危险场景，进行以安全仪表功能需求和定级为目的的保护层(LOPA)分析。

未进行过程危险分析的企业可参照《危险与可操作性分析(HAZOP)应用导则》(AQ/T 3049—2013)进行HAZOP分析并编制分析报告，HAZOP分析应每三年开展一次，如涉及重大变更则应重新开展HAZOP分析。

a. AQ/T 3049—2013中关于HAZOP分析包括四个基本步骤，见图6-2。

b. AQ/T 3049—2013中关于HAZOP分析最终报告的编制，包括以下内容：

- 概要；
- 结论；
- 范围和目标；
- 逐条列出的分析结果；

- HAZOP 工作表；
- 分析中使用的图纸和文件清单；
- 在分析过程中用到的以往研究成果、基础数据等。

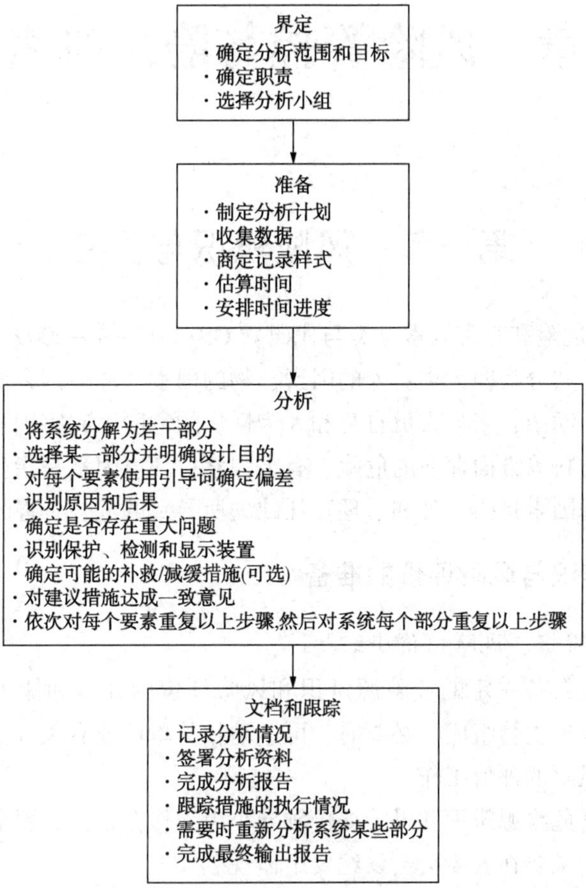

图 6-2　HAZOP 分析程序

② 识别保护层，根据保护层的独立性确认可能的消减。参照《保护层分析(LOPA)方法应用导则》(AQ/T 3054—2015)进行 LOPA 分析。

a. AQ/T 3054—2015 中关于 LOPA 分析的基本程序。

b. AQ/T 3054—2015 中关于 LOPA 报告的编制，包括以下内容：

- 场景的信息来源说明；
- 企业的风险标准；
- 初始事件(IE)发生频率和独立保护层(IPL)的要求时的失效概率(*PFD*)；
- 场景中 IPL 和非 IPL 的评估结果；
- 场景的风险评估结果；
- 满足风险标准要求采取的行动及后续跟踪；
- 如果有必要，对需要采取不同技术进行深入研究的问题提出建议；
- 对分析期间所发现的不确定情况及不确定数据的处理；
- 分析小组使用的所有图纸、说明书、数据表和危险分析报告等的清单(包括引用的版本号)；
- 参加分析的小组成员名单等。

第七章　风险管控与隐患排查治理

第一节　风险辨识与管控

根据《生产过程危险和有害因素分类与代码》(GB/T 13861—2009)，对生产过程危险、有害因素进行分类，共分为四大类：人的因素、物的因素、环境因素和管理因素。其中人的因素是指在生产活动中，来自人员自身和人为性质的危险、有害因素；物的因素是指机械、设备、设施、材料等方面存在的危险、有害因素；环境因素是指生产作业环境中的危险、有害因素；管理因素是指管理和管理责任缺失所导致的危险有害因素。

一、危险源辨识与风险评价的准备

1. 成立危险源辨识、风险评价小组

评价小组成员应具备一定的危险源辨识和风险评价的知识和能力，由本单位的负责人、技术、设备和业务主管组成。必要时，可邀请相关单位或有关人员参加。应鼓励全员参与危险源辨识与风险的评价工作。

生产单位要召开危险源辨识和风险评价领导小组工作会议，布置危险源辨识和风险评价相关工作，会议记录要在安委会会议纪要中体现。

2. 确定危险源辨识与风险评价的范围

生产单位所有生产经营管理活动，包括：规划、设计和建设、投产、运行等阶段；常规和非常规活动；原材料、产品的运输和使用过程；所有进入作业场所人员的活动；作业场所的设备、设施、车辆、安全防护用品；丢弃、废弃、拆除和处置；企业周围环境(如生产单位与其他单位之间、厂与厂之间等)等。

3. 确定危险源辨识与风险评价的对象

在确定评价范围后，按生产流程的各工段、地理区域或部门、装置/设备/设施、作业活动确定评价对象。对确定的评价对象，可按作业活动进一步细分，以便对危险源进行全面辨识和风险评价，同时应对工作活动的相关信息有所了解，主要包括：

(1) 所执行任务的期限、人员及实施任务的频率；

(2) 可能用到的机械、设备、工具；

(3) 用到或遇到物质的物理、化学性质；

(4) 工作人员的能力和已接受任务的培训；

(5) 作业指导书或作业程序；

(6) 发生过有关的事故经历、作业环境检测结果等。

二、危险源辨识与风险评价的组织

一般情况下，危险源辨识、风险评价要求各职能部门每年 2 月上旬组织进行一次，于 3 月 31 日前将相关电子表格报企业安全监察委员会备案，4 月 30 日前将电子表格上传到 HSE 管理系统中。

对于新建、改建、扩建项目，应做到：

(1) 项目可研阶段的危险源辨识和风险评价，主要体现在安全预评价报告中；项目实施阶段的危险源辨识和风险评价，主要体现在施工方案中；项目验收阶段的危险源辨识和风险评价，主要体现在验收评价报告中。

(2) 因施工导致生产单位作业环境发生变化，由工程项目主管部门组织施工所在的单位进行危险源辨识和风险评价工作。

(3) 施工单位要组织本单位人员对施工作业活动进行危险源辨识和风险评价。

(4) 项目投产后由项目所在单位组织危险源辨识和风险评价工作。

所属单位安全主管部门组织本单位和施工单位对检维修作业进行危险源辨识和风险评价。施工项目属地单位应用安全检查表法对项目中所涉及的工艺、设备和作业条件等，根据相关的法律、法规、规范、标准以及规章制度进行危害、危险辨识，制订控制措施并将结果书面告知施工作业单位。

当发生工艺技术变更、机械设备设施变更、管理变更时，在变更实施前进行危险源辨识和风险评价工作。

三、选择危险源辨识方法

1. 主要考虑的因素

(1) 危险源辨识与风险评估的目的；

(2) 活动性质；

(3) 工艺过程或系统的发展阶段；

(4) 危害的复杂程度及规模；

(5) 潜在风险度大小；

(6) 现有资源的状况；

(7) 信息资料及数据的有效性；

(8) 法律法规要求或相关方要求。

2. 危险源辨识的主要方法

(1) 安全检查表法，即 SCL 法；

(2) 工作危害分析法，即 JHA 法；

(3) 失效模式与影响分析法，即 FMEA 法；

(4) 危险与可操作性研究法，即 HAZOP 法；

(5) 预先危险分析法，即 PHA 法；

(6) 故障假设分析法，即 WI 法；

(7) HSE 观察法：员工在日常工作中有意识地关注人员行为、作业环境及设施，对安全的行为进行鼓励，对发现可能导致事故的不安全状态和不安全行为进行阻止或处理。HSE 观察是员工主动关注团队安全的表现，可通过统计分析观察结果，改进 HSE 管理，强化 HSE 意识，营造 HSE 文化氛围，预防和减少事故事件的发生。

HSE 观察的区域范围包括生产区域、施工区域及办公区域，实施 HSE 观察时，应重点关注生产、施工区域内的各种作业活动，包括生产装置(设备设施)的日常操作、油品接卸、发油或加油作业、危险化学品装卸、使用及处置操作、现场施工作业或检修作业、与直接作业环节相关的作业，如用火作业、进入受限空间作业、临时用电作业、高处作业、破土作业、放射作业和起重作业等。观察区域重点是生产、施工区域内的各项作业活动，实施观察人员应熟悉、了解所观察区域内的环境和作业活动。现场观察期间，应重点关注作业人员、作业环境、工具和设备等方面的内容，如发现员工的不安全行为，应以诚恳态度立即阻止该员工的作业，并与作业员工进行交谈，找出不安全行为的根本原因，采取相应的控制措施或提出改进措施建议。

实施 HSE 观察时，应采用现场观察与沟通相结合的方法，人的不安全行为、物的不安全状态、未遂事件及值得推荐的安全行为均纳入 HSE 观察内容。

观察结束后，应将观察到的实际内容记录在 HSE 观察卡中。

3. 危险源辨识方法的选择

危险源辨识和风险评价小组应根据所确定的评价对象的作业性质和危害复杂程度，选择一种或结合多种方法对具体对象进行危险源辨识，同时将辨识结果填至相应的危险源辨识记录表内。

(1) 对作业环境、设备设施进行危险源辨识可采用安全检查分析(SCL)方法；

(2) 对组织机构和人员变更、常规和非常规作业活动、工艺操作等危险源辨识可采用工作危害性分析(JHA)方法；

(3) 对于关键装置、要害部位，特别是之前经常发生事故的或其他类似装置、部位发生过如火灾、爆炸、人身伤亡等重大事故的危险源辨识，可采用危险与可操作性研究(HAZOP)分析方法。

四、危险源辨识

1. 应考虑的因素

(1) 物(设施)的不安全状态：包括可能导致事故发生和危害扩大的设计缺陷、工艺缺陷、设备缺陷、保护措施和安全装置的缺陷和误动作。

(2) 人的不安全行为：包括不采取安全措施、不按规定的方法操作，某些不安全行为。

(3) 可能造成职业病、中毒的劳动环境和条件：包括物理的(噪声、振动、湿度、辐射)，化学的(易燃易爆、有毒、危险气体、氧化物等)以及生物因素。

(4) 管理缺陷：包括安全监督、检查、事故防范、应急管理、作业人员安排、防护用品缺少、工艺过程和操作方法等的管理。

2. 危害因素的分类

(1) 物理性危害因素：设备设施缺陷、防护缺陷、电危害、噪声危害、振动危害、电磁辐射危害、运动物危害、明火危害、高温物质危害、低温物质危害、粉尘危害、气体物质危害、液体物质危害、作业环境缺陷、信号缺陷、其他物理性危害因素。

(2) 化学性危害因素：易燃易爆物质、自燃性物质、有毒物质、腐蚀性物质、其他化学性危害因素。

（3）生物性危害因素：致病微生物、传染性媒介物、致害动植物、其他生物性危害因素。

（4）心理、生理性危害因素：负荷超限、健康状况异常、从事禁忌作业、心理异常、辨识功能缺陷、其他心理生理缺陷。

（5）行为性危害因素：指挥错误、操作错误、监护失误、其他行为性危害因素。

（6）其他危害。

3. 危害产生的后果

危害产生的后果一般包括：机械伤害、车辆伤害、触电、物体打击、爆炸、起重伤害、火灾、中毒和窒息、淹溺、坍塌、灼烫、高处坠落、职业病、泄漏等其他伤害和财产损失。

五、确定风险评价准则

1. 评价准则确定的依据

（1）国家有关 HSE 的法律法规和标准；

（2）行业的设计规范和技术标准；

（3）安全生产方针和目标；

（4）HSE 管理制度及相关要求；

（5）工艺流程图；

（6）设备设施设计说明和使用说明书；

（7）操作规程；

（8）以往发生过的事故案例等资料。

2. 评价准则的管理

（1）风险评价准则由公司安全监察委员会组织有关职能部门拟定，经管理者代表审批后生效。

（2）评价准则是动态的量化标准，应根据有关法律法规、规范标准及企业 HSE 管理制度要求的变化而变更。

3. 评价准则

风险评价采用与系统风险率有关的因素指标值之积来评价系统风险的大小。即

风险度(R)=危害及后果发生的可能性及频率的量化值(L)×危害及后果的严重性量化值(S)

（1）事件发生的可能性及频率(L)

评价发生危害事故、事件的可能性，重点考虑危害发生的条件(比如正常、异常或紧急状态发生)，现场有否控制措施(包括个人防护品、应急措施、监测系统、作业指导书、职工培训)，事件或事故一旦发生，是否能发现或察觉，同类事故以前是否发生过以及人体暴露在这种危险环境中的频繁程度。

（2）评价危害及影响后果的严重性(S)

确定所识别的危害影响的严重性，重点考虑法律法规要求、伤亡程度、财产损失以及对生产的影响和对本企业形象的影响程度。

六、风险评价

危险源辨识和风险评价小组应对所辨识的危险源依据风险评价准则、法规和其他要求进行评价，确定风险等级。

风险度可按量化值分为五级，即：

（1）不可容忍的风险（25≥R≥20）；

（2）公司级重大风险（19≥R≥15）；

（3）厂（中心）级重大风险（14≥R≥10）；

（4）中等风险（9≥R≥5）；

（5）轻微或可忽略的风险（4≥R≥1）。

七、风险控制

风险程度的大小是制定控制措施的依据，各单位应根据风险评价的结果制定相应的控制措施（参见表7-1）。

表7-1　风险控制措施参考表

风　险　度	控　制　措　施	实　施　期　限
轻微或可容忍风险（4≥R≥1）	维持现状，保持记录，进行检查或测量	
中等风险（9≥R≥5）	维持现状，保持记录，进行检查或测量	有条件、有经费时治理
厂（中心）级重大风险（14≥R≥10）	采用程序文件、运行控制文件或作业指导书等进行控制	有条件、有经费时治理
公司重大风险（19≥R≥15）	制定职业健康安全管理方案，应急预案等措施限期治理	立即或近期治理
不可容忍风险（25≥R≥20）	在采取措施降低危害前，不能继续作业，对改进措施进行评估	立即

1. 在确定控制措施或考虑变更现有控制措施时，应按如下顺序考虑降低风险

（1）消除，从根本上和源头上消除危险源所导致的风险，即改进工艺设计以消除危险源，如使用安全物质替代危险物质；

（2）替代，用低危害物质替代或降低系统能量，如采用漏电保护器或安全电压等；

（3）工程控制措施，即采用隔离、屏护和距离防护等控制措施，如安装通风系统、联锁装置、隔声罩等；

（4）标志、警告和（或）管理控制措施，即采用安全标志、危险区域标识、报警器、或制定程序、安全操作规程、作业指导书、教育培训等管理措施规范人的行为；

（5）个体防护装备，即其他控制措施均已考虑过后，作为最终手段，采用个体防护设备，如安全防护眼镜、听力保护器具、面罩、安全带和安全索、口罩和手套。

2. 风险控制措施的评审

评审应针对以下内容进行：

（1）控制措施的确定是否会使风险降低到可接受的水平；

（2）是否会产生新的危险源；

（3）是否已选定了投资效果最佳的解决方案。

3. 风险控制措施的实施

组织实施风险控制措施，列入隐患治理项目的风险，应进行隐患治理，应急管理部门负责监督检查风险控制措施的落实情况，及时纠正不符合。遇有异常或紧急情况，应及时实施应急预案，以使事故损失减少到尽可能小的程度。

八、重大风险的管理

重大或不可容忍的风险是制定目标及隐患治理、职业健康安全管理方案的基础及依据，安全管理部门牵头组织风险评价小组讨论风险评价结果，审核本单位的危害因素及控制措施，形成《重大风险控制改进措施清单》，会议情况要在安委会会议纪要中体现。

风险管理是通过危害辨识、风险评价和处理，以最小的成本将风险导致的各种不利后果减少到最低程度的科学管理方法。风险管理的实质是以最经济合理的方式消除风险导致的各种灾害后果，它包括危害辨识、风险评价、风险处理等一整套系统而科学的管理方法，即运用系统论的观点和方法去研究风险与环境之间的关系，运用安全系统工程的理论和分析方法去辨识、评价风险，然后根据成本效益分析，针对用人单位所存在的风险做出客观而科学的决策，以确定处理风险的最佳方案。

第二节　重大危险源管理与监控

一、重大危险源安全评估

重大危险源安全评估是依据《安全生产法》第三十三条中要求“定期评估”而设定的，是危险化学品单位的法定义务之一，其实施主体是危险化学品单位。

1. 安全评估机构

与现有法律、行政法规规定的“安全评价”必须委托具备国家规定的资质条件的机构来进行所不同的是，《危险化学品重大危险源监督管理暂行规定》提出重大危险源安全评估可由危险化学品单位自身组织进行，也可以委托具有相应资质的安全评价机构进行。

同时，考虑到某些重大危险源，例如具有一定数量的毒性气体、爆炸品、液化易燃气体重大危险源，其危险性非常高，一旦发生事故，其可能造成事故后果更为严重、事故影响范围更大，是企业安全管理和政府安全监管的重中之重，需对这些重大危险源的安全状况进行重点评估分析和管理控制，也就需要对这些重大危险源的安全评估提出更高、更严的要求。基于此，《危险化学品重大危险源监督管理暂行规定》在综合分析近年来国内外危险化学品重特大事故的基础上，梳理提出以下两种情形必须由具有相应资质的安全评价机构进行危险与可操作性分析 HAZOP 安全评估：

一是构成一级或者二级重大危险源，且毒性气体实际存在量与其在《危险化学品重大危险源辨识》中规定的临界量比值之和大于或等于 1 的；

二是构成一级重大危险源，且爆炸品或液化易燃气体实际存在量与其在《危险化学品重大危险源辨识》中规定的临界量比值之和大于或等于 1 的。

2. 安全评估方法

安全评估的方法众多，如安全检查表法(SCL)、预先危险分析法(PHA)、危险与可操作性分析（HAZOP）、事件树分析（ETA）、事故树分析（FTA）、故障类型与影响分析（FMEA）等。

但是，对于须由具有相应资质的安全评价机构进行安全评估的两种重大危险源，《危险化学品重大危险源监督管理暂行规定》对其安全评估的方法做了明确要求，即按照有关标准采用定量风险评价方法进行安全评估。这主要是考虑到定量风险评价是准确掌握重大危险源现实安全状况，有效提高安全管理与监控的有效手段，可为实现重大危险源的风险管理提供科学决策依据。根据定量风险分析评价方法得到的结论，可制定更为科学、更为合理的风险降低措施。目前该方法在国外发达工业国家已得到较为广泛的应用，其科学性与合理性也已得到实践验证。最近几年，定量风险评价方法在我国也逐渐开始应用，也已形成较为成熟的技术基础。因此对毒性气体、爆炸品、易燃气体的一级和二级危险化学品重大危险源进行定量风险评价是现实可行的。进行定量风险评价时依据安全生产行业标准《化工装置定量风险评价导则》的要求来进行。

《危险化学品生产装置和储存设施风险基准》（GB 36894—2018）规定的个人风险基准应满足表 7-2 中可容许风险标准要求。

表 7-2　可容许个人风险标准

防护目标	个人风险基准/（次/年）≤	
	危险化学品新建、改建、扩建生产装置和储存设施	危险化学品在役生产装置和储存设施
高敏感防护目标 重要防护目标 一般防护目标中的一类防护目标	3×10^{-7}	3×10^{-6}
一般防护目标中的二类防护目标	3×10^{-6}	1×10^{-5}
一般防护目标中的三类防护目标	1×10^{-5}	3×10^{-5}

危险化学品重大危险源产生的社会风险应满足图 7-1 中可容许社会风险标准要求。其中：

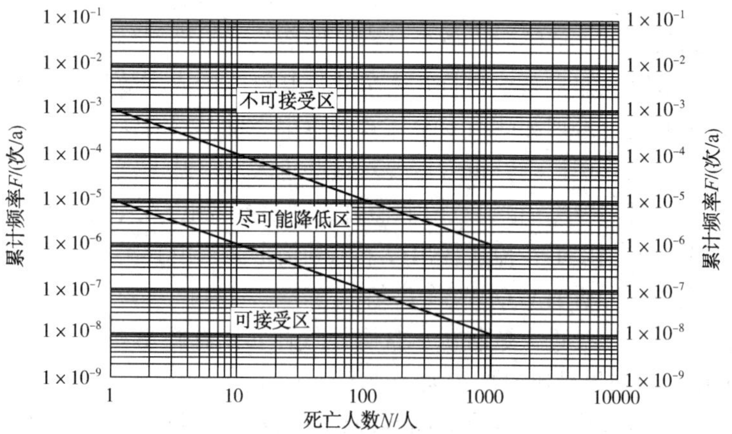

图 7-1　可容许社会风险标准（F-N）曲线

（1）若社会风险曲线落在不可接受区，除特殊情况外，该风险无论如何不能被接受。

（2）若落在可接受区，风险处于很低的水平，该风险是可以被接受的，无须采取安全改进措施。

(3) 若落在尽可能降低区，则需要在可能的情况下尽量减少风险，即对各种风险处理措施方案进行成本效益分析等，以决定是否采取这些措施。

3. 安全评估报告

重大危险源安全评估报告是企业和政府安全监管部门全面了解和掌握重大危险源安全状况的重要文件，其应当客观公正、数据准确、内容完整、结论明确、措施可行。

根据安全生产行业标准《安全评价通则》(AQ 8001—2007)对评价内容的要求，以及现行法律法规对重大危险源安全监督管理的要求，《规定》梳理提出了重大危险源评估报告的内容要求，主要包括：评估的主要依据；重大危险源的基本情况；事故发生的可能性及危害程度；个人风险和社会风险值(仅适用定量风险评价方法)；可能受事故影响的周边场所、人员情况；重大危险源辨识、分级的符合性分析；安全管理措施、安全技术和监控措施；事故应急措施以及评估结论与建议等。

考虑到现有法律、行政法规已建立完善的危险化学品安全生产许可、生产储存建设项目安全许可等制度，确立了严格安全生产条件准入制度，同时为避免要求危险化学品重复进行安全评价或评估，也为减轻企业负担，发挥企业自身的能力与特长，鼓励企业建立自身的风险管理制度，《危险化学品重大危险源监督管理暂行规定》提出将《安全生产法》《安全生产许可条例》《危险化学品安全管理条例》等法律法规规定的安全评价与重大危险源安全评估结合起来一并进行，以安全评价报告代替安全评估报告。

4. 重大危险源重新评估分级

重大危险源不是静态的，不是一成不变的，是动态的，因而经过辨识、分级和安全评估后并不是一劳永逸的。当经过一段的时间后重大危险源自身或其周边环境可能发生变化，或者随着科技进步，对重大危险源及其风险有了新的认识，就需要对重大危险源的安全状况重新进行确认，对此《危险化学品重大危险源监督管理暂行规定》提出六种情形须对重大危险源重新进行辨识、安全评估和分级：

(1) 重大危险源安全评估已满三年的；

(2) 构成重大危险源的装置、设施或者场所进行新建、改建、扩建的；

(3) 危险化学品种类、数量、生产、使用工艺或者储存方式及重要设备、设施等发生变化，影响重大危险源级别或者风险程度的；

(4) 外界生产安全环境因素发生变化，影响重大危险源级别和风险程度的；

(5) 发生危险化学品事故造成人员死亡，或者 10 人以上受伤，或者影响到公共安全的；

(6) 有关重大危险源辨识和安全评估的国家标准、行业标准发生变化的。

二、重大危险源登记建档与备案

《危险化学品重大危险源监督管理暂行规定》对重大危险源的登记建档与备案做了具体要求。

1. 重大危险源登记建档

登记建档是《安全生产法》第三十三条的明确要求，也是企业落实重大危险源安全管理的具体体现。为此，危险化学品单位应当对辨识确认的重大危险源及时、逐项进行登记建档。

重大危险源档案应当包括下列文件、资料：

(1) 辨识、分级记录；

(2) 重大危险源基本特征表；

(3) 涉及的所有化学品安全技术说明书；

(4) 区域位置图、平面布置图、工艺流程图和主要设备一览表；

(5) 重大危险源安全管理规章制度及安全操作规程；

(6) 安全监测监控系统、措施说明、检测、检验结果；

(7) 重大危险源事故应急预案、评审意见、演练计划和评估报告；

(8) 安全评估报告或者安全评价报告；

(9) 重大危险源关键装置、重点部位的责任人、责任机构名称；

(10) 重大危险源场所安全警示标志的设置情况；

(11) 其他文件、资料。

需指出的是，这些文档不一定集中保存在企业的一个部门，如安全管理部门，而可能根据其各自职责和文档类型分散保存在不同的部门。

2. 重大危险源备案

备案，即存档备查。《危险化学品安全管理条例》(国务院第 591 号令)第二十五条规定：对剧毒化学品以及储存数量构成重大危险源的其他危险化学品，储存单位应当将其储存数量、储存地点以及管理人员的情况，报所在地县级人民政府安全生产监督管理部门(在港区内储存的，报港口行政管理部门)和公安机关备案。《危险化学品重大危险源监督管理暂行规定》对备案具体要求进行了明确和细化。

危险化学品单位在完成重大危险源安全评估报告或者安全评价报告后 15 日内，应当填写《重大危险源备案申请表》，连同《危险化学品重大危险源监督管理暂行规定》第二十二条规定的重大危险源档案材料(其中第二款第五项规定的文件资料只需提供清单)，报送所在地县级应急管理部门备案。

县级应急管理部门应当每季度将辖区内的一级、二级重大危险源备案材料报送至设区的市级应急管理部门。设区的市级应急管理部门应当每半年将辖区内的一级重大危险源备案材料报送至省级应急管理部门。

重大危险源出现《危险化学品重大危险源监督管理暂行规定》第十一条所列情形之一的，危险化学品单位应当及时更新档案，并向所在地县级应急管理部门重新备案。

此外，危险化学品单位新建、改建和扩建危险化学品建设项目，应当在建设项目竣工验收前完成重大危险源的辨识、安全评估和分级、登记建档工作，并向所在地县级应急管理部门备案。

三、重大危险源安全监控

安全监测监控系统是保障重大危险源安全，降低重大事故风险的重要措施。《危险化学品重大危险源监督管理暂行规定》第十三条规定：危险化学品单位应当根据构成重大危险源的危险化学品种类、数量、生产、使用工艺(方式)或者相关设备、设施等实际情况，建立健全安全监测监控体系，完善控制措施。

1. 重大危险源安全监控系统建设依据

危险化学品单位应当根据重大危险源的实际情况，依据以下标准规范建立完善重大危险源安全监测监控系统：

（1）《石油化工可燃气体和有毒气体检测报警设计标准》（GB/T 50493—2019）；

（2）《工作场所有毒气体检测报警装置设置规范》（GBZ/T 223—2009）；

（3）《作业场所环境气体检测报警仪　通用技术要求》（GB 12358—2006）；

（4）《企业安全生产网络化监测系统技术规范》（AQ 9003—2008）；

（5）《危险化学品重大危险源安全监控通用技术规范》（AQ 3035—2010）；

（6）《危险化学品重大危险源　罐区现场安全监控装备设置规范》（AQ 3036—2010）；

（7）《石油化工安全仪表系统设计规范》（GB/T 50770—2013）；

（8）《自动化仪表选型设计规范》（HG/T 20507—2014）；

（9）《控制室设计规范》（HG/T 20508—2014）；

（10）《自动分析器室设计规范》（HG/T 20516—2014）；

（11）《电气/电子/可编程电子安全相关系统的功能安全　第 1 部分：一般要求》（GB/T 20438. 1—2017）等。

另外，对于属于危险化工工艺的重大危险源，应按《关于公布首批重点监管的危险化工工艺目录的通知》（安监总管三〔2009〕116 号）的要求，完善危险化工工艺生产装置的自动化控制系统。对于视频监控系统，可参照《工业电视系统工程设计标准》（GB/T 50115—2019）等标准进行设置。

2. 重大危险源安全监控系统建设要求

危险化学品重大危险源安全监测监控系统建设应满足以下要求：

（1）重大危险源配备温度、压力、液位、流量、组分等信息的不间断采集和监测系统以及可燃气体和有毒有害气体泄漏检测报警装置，并具备信息远传、连续记录、事故预警、信息存储等功能；一级或者二级重大危险源，具备紧急停车功能。记录的电子数据的保存时间不少于 30 天；

（2）重大危险源的化工生产装置装备满足安全生产要求的自动化控制系统；一级或者二级重大危险源，装备紧急停车系统；

（3）对重大危险源中的毒性气体、剧毒液体和易燃气体等重点设施，设置紧急切断装置；毒性气体的设施，设置泄漏物紧急处置装置。涉及毒性气体、液化气体、剧毒液体的一级或者二级重大危险源，配备独立的安全仪表系统（SIS）；

（4）重大危险源中储存剧毒物质的场所或者设施，设置视频监控系统；

（5）安全监测监控系统符合国家标准或者行业标准的规定。

此外，由于重大危险源本身的危险性及其生产条件的复杂性与苛刻性，为确认重大危险源中的安全设施和安全监测监控系统在运行一段时间后是否仍能满足当时设计条件，需要对其定期进行检测、检验，并进行经常性维护、保养，保证重大危险源的安全设施和安全监测监控系统有效、可靠运行。

3. 重大危险源安全监控预警系统构成

重大危险源安全监控系统由数据采集装置、逻辑控制器、执行机构以及工业数据通信网络等仪表和器材组成，可采集安全相关信息，并通过数据分析进行故障诊断和事故预警确定现场安全状况，同时配备联锁装备在危险出现时采取相应措施的重大危险源计算机数据采集与监控系统。

（1）技术要求

由于危险化学品重大危险源涉及生产、使用和储存大量易燃、易爆及毒性物质，易发生燃烧、爆炸和中毒等重大事故，故进行重大危险源监控预警系统设计时，需特别注意以下要求：

① 重大危险源(储罐区、库区和生产场所)应设有相对独立的安全监控预警系统，相关现场探测仪器的数据宜直接接入到系统控制设备中，系统应符合本标准的规定；

② 系统中的设备应符合有关国家法规或标准的规定，按照经规定程序批准的图样及文件制造和成套，并经国家权威部门检测检验认证合格；

③ 系统所用设备应符合现场和环境的具体要求，具有相应的功能和使用寿命。在火灾和爆炸危险场所设置的设备，应符合国家有关防爆、防雷、防静电等标准和规范的要求；

④ 控制设备应设置在有人值班的房间或安全场所；

⑤ 系统报警等级的设置应同事故应急处置与救援相协调，不同级别的事故分别启动相对应的应急预案；

⑥ 对于容易发生燃烧、爆炸和毒物泄漏等事故的高度危险场所、远距离传输、移动监测、无人值守或其他不宜于采用有线数据传输的应用环境，应选用无线传输技术与装备。

（2）监控项目

对于储罐区(储罐)、库区(库)、生产场所三类重大危险源，因监控对象不同，所需要的安全监控预警参数有所不同。主要可分为：

① 储罐以及生产装置内的温度、压力、液位、流量、阀位等可能直接引发安全事故的关键工艺参数；

② 当易燃易爆及有毒物质为气态、液态或气液两相时，应监测现场的可燃/有毒气体浓度；

③ 气温、湿度、风速、风向等环境参数；

④ 音视频信号和人员出入情况；

⑤ 明火和烟气；

⑥ 避雷针、防静电装置的接地电阻以及供电状况。

对于储罐区(储罐)，监测预警项目主要根据储罐的结构和材料、储存介质特性以及罐区环境条件等的不同进行选择。一般包括罐内介质的液位、温度、压力，罐区内可燃/有毒气体浓度、明火、环境参数以及音视频信号和其他危险因素等。

对于库区(库)，监测预警项目主要根据储存介质特性、包装物和容器的结构形式和环境条件等的不同进行选择。一般包括库区室内的温度、湿度、烟气以及室内外的可燃/有毒气体浓度、明火、音视频信号以及人员出入情况和其他危险因素等。

对于生产场所，监测预警项目主要根据物料特性、工艺条件、生产设备及其布置条件等的不同进行选择。一般包括温度、压力、液位、阀位、流量以及可燃/有毒气体浓度、明火和音视频信号和其他危险因素等。

（3）系统组成

在架构上，重大危险源安全监控预警系统一般由监测器、隔离变送器、摄像机、二次仪表、现场监控器、执行机构(包括报警器等)、视频处理设备、监控计算机、传输接口、电源、线缆、防雷装置、防静电装置、其他必要设备等和软件组成。其中，监控中心硬件一般包括传输接口、监控计算机、显示设备、服务器、网络设备、大容量储存设备、UPS电源、打印机、空调等其他配套设备等。现场设备包括传感器、隔离变送设备、摄像机、二次仪表、现场监控器、执行机构等。

第三节　安全检查、隐患排查与治理

生产经营单位要进行督促、检查，这对保障安全生产至关重要。对通过各种途径发现的生产安全事故隐患，要及时采取有效措施予以消除，做到防患于未然。

一、安全检查

（1）企业安全检查应有明确的目的、要求、内容和计划。各种安全检查均应编制安全检查表，安全检查表应包括检查项目、检查内容、检查标准或依据、检查结果等内容(见表7-3)。

（2）企业应根据安全检查计划，开展综合性检查、专业性检查、季节性检查、日常检查和节假日检查；各种安全检查均应按相应的安全检查表逐项检查，建立安全检查台账，并与责任制挂钩。

表7-3　安全检查表

检查类别	组织部门及内容	检查频次
综合性检查	由相应级别的负责人负责组织，以落实岗位安全责任制为重点，各专业共同参与的全面安全检查	厂级综合性安全检查每季度不少于1次，车间级综合性安全检查每月不少于1次
专业检查	分别由各专业部门的负责人组织本系统人员进行，主要是对锅炉、压力容器、危险物品、电气装置、机械设备、构建筑物、安全装置、防火防爆、防尘防毒、监测仪器等进行专业检查	每半年不少于1次
季节性检查	由各业务部门的负责人组织本系统相关人员进行，是根据当地各季节特点对防火防爆、防雨防汛、防雷电、防暑降温、防风及防冻保暖工作等进行预防性季节检查	每季节前
日常检查	分岗位操作人员巡回检查和管理人员日常检查。岗位操作人员应认真履行岗位安全生产责任制，进行交接班检查和班中巡回检查，各级管理人员应在各自的业务范围内进行日常检查	日常
节假日检查	对节假日前安全、保卫、消防、生产物资准备、备用设备、应急预案等方面进行的检查	节假日前

（3）企业应对安全检查所查出的问题进行原因分析，制定整改措施，落实整改时间、责任人，并对整改情况进行验证，保存相应记录。

（4）企业各种检查的主管部门应对各级组织和人员检查出的问题和整改情况定期进行检查。

二、隐患排查与整改

《中华人民共和国安全生产法》第三十八条规定：“生产经营单位应当建立健全生产安

全事故隐患排查治理制度，采取技术、管理措施，及时发现并消除事故隐患。事故隐患排查治理情况应当如实记录，并向从业人员通报。”

《安全生产事故隐患排查治理暂行规定》(总局令16号)第四条规定：“生产经营单位应当建立健全事故隐患排查治理制度。生产经营单位主要负责人对本单位事故隐患排查治理工作全面负责。”

主要负责人在隐患排查与整改中职责：

(1) 对隐患排查治理工作全面负责；

(2) 保证隐患治理工作的资金落实；

(3) 及时掌握重大隐患治理情况；

(4) 督促有关部门制定有效的防范措施，明确负责人；

(5) 按照“五定”(定整改方案、定资金来源、定项目负责人、定整改期限、定控制措施)的原则，落实隐患治理的各项措施，对隐患治理情况进行监控，保证隐患治理按期完成。

三、排查生产安全事故隐患

(1) 安全生产管理人员应当根据本单位的生产经营特点，对安全生产状况进行经常性检查；对检查中发现的安全问题，应当立即处理；不能处理的，应当及时报告本单位有关负责人，有关负责人应当及时处理，检查及处理情况应当如实记录在案。安全生产管理人员在检查中发现重大事故隐患，向本单位有关负责人报告，有关负责人不及时处理的，安全生产管理人员可以向主管的负有安全生产监督管理职责的部门报告。

(2) 安全检查包括：综合性检查、专业性检查、季节性检查、日常检查和节假日检查；各种安全检查均应按相应的安全检查表逐项检查(综合检查表见表7-4，施工现场安全检查表见表7-5)，建立安全检查台账(见表7-6)，并与责任制挂钩。

表7-4 综合检查表

检查部门：＿＿＿＿＿ 检查人：＿＿＿＿＿ 日期：＿＿＿＿年＿＿月＿＿日

序号	检查项目	检查内容	检查方法	检查结果		不符合及主要问题
				是	否	
1	个体防护	劳保用品是否符合国家标准	查规范			
		工作场所必须按规定佩戴劳动保护用品	现场查看			
		禁止穿戴失效的劳保用品	现场查看			
		劳动防护用品必须定期检验和维护	查记录			
2	安全生产	操作工必须按照相应的操作规程进行操作	现场查看			
		从业人员在作业过程中，应当严格遵守本单位的安全生产规章制度和操作规程，服从管理，正确佩戴和使用劳动防护用品	现场查看			
		未经安全生产教育和培训合格的从业人员，不得上岗作业	查看培训记录			
		生产经营单位的特种作业人员必须按照国家有关规定经专门的安全作业培训，取得特种作业操作资格证书，方可上岗作业	查看培训记录			

续表

序号	检查项目	检查内容	检查方法	检查结果		不符合及主要问题
				是	否	
2	安全生产	生产经营单位应当在有较大危险因素的生产经营场所和有关设施、设备上，设置明显的安全警示标志	现场查看			
		用于生产、储存危险物品的建设项目的施工单位必须按照批准的安全设施设计施工，并对安全设施的工程质量负责	现场查看 查看资料			
3	消防管理	单位应当落实逐级消防安全责任制和岗位消防安全责任制，明确逐级和岗位消防安全职责，确定各级、各岗位的消防安全责任人	查规定的落实情况			
		组织实施对本单位消防设施、灭火器材和消防安全标志的维护保养，确保其完好有效，确保疏散通道和安全出口畅通	查记录、现场检查			
		单位应当按照国家有关规定，结合本单位的特点，建立健全各项消防安全制度和保障消防安全的操作规程，并公布执行	查阅相关规定			
		单位应当将容易发生火灾、一旦发生火灾可能严重危及人身和财产安全以及对消防安全有重大影响的部位确定为消防安全重点部位，设置明显的防火标志，实行严格管理	现场查看			
		消防安全重点单位应当进行每日防火巡查，并确定巡查的人员、内容、部位和频次。其他单位可以根据需要组织防火巡查	查记录 现场检查			
		单位应当按照建筑消防设施检查维修保养有关规定的要求，对建筑消防设施的完好有效情况进行检查和维修保养	现场检查			
4	设施设备	设施设备禁止带病运转	现场检查			
		设施设备应定期维护检查	查看记录			
		特种设备设施必须定期检验	查看记录			
		压力管道应进行登记	查看记录			
		设施设备停用或维修是否按规定挂牌上锁，并设立警示标志	现场查看			
5	施工管理	施工现场是否有有效的施工作业证	现场查看			
		施工人员施工种类、位置是否与作业证相一致	现场查看			
		施工人员劳保配备是否适宜	现场查看			
		建筑施工企业和施工现场必须采购、使用具有生产许可证、产品合格证的产品，并建立安全防护用具及机械设备的采购、使用、检查、维修、保养的责任制	查看证书			
		施工结束施工现场进行检查，施工现场必须整洁，设立警示标志，施工现场安全	现场查看			

表 7-5　施工现场安全检查表

检查部门：________　检查人：__________　日期：______年____月____日

序号	检查项目	检查内容和标准	检查方法	检查结果		不符合及主要问题
				是	否	
1	施工管理	施工现场布置合理，危险作业有安全措施和负责人	现场查看			
		作业过程执行各项安全作业规程	现场查看			
2	施工人员	穿戴好安全保护用品和正确使用防护用品	现场查看			
		在工作期间，不准穿拖鞋、高跟鞋，不准干与工作无关事情，不准酒后上班	现场查看			
		特种作业人员持证上岗	查看证书			
		不准任意拆除和挪动各种防护装置、设施、标志	现场查看			
		在禁止烟火的区域内不准吸烟、动用明火等	现场查看			
		非施工人员和无关人员不得进入施工现场	现场查看			
3	场地	材料和设施堆放整齐、稳固、不乱堆乱放	现场查看			
		废物、废渣及时清理，不乱丢乱扔	现场查看			
		露天场地夏季设防暑降温凉棚，冬季设取暖棚	现场查看			
		照明充足	现场查看			
4	危险区域	深沟、边坡、临空面、临水面边缘有栏杆或明显警告标示	现场查看			
		孔、井口等加盖或围栏，或有明显标志	现场查看			
		施工作业场所设置警戒标志、警戒线、安全挡墙、防护棚	现场查看			
		多层作业有隔离防护设施和专人监护	现场查看			
5	道路	路基可靠、路面平整、不积水、不乱堆期材、废料，保持畅通	现场查看			
		通道、桥梁、平台、扶梯牢固、临空面有扶手栏杆	现场查看			
		横跨路面的电线、设施不影响施工、器材和人员通过	现场查看			
		影响交通道路的作业、有专人监护	现场查看			
		倒料、出渣地段平坦、临空边缘有车挡	现场查看			
		危险地段有明显的警告标志和防护设施	现场查看			
6	机电设备	施工机械设备运行状态良好，技术指标清楚，制动装置可靠	现场查看			
		裸露的传动部位有防护装置	现场查看			
		机电设备基础可靠，大型机械四周和行走、升降、转动的构件有明显颜色标志	现场查看			
		作业空间不许架设高压线并与高压线保持足够距离	现场查看			
		高压电缆绝缘可靠，临时用电线路布置合理，不准乱拉乱接	现场查看			
		变压器有围栏，挂明显警告标志	现场查看			
		氧气、乙炔瓶单独存放安全地点，远离火源 10m 以上	现场查看			
		有足够的消防器材	现场查看			
7	临时房屋	基础稳定，房屋牢固	现场查看			
		有可靠的防火措施	现场查看			

表 7-6　安全检查台账

序号	受检部门	检查内容	检查日期	检查情况或隐患部位	要求整改完成日期	检查人签字	实际完成日期	检查人签字	备注

四、隐患排查与治理

生产经营单位应按照《安全生产事故隐患排查治理暂行规定》(安全监管总局令第 16 号)要求开展隐患排查与治理工作。应当建立健全生产安全事故隐患排查治理制度，采取技术、管理措施，及时发现并消除事故隐患。应当定期组织安全生产管理人员、工程技术人员和其他相关人员排查本单位的事故隐患。对排查出的事故隐患，应当按照事故隐患的等级进行登记，建立事故隐患信息档案(见表 7-7)，并按照职责分工实施监控治理。事故隐患排查治理情况应当如实记录，并向从业人员通报。

表 7-7　事故隐患排查台账

检查日期	受检部门（单位）	隐患情况	整改措施	防范措施	整改完成时间	检查负责人	整改责任人	验收负责人	备注

(1) 企业应对风险评价出的隐患项目，下达隐患治理通知，限期治理，做到定治理措施、定负责人、定资金来源、定治理期限。

① 建立隐患治理台账(见表7-8)；
② 对查出的每个隐患都下达隐患治理通知，明确责任人、治理时限；
③ 重大隐患项目做到整改措施、责任、资金、时限和预案“五到位”；
④ 按期完成隐患治理。

表7-8 事故隐患治理台账

序号	单位	隐患项目	风险度 R	级别	费用/万元		资金来源	项目负责人	完成时间		备注
					计划	实际			计划	实际	

(2) 企业应对确定的重大隐患项目建立档案，档案内容应包括：
① 评价报告与技术结论；
② 评审意见；
③ 隐患治理方案，包括资金概预算情况等；
④ 治理时间表和责任人；
⑤ 竣工验收报告；
⑥ 备案文件。

(3) 企业无力解决的重大事故隐患，除采取有效防范措施外，应书面向企业直接主管部门和当地政府报告。

暂时无力解决的重大事故隐患，应制定并落实有效的防范措施；书面向主管部门和当地政府、安全监管部门报告，报告要说明无力解决的原因和采取的防范措施。

(4) 企业对不具备整改条件的重大事故隐患，必须采取防范措施，并纳入计划，限期解决或停产。书面向主管部门和当地政府、安全监管部门报告，报告要说明不具备整改条件的原因、整改计划和防范措施等。

五、制止和纠正违章指挥、强令冒险作业、违反操作规程的行为

1. 定义

违章指挥是指安排或指挥职工违反国家有关安全的法律、法规、规章制度、企业安全管理制度或操作规程进行作业的行为。

违章作业就是违反作业章程、操作规范进行作业。

冒险作业就是作业者明知道继续作业或者采取的办法会发生严重后果，仍然继续坚持或者操作。

2. 事故原因

大量的事故调查分析表明，造成事故的原因大多出于人的不安全行为和物的不安全状态。有数据统计表明，在工业企业发生人员伤亡事故中，80%左右的事故与人的不安全行为有直接的关系。

《企业职工伤亡事故分析》(GB 6441—1986)将人的不安全行为归为十三大类：

① 操作错误，忽视安全，忽视警告。a. 未经许可开动、关停、移动机器；b. 开动、关停机器时未给信号；c. 开关未锁紧，造成意外转动、通电或泄漏等；d. 忘记关闭设备；e. 忽视警告标志、警告信号；f. 操作错误(指按钮、阀门、扳手、把柄等的操作)；g. 奔跑作业；h. 供料或送料速度过快；i. 机械超速运转；j. 违章驾驶机动车；k. 酒后作业；l. 客货混载；m. 冲压机作业时，手伸进冲压模；n. 工件紧固不牢；o. 用压缩空气吹铁屑；p. 其他。

② 造成安全装置失效。a. 拆除了安全装置；b. 安全装置堵塞，失掉了作用；c. 调整的错误造成安全装置失效；d. 其他。

③ 使用不安全设备。a. 临时使用不牢固的设施；b. 使用无安全装置的设备；c. 其他。

④ 手代替工具操作。a. 用手代替手动工具；b. 用手消除切屑；c. 不用夹具固定、用手拿工件进行机加工。

⑤ 物体(指成品、半成品、材料、工具、切屑和生产用品等)存放不当。

⑥ 冒险进入危险场所。a. 冒险进入涵洞；b. 接近漏料处(无安全设施)；c. 采伐、集材、运材、装车时，未离危险区；d. 未经安全监察人员允许进入油罐或井中；e. 未"敲帮问顶"开始作业；f. 冒进信号；g. 调车场超速上下车；h. 易燃易爆场合明火；i. 私自搭乘矿车；j. 在绞车道行走；k. 未及时瞭望。

⑦ 攀、坐不安全位置(如平台护栏、汽车挡板、吊车吊钩)。

⑧ 在起吊物下作业、停留。

⑨ 机器运转时加油、修理、检查、调整、焊接、清扫等工作。

⑩ 有分散注意力行为。

⑪ 在必须使用个人防护用具的作业或场合中，忽视其使用。a. 未戴护目镜或面罩；b. 未戴防护手套；c. 未穿安全鞋；d. 未戴安全帽；e. 未佩戴呼吸护具；f. 未佩戴安全带；g. 未戴工作帽；h. 其他。

⑫ 不安全装束。a. 在有旋转零部件的设备旁作业穿过肥大服装；b. 操纵带有旋转部件的设备时戴手套；c. 其他。

⑬ 对易燃、易爆等危险物品处理错误。

六、督促落实本单位安全生产整改措施

安全生产整改措施关键在落实，需要生产经营单位有专门机构和人员来督促。安全生产管理机构和安全生产管理人员是督促落实整改措施的第一责任人，应当采取切实有效措施将整改工作落实到位。

安全生产整改措施按照软、硬件可分为管理整改措施和硬件投入整改措施。按照类别可分为事故隐患整改措施、查出问题整改措施、设备设施整改措施等。安全生产管理机构和安全生产管理人员要以各种方式(下发整改通知单、现场核实、拍照等)督促本单位制定的各项安全生产整改措施(不符合整改通知单见表 7-9)。

表 7-9　不符合整改通知单

编号：

<table>
<tr><td>受审核/检查部门</td><td></td><td>受审核/检查部门负责人</td><td></td></tr>
<tr><td>□审核员　□检查员</td><td></td><td>审核/检查日期</td><td></td></tr>
<tr><td colspan="4">不符合事实/隐患描述：

不符合标准、制度条款：

不符合类型(划圈)：　严重　一般
□审核员　□检查员：　审核/检查组组长：</td></tr>
<tr><td colspan="2">纠正/整改措施：

计划完成日期：　年　月　日
部门负责人：</td><td colspan="2">纠正/整改措施批准：

审核/检查组长：
日期：</td></tr>
<tr><td colspan="2">纠正/整改措施完成情况：

受审核/检查部门负责人：
日期：</td><td colspan="2">纠正/整改措施验证：

审核/检查组长：
日期：</td></tr>
</table>

第八章　危险化学品应急处置技术

在应对突发事件的过程中，为了控制、减轻和消除突发事件引起的危害，采取一系列必要的应急处置程序和应急处置技术，对于保障公众生命财产安全、保护生态环境、促进社会和谐健康发展，意义重大。

第一节　概述

应急处置是指在危险化学品造成或可能造成人员伤害、财产损失和环境污染及其他较大社会危害时，为及时控制事故源，抢救受害人员，指导群众防护和组织撤离，清除危害后果而采取的措施或组织的救援活动。

应急处置共分为八步：

1. 事故报警

事故报警的及时与准确是能否及时控制事故的关键环节。无论是谁，只要发现危险的异常现象，第一反应人就要开始启动应急，即启动报警程序和相应的反应机制。

2. 出动班组应急救援人员

各班组长在接到事故报警后，应迅速组织班组人员，赶赴现场。

3. 划定安全区和事故现场控制

结合事故模拟结果和专家建议，并考虑危险化学品对人体的不同伤害程度，同时结合事故发生的不同时期，可以将现场分为初始安全区、事故现场控制等区域。

（1）初始安全区

危险化学品泄漏后，若接触泄漏物或吸入其蒸气可能会危及生命，则有必要确定初始安全区，以供现场应急人员在专业人员到达事故现场前作应急参考。

（2）事故现场控制

根据确定的初始安全距离，可以疏散现场的人员，禁止人员进入隔离区。应急处置人员到达现场后，应进一步细化安全区域，确定应急处置人员、洗消人员和指挥人员分别所处的区域。在这些区域明确应急处置人员的工作，有利于应急行动和有效控制设备进出，并且能够统计进出事故现场的人员。一旦确定警戒范围，必须在警戒区设置警戒标志，消除警戒区内火种。

设置警戒标志可使用反光警戒标志牌、警戒绳，夜间可以拉防爆灯光警戒绳。在警戒区周围布置一定数量的警戒人员，防止无关人员和车辆进入警戒区。主要路口必须布置警戒人员，必要时实行交通管制。

对于易燃气体、液体泄漏事故，如果火灾尚未发生，则必须消除警戒区内的火源。常见火源有明火、非防爆电器、高温设备、进入警戒区作业人员的手机、化纤类服装、钉子鞋、火花工具及汽车、摩托车等机动车辆的尾气。

4. 紧急疏散

建立警戒区域，迅速将事故应急处理无关的人员撤离，将相邻的危险化学品疏散。

5. 事故现场控制

为了减少危险化学品事故对生命和环境的危害，在事故发生的初期必须采取一些简单有效的控制措施和遏制行动，通过对危险化学品的有效回收和处置将其对环境或生命的危害降至最低，防止事故扩大，保证能够有效地完成恢复和处理行动。

6. 现场急救

现场急救注意选择有利地形设置急救点；做好个体防护；防止发生继发性损害；应至少2~3人为一组行动；所用的救援器材具备防爆功能。

在事故现场，化学品对人体可能造成伤害：中毒、窒息、冻伤、化学灼伤、烧伤等。对受伤害人员及时施救，可以最大限度地减少人员伤亡。

7. 现场人员个体防护

在危险化学品事故应急抢险过程中应根据危险化学品事故的特点及其引发物质的不同，以及应急人员的职责，采取不同的个体防护装备：应急救援指挥人员、医务人员和其他不进入污染区域的应急人员一般配备过滤式防毒面罩、防护服、防毒手套、防毒靴等；工程抢险、消防和侦检等进入污染区域的应急人员应配备密闭型防毒面罩、防酸碱型防护服和空气呼吸器等；同时做好现场毒物的洗消工作(包括人员、设备、设施和场所等)。

8. 现场清理和洗消

事故现场清理是为了防止进一步危害的过程。在现场危险分析的基础上，应对现场可能产生的进一步的危害和破坏采取及时的行动，使二次事故的可能性尽可能小。这类工作包括防止有毒有害气体的生成或蔓延、释放，防止易燃易爆物质或气体的生成与燃烧爆炸，防止由火灾引起的爆炸等等。

第二节　危险化学品泄漏应急处置

发生泄漏事故，要迅速采取有效措施消除或减少泄漏的危害。应急处置的首要行动：迅速撤离泄漏污染区人员至安全区，并进行隔离，严格限制出入。切断火源，并尽可能切断泄漏源。

处理泄漏应从以下几个方面考虑：

1. 临时设置现场警戒范围

易燃、可燃液体大量泄漏时，要组织人员进行现场警戒，无关人员不得出入，制止一切点火源。如果火灾爆炸危险性较大，立即向消防队报警并要求派消防车监护，消防车辆的阻火器必须完好。

2. 禁止与各种明火接触，防止着火

现场应禁止一切明火作业，清理收集作业要使用防爆泵或防爆工具，作业人员穿防静电工作服，防止产生静电火花。

3. 堵漏

一旦发现泄漏，要立即查明泄漏点，根据泄漏的物料、部位、形式及程度，采取具体措施制止泄漏，减少泄漏量。应急处理人员戴自给正压式呼吸器，穿防静电工作服。经常采用的方法有：关闭断气法；注水升液法；手钳夹管法，卡箍夹管法；用物堵塞法；冻结制漏法；法兰加垫法；罐口加盖法；泄气减压法。如果在堵漏时需要动火，按特殊动火对待。

4. 转移回收

在保证安全的前提下，运用适当器具对泄漏物进行回收。小量泄漏：用矿土、蛭石或其他惰性材料吸收，或在保证安全情况下，就地焚烧。大量泄漏：构筑围堤或挖坑收容。用泡沫覆盖，降低蒸气灾害。回收跑漏物料时，要注意：提前准备好用于回收的器材（如槽车、桶、泵等）；用泵进行回收时，电气部分必须用防爆型或用气动等不产生火花的泵或专用收集器内，回收或运至废物处理场所处置，槽车要加装车用阻火器；回收时，注意蒸气扩散，加强气体检测。

5. 紧急停车

如果泄漏危及整个装置，视具体情况还可以采取紧急停车措施，如停止反应，把物料退出装置区，送至罐区或火炬。

6. 疏散有关人员，隔离泄漏区

疏散人员的多少和隔离泄漏区的大小，要根据泄漏量和泄漏物具体特性而定。启动音响报警器报警，向气防部门、厂调度部门（生产科）汇报，通知邻近车间或工厂的岗位人员以及附近的居民撤离至安全地点。可燃气体泄漏在人员疏散时，要考虑泄漏物扩散的区域浓度（爆炸极限范围），又要考虑爆炸产生的冲击力对建筑物可能带来的危害。未受污染的房间要立即关闭门窗。

第三节　危险化学品火灾爆炸应急处置

一、总要求

按照国家和行业标准、规范制定的火灾爆炸抢险方案，在实施过程中，坚持“以人为本”的指导思想，应符合以下要求：

（1）迅速隔离事发现场，抢救伤亡人员，撤离无关人员及群众；

（2）迅速收集现场信息，核实现场情况，组织制定现场处置方案并负责实施；

（3）协调现场内外部应急资源，统一指挥抢险工作；

（4）根据现场变化及时修订方案；

（5）协同上级、地方政府实施人员人员疏散和医疗救助；

（6）及时向上级应急指挥中心领导汇报、请示并落实指令；

（7）根据现场方案需要，请求应急指挥中心协调组织其他应急资源；

（8）现场应急指挥根据应急指挥中心领导指示，负责现场的对外新闻发布。

总的要求是：

（1）先控制，后消灭；

（2）扑救人员应占领上风或侧风阵地；

（3）进行火情侦察、火灾扑救、火场疏散人员应有针对性地采取自我防护措施；

(4) 应迅速查明燃烧范围、燃烧物品及其周围物品的品名和主要危险特性、火势蔓延的主要途径；

(5) 正确选择最适应的灭火剂和灭火方法；

(6) 对有可能发生爆炸、爆裂、喷溅等特别危险需紧急撤退的情况，应按照统一的撤退信号和撤退方法及时撤退；

(7) 火灾扑灭后，起火单位应当保护现场，接受和协助事故调查。

二、火灾类型及扑救方法

1. 易燃和可燃液体火灾扑救

液体火灾特别是易燃液体火灾发展迅速而猛烈，有时甚至会发生爆炸。这类物品发生的火灾主要根据它们的密度大小，能否溶于水等性质来确定灭火方法。

一般来说，对比水轻(相对密度小于1)又不溶于水的易燃和可燃液体，如苯、甲苯、汽油、煤油、轻柴油等的火灾，可用泡沫或干粉扑救。初始起火时，燃烧面积不大或燃烧物不多时，也可用二氧化碳灭火剂扑救。但不能用水扑救，因为当用水扑救时，易燃可燃液体比水轻，会浮在水面上随水流淌而扩大火灾。如某焦化厂，由于工人操作不当，致使2t多苯从下水道流入长江，在江面上扩散面积很大。适逢挂有5条木船的“海电1号”轮船停靠在江边避风，一船员将未燃尽的火柴丢入江中，遇苯起火，烧坏船只。

比水重(相对密度大于1)而不溶于水的液体，如二硫化碳、萘、蒽等着火时，可用水扑救，但覆盖在液体表面的水层必须有一定厚度，方能压住火焰。但是，被压在水下面的液体温度都比较高，现场消防人员应注意不要烫伤。如某厂萘着火用水扑救，大量高温萘(最低温度80℃以上)被压在水下面，多人在灭火过程中被水下面的高温萘烫伤。

能溶于水的液体，如甲醇、乙醇等醇类，醋酸乙酯、醋酸丁酯等酯类，丙酮、丁酮等酮类发生火灾时，应用雾状水或抗溶性泡沫、干粉等灭火剂扑救。在火灾初期或燃烧物不多时，也可用二氧化碳扑救。如使用化学泡沫灭火时，泡沫强度必须比扑救不溶于水的易燃液体大3~5倍。

敞口容器内易燃可燃液体着火，不能用砂土扑救。因为砂土非但不能覆盖液体表面，反而会沉积于容器底部，造成液位上升以致溢出，使火灾蔓延。

2. 易燃固体火灾扑救

易燃固体燃点较低，受热、冲击、摩擦或与氧化剂接触能引起急剧及连续的燃烧或爆炸。

易燃固体发生火灾时，一般都能用水、砂土、石棉毯、泡沫、二氧化碳、干粉等灭火剂材扑救，但铝粉、镁粉等着火不能用水和泡沫灭火剂扑救。另外，粉状固体着火时，不能用灭火剂直接强烈冲击以避免粉尘被冲散，在空气中形成爆炸性混合物引发爆炸。

磷的化合物、硝基化合物和硫黄等易燃固体着火燃烧时产生有毒和刺激气体，扑救时人要站在上风向，以防中毒。

3. 遇水燃烧物品火灾扑救

此类物品共同特点是遇水后，能发生剧烈的化学反应产生可燃性气体，同时放出热量，以致引起燃烧爆炸。遇水燃烧物品火灾应用干砂土、干粉等扑救，灭火时严禁用水、酸、碱灭火剂和泡沫灭火剂扑救。

遇水燃烧物中，如锂、钠、钾、铷、铯、锶等，由于化学性质十分活泼，能夺取二氧化碳中的氧而引起化学反应，使燃烧更猛烈，所以也不能用二氧化碳扑救。

4. 自燃物品火灾的扑救

此类物品虽未与明火接触，但在一定温度的空气中能发生氧化作用放出热量，由于积热不散，达到其燃点而引起燃烧。

自燃物品可分为三种：一种在常温空气中剧烈氧化，以致引起自燃，如黄磷；另一种受热达到燃点时，放出热量，不需外部补给氧气，本身分解出氧气继续燃烧，如硝化纤维胶片、铝铁溶剂等；还有一种在空气中缓慢氧化，如果通风不良，积热不散达到物品自燃点即能自燃，如油纸等含油脂的物品。

自燃物品起火时，除三乙基铝和铝铁溶剂等不能用水扑救外，一般可用大量的水进行灭火，也可用砂土、二氧化碳和干粉灭火剂灭火。由于三乙基铝遇水产生乙烷，铝铁溶剂燃烧时温度极高，能使水分解产生氢气。所以不能用水灭火。如某化工厂物料储罐在长期使用时，由于物料中含有较多硫化物(硫化氢和有机硫)，硫化物与设备的接触腐蚀作用，形成硫化铁。生产中将储罐内物料用净后，干燥的硫化铁在常温空气中自行发热燃烧，发生火灾，用干粉将火扑灭。

5. 氧化剂火灾扑救

这类物品具有强烈的氧化能力，本身虽不燃烧，但与可燃物接触即能将其氧化，而自身还原引起燃烧爆炸。

由氧化剂引起的火灾，一般可用砂土进行扑救，大部分氧化剂引起的火灾都能用水扑救，最好用雾状水。如果用加压水则先用砂土压盖在燃烧物上，再行扑灭。要防止水流到其他易燃易爆物品处。过氧化物和不溶于水的液体有机氧化剂，应用砂土或二氧化碳、干粉灭火剂扑救。这是因为过氧化物遇水反应能放出氧，加速燃烧；不溶于水的液体有机氧化剂，一般相对密度小于1(比水轻)，如用水扑救时，会浮在水上面流淌扩大火灾。

6. 毒害物品和腐蚀物品火灾扑救

一般毒害物品着火时，可用水及其他灭火剂扑救，但毒害物品中的氰化物、硒化物、磷化物着火时，就不能用酸碱灭火剂扑救，只能用雾状水或二氧化碳等灭火。

腐蚀性物品着火时，可用雾状水、干砂、泡沫、干粉等扑救。硫酸、硝酸等酸类腐蚀品不能用加压密集水流扑救，因为密集水流会使酸液发热甚至沸腾，四处飞溅而伤害扑救人员。扑救毒害物品和腐蚀性物品火灾时，还应注意节约水量和水的流向，同时注意尽可能使灭火后的污染流入污水管道。因为有毒或有腐蚀性的灭火污水四处溢流会污染环境，甚至污染水源。

有害物品和腐蚀性物品火灾扑救还应搞好个人防护措施，使用防毒面盔、面罩等。易燃气体火灾扑救易燃气体有氢、煤气、乙炔、乙烯、甲烷、氨、石油气等。这些气体具有经撞击、受热或遇火花发生燃烧爆炸的危险。

7. 液化气体和可燃气体火灾扑救

为了便于储存和使用，通常情况下将很多易燃气体用加压法压缩储于容器内。由于各种气体的性质不同，有的压缩成液态，称为液化气，如液化石油气、液氨等；有的仍为气态，称为压缩气体，如氢气瓶内的氢气等。气体着火是很难灭掉的，根据国内外的实践，大部分气体着火用水是能起到降温和灭火作用的。

干粉和二氧化碳也能扑灭大部分气体火灾，但对大面积气体火灾，往往无能为力。因此，隔绝易燃气体来源和用大量的水进行冷却降温是灭火的主要手段。

在扑救可燃气体火灾时，可燃气体如果从容器管道中源源不断地喷散出来，应首先切断可燃物的来源，然后争取一次灭火成功。如果在未切断可燃气体来源的情况下，急于求成，盲目灭火，则是一种十分危险的做法。因为火焰一旦被扑灭，而可燃气体继续向外喷散，特别是比空气重的可燃气体如液化石油气等外溢，易沉积在低洼处，不易很快消散，遇明火或炽热物体等火源还会引起复燃。如果气体浓度达到爆炸极限，还会引起爆炸，很容易导致事故扩大。

8. 爆炸物品火灾扑救

爆炸物品在常温下就有缓慢分解的趋向，受到高温、摩擦、冲击或与某些物质接触后即发生剧烈的化学反应而爆炸。爆炸物品有导火索、雷管、三硝基甲苯、三硝基苯酚、枪弹、爆竹等。爆炸物品所引起的爆炸主要有以下四个特点：①化学反应速度快，一般以万分之一秒的时间完成化学反应；②爆炸时会产生大量热能，这是爆炸物品能量的主要来源；③产生大量气体，造成高压；④不需外界供氧，爆炸物品由于分子中含有特殊的不稳定基团，在爆炸时会引起分解或自身的氧化还原反应。

爆炸物品发生爆炸是很难扑救的，万一发生爆炸起火，应控制火势，妥善处理爆炸物品，以免发生再次爆炸。可用水或各种灭火剂扑救，但不能用砂土等物压盖爆炸物品，以免扩大爆炸。

第四节　危险化学品灼伤应急处置

1. 化学性皮肤烧伤

化学性皮肤烧伤的现场处理方法是立即移离现场，迅速脱去被化学物沾污的衣裤、鞋袜等，再进行以下处理(表 8-1)：

(1) 无论酸、碱或其他化学物烧伤，立即用大量流动自来水或清水冲洗创面 15~30min。

(2) 新鲜创面上不要任意涂上油膏或红药水，不用脏布包裹。

(3) 黄磷烧伤时应用大量水冲洗、浸泡或用多层湿布覆盖创面。

(4) 烧伤病人应及时送医院。

(5) 烧伤的同时，往往合并骨折、出血等外伤，在现场也应及时处理。

表 8-1　常见化学物灼伤的急救处理

化学物质		作　用	清洗剂[a]	可供参考的特殊治疗
无机酸类	硫酸	脱水	流动清水(先吸附创面硫酸)	5%碳酸氢钠溶液
	盐酸	脱水	流动清水	5%碳酸氢钠溶液
	硝酸	氧化	流动清水	5%碳酸氢钠溶液
	氧氟酸	原生质毒	流动清水	① 25%硫酸镁溶液； ② 10%葡萄糖酸钙溶液； ③ 石灰水溶液； ④ 季铵化合物-氯化苯甲羟胺溶液浸泡、湿敷； ⑤ 氢氟酸灼伤治疗液[b]浸泡、湿敷

化学物质		作　用	清洗剂[a]	可供参考的特殊治疗
无机酸类	氢溴酸	氧化	流动清水	氨松酯： 5%氨水1份 松节油1份 95%乙醇
	铬酸	氧化	流动清水	5%硫代硫酸钠溶液
有机酸类	草酸	腐蚀	流动清水	10%葡萄糖酸钙溶液
	三氯乙酸	原生质毒	流动清水	5%碳酸氢钠溶液
	冰乙酸	腐蚀	流动清水	5%碳酸氢钠溶液
	乙酸	腐蚀	流动清水	5%碳酸氢钠溶液
	氯乙酸	腐蚀	流动清水	5%碳酸氢钠溶液
	丙烯酸	腐蚀	流动清水	5%碳酸氢钠溶液
	甲酸	原生质毒	流动清水	5%碳酸氢钠溶液
无机碱类	氢氧化钾(钠)	脱水、腐蚀	流动清水	3%硼酸溶液； 0.5%～5%乙酸溶液或10%枸橼酸溶液
	氢氧化铵(氨水)	腐蚀	流动清水	0.5%～5%乙酸溶液或10%枸橼酸溶液
有机碱类	甲胺	腐蚀	流动清水	3%硼酸溶液
	乙醇胺	腐蚀	流动清水	3%硼酸溶液
	硫酸二甲酯	起疱	流动清水	5%碳酸氢钠溶液
	二甲亚砜	起疱	流动清水	5%碳酸氢钠溶液
酚类	苯酚	原生质毒	流动清水	① 用浸过聚乙烯乙二醇(PEG400或PEG300)的棉球擦洗创面； ② 用浸过30%～50%乙醇棉球擦洗创面； ③ 用4%～5%碳酸氢钠溶液湿敷创面
	甲酚	原生质毒	流动清水	与苯酚相同
	二氯酚	原生质毒	流动清水	与苯酚相同
	金属钾(钠)	腐蚀	用油覆盖，忌用少量水冲洗	3%硼酸溶液
其他	石灰石	腐蚀	用油覆盖，忌用少量水冲洗	3%硼酸溶液
	电石	腐蚀	用油覆盖，忌用少量水冲洗	3%硼酸溶液
	黄磷	原生质毒	流动清水(冲洗前在暗处先剔除黄磷颗粒) 湿包	① 1%～2%硫酸铜溶液[c]； ② 3%硝酸银溶液； ③ 5%碳酸氢钠溶液
	三氯化磷	氧化	忌用少量水冲洗	5%碳酸氢钠溶液
	液体沥青	刺激	流动清水	医用液体石蜡擦洗创面

注：a. 皮肤接触到油性化学物后，应立即先用吸附棉(纸)等，尽可能地吸附掉化学物，然后再用清洗剂冲洗。

b. 氢氟酸灼伤治疗液：5%氟化钙20mL、2%利多卡因20mL、地塞米松5mg、二甲基亚砜60mL。

c. 硫酸铜作为显示剂、解毒剂，大面积使用时应注意防止硫酸铜中毒。

2. 化学性眼烧伤

致眼灼伤的化学物见表8-2，化学性眼烧伤的现场处理方法如下：

(1) 迅速在现场用流动清水冲洗，千万不要未经冲洗处理而急于送医院。

(2) 冲洗时眼皮一定要掰开。

(3) 如无冲洗设备，也可把头部埋入清洁盆水中，把眼皮掰开，眼球来回转动洗涤。

(4) 电石，生石灰(氧化钙)颗粒溅入眼内，应先用蘸液状石蜡或植物油的棉签去除颗粒后，再用水冲洗。

表 8-2 致眼灼伤的化学物

化学品名称	
酸	盐酸、氯磺酸、硫酸、硝酸、铬酸、氢氟酸、乙酸(酐)、三氯乙酸、羟乙酸、巯基乙酸、乳酸、草酸、琥珀酸(酐)、马来酸(酐)、柠檬酸、己酸、2-乙基乙酸、三甲基己二酸、山梨酸、大黄酸
碱	碳酸钠、碳酸钾、铝酸钠、硝酸钠、钾盐镁钒、锂、氧化钙、干燥硫酸钙、碱性熔渣、碳酸钙、草酸钙、氰氨化钙、氯化钙、碳酸铵、氢氧化铵
金属腐蚀剂	硝酸银、硫酸铜或硝酸铜、乙酸铅、氯化汞(升汞)、氯化亚汞(甘汞)、硫酸镁、五氧化二钒、锌、铍、肽、锑、铬、铁及锇的化合物
非金属无机刺激及腐蚀剂	无机砷化物、三氧化二砷、三氯化砷、砷化三氰(胂)、二硫化硒、磷、五氧化二磷、二氧化硫、硫化氢、硫酸二甲酯、二甲基亚砜、硅
氧化剂	氯气、光气、溴、碘、高锰酸钾、过氧化氢、氟化钠、氢氰酸
刺激性及腐蚀性碳氢化物	酚、来苏儿、甲氧甲酚、二甲苯酚、薄荷醇、木溜油、三硝基酚、对苯二酚、间苯二酚、硝基甲烷、硝基丙烷、硝基萘、氨基乙醇、苯乙醇、异丙醇胺、乙基乙醇胺、苯胺染料(紫罗兰维多尼亚蓝、孔雀绿、亚甲蓝)、对苯二胺、溴甲烷、三氯硝基甲烷
起疱剂	芥子气、氯乙基胺、亚硝基胺、路易氏气
催泪剂	氯乙烯苯、溴苯甲腈
表面活性剂	氯化苄烷胺、气溶胶、局部麻醉剂、蘑菇孢子、鞣酸、除虫菊、海葱、巴豆油、依米丁、围涎树碱、秋水仙、蓖麻蛋白、红豆毒素、柯亚素、丙烯基芥子油
有机溶剂	汽油、苯精、煤油、沥青、苯、二甲苯、乙苯、苯乙烯、萘、α 和 β 萘酚、三氯甲烷、氯乙烷、二氯乙烷、二氯丙烷、甲醇、乙醇、丁醇、甲醛、乙醛、丙烯醛、丁醛、丁烯醛、丙酮醛、糠醛、丙酮、丁酮、环己酮、二氯乙醚、二恶烷、甲酸甲酯、甲酸乙酯、甲酸丁酯、乙酸甲酯、乙酸乙酯、乙酸丙酯、乙酸戊酯、乙酸苄酯、碘乙酸盐、二氯乙酸盐、异丁烯酸甲酯
其他	速灭威、二月桂酸二丁基锡、N，N′-二环乙基二亚胺、己二胺、洗净剂、除草剂、新洁尔灭、去锈灵、环氧树脂、龙胆紫、甲基硫代磷酰氯、甲胺磷、401、二异丙氨基氯乙烷、四氯化钛、三氯氧磷、异丙嗪、苯二甲酸二甲酯、正香草酸、辛酰胱氨酸、氟硅酸钠、环戊酮、聚硅氧烷、网状硅胶、溴氰菊酯

第五节 危险化学品中毒应急处置

一、人身中毒的途径

在危险化学品的储存、运输、装卸、搬倒商品等操作过程中，毒物主要经呼吸道和皮肤进入人体，经消化道者较少。

二、化学品中毒事故的现场救援必须遵循一定的原则

(1) 抢救最危急的生命体征；
(2) 处理眼和皮肤污染；
(3) 查明化学物质的毒性；
(4) 进行特殊和/或对症处理。

三、急性中毒的现场急救处理

发生急性中毒事故，应立即将中毒者及时送医院急救。护送者要向院方提供引起中毒的原因、毒物名称等，如化学物不明，则需带该物料及呕吐物的样品，以供医院及时检测。

如不能立即到达医院时，可采取急性中毒的现场急救处理：

(1) 吸入中毒者，应迅速脱离中毒现场，向上风向转移，至空气新鲜处。松开患者衣领和裤带，并注意保暖。

(2) 化学毒物沾染皮肤时，应迅速脱去污染的衣服、鞋袜等，用大量流动清水冲洗15~30min。头面部受污染时，首先注意眼睛的冲洗。

(3) 口服中毒者，如为非腐蚀性物质，应立即用催吐方法，使毒物吐出。

对中毒引起呼吸、心跳停者，应进行心肺复苏术，主要的方法有口对口人工呼吸和心脏胸外按压术。

四、刺激性气体中毒

刺激性气体主要是指那些由于本身的理化特性而对呼吸道及肺泡上皮具有直接刺激作用的气态化合物。刺激性气体过量吸入可引起以呼吸道刺激、炎症乃至以肺水肿为主要表现的疾病状态，称为刺激性气体中毒。

第六节　其他伤害应急处置

危险化学品在生产、经营、储存、运输和使用过程中，除了会发生与危险化学品直接接触造成的伤害，还会发生一些间接伤害。发生这些伤害时，也应立即采取措施进行处理，最大限度地减少人员伤亡。

1. 触电

当发现有人触电时，在保证自己安全的前提下，应根据不同情况采取不同的方法，迅速而果断地使其脱离电源。脱离电源的一般方法：

如果触电人所在的地方较高，须预先采取保证触电人安全的措施，否则停电后会摔下来给触电者更大的危险。

如果停电时影响事故地点的照明，必须迅速准备手电筒或合上备用事故照明灯，以便继续进行救护工作。

如不能迅速地将电源断开，就必须设法使触电者与带电部分分开(在低压设备上，如果触电者的衣服是干燥的而且不紧裹在身上，则可以拉他的衣服，但不能触及裸露的皮肤及附近的金属物件；如果电源线较小，可用电工钳将电源线剪断；如果触电者握住了粗导线或母线，必须用绝缘板将触电者垫起来，使其脱离地面)。

如果触电者还没有失去知觉，只在触电过程中曾一度昏迷或因触电时间较长，则必须保证触电者的安静，并保持环境通风良好。然后通知医院救护车接往医院诊治。

如果触电者已失去知觉，但呼吸尚存在，则应当使他舒服，安静的平卧，解开衣服，周围不让人围着，保持空气流通，向触电者身上洒冷水摩擦全身，并通知医院派救护车前来救护。如果触电人呼吸困难，呼吸稀少，不时出现痉挛现象，则必须施行人工呼吸。

如果没有生命的象征(呼吸、脉搏及心脏跳动停止)，这时也不能送往医院，只能就地救护。在未得到医生的确诊之前，救护始终不能停止。

2. 高处坠落

高空坠落、撞击、挤压可能导致胸部内脏破裂出血，伤者表面无出血，但表面出现面色苍白、腹痛、意识不清、四肢发冷等征兆。应首先观察或询问是否出现上述特征，确认或怀疑存在上述特征时，严禁移动伤者，应平躺并立即拨打120急救电话。

如有骨折，应就地取材，使用夹板或竹棍固定，避免骨折部位移位，开放性骨折并伴有大出血者，应先止血再固定，用担架或自制简易担架运送伤者至医院治疗。

3. 物体打击

查看被打击部位伤害情况。根据伤情确定救护方案，需要包扎的进行现场简易包扎，若有骨折，应就地取材，使用夹板或竹棍固定，避免骨折部位移位。开放性骨折并伴有大出血者，应先止血再固定，用担架或自制简易担架运送伤者至医院治疗。

4. 机械伤害

(1) 应立即关闭施工机械。

(2) 如造成短肢或骨折，应立即进行现场固定包扎，找回被切断肢体，以便送医院后做好救治工作。

(3) 需要抢救的伤员，应立即就地坚持心肺复苏抢救，并联系就近医院医治。

5. 车辆伤害

根据伤情确定救护方案，需要包扎的进行现场简易包扎。若有出血，先简易包扎止血；若有骨折，应就地取材，使用夹板或竹棍固定，避免骨折部位移位。开放性骨折并伴有大出血者，应先止血再固定。

上述紧急处理后的伤员抢救，立即与急救中心和医院联系，请求出动急救车辆并做好急救准备，确保伤员得到及时医治。

事故现场取证救助行动中，安排人员同时做好事故调查取证工作，以利于事故处理，防止证据遗失。

6. 吊装伤害

当吊装事故发生时如果有人员伤害，首先抢救受伤人员同时报告应急指挥中心。如伤害严重时，应立即安排车辆将伤员送往医院急救。如果发生吊装事故没有人员伤亡，应及时处理以免发生人身伤害。

设置警戒区，保护现场，组织人员撤离。得到报警信号后，施工人员立即停止工作，就近关闭电源、火源，沿即定应急撤离路线撤离到指定地点，撤离过程中听从应急指挥员的指挥，不拥挤、不慌乱，照顾伤病员，有秩序地迅速撤离。人员撤离到集合地点时，清点人员。

应急指挥中心组织好现场保护工作，并协助公司、业主或地方主管部门进行调查。

第九章　典型事故案例

第一节　卸车作业时发生重大爆炸着火事故

2017 年 6 月 5 日凌晨 1 时左右，山东某公司储运部装卸区的一辆液化石油气运输罐车在卸车作业过程中发生液化气泄漏，引起重大爆炸着火事故，造成 10 人死亡，9 人受伤，见图 9-1。

图 9-1　液化石油气泄漏爆炸着火

一、事故经过

2017 年 6 月 5 日 0 时 58 分，该公司驾驶员唐某驾驶液化气运输罐车经过长途奔波、连续作业后，驾车驶入该公司并停在 10 号卸车位准备卸车。

唐某下车后先后将 10 号装卸臂气相、液相快接管口与车辆卸车口连接，并打开气相阀门对罐体进行加压，车辆罐体压力从 0.6MPa 上升至 0.8MPa 以上。0 时 59 分 10 秒，唐某打开罐体液相阀门一半时，液相连接管口突然脱开，大量液化气喷出并急剧气化扩散。正在值班的该公司韩某等现场作业人员未能有效处置，致使液化气泄漏长达 2min10s，很快与空气形成爆炸性混合气体，遇到点火源发生爆炸，造成事故车及其他车辆罐体相继爆炸，罐体残骸、飞火等飞溅物接连导致 1000m^3 液化气球罐区、异辛烷罐区、废弃槽罐车、厂内管廊、控制室、值班室、化验室等区域先后起火燃烧。现场 10 名人员撤离不及当场遇难，9 名人员受伤(图 9-2)。

二、原因分析

1. 直接原因

肇事罐车驾驶员长途奔波、连续作业，在午夜进行液化气卸车作业时，没有严格执行

图 9-2　事故现场鸟瞰图

卸车规程，出现严重操作失误，致使快接接口与罐车液相卸料管未能可靠连接，在开启罐车液相球阀瞬间发生脱离，造成罐体内液化气大量泄漏。现场人员未能有效处置，泄漏后的液化气急剧气化，迅速扩散，与空气形成爆炸性混合气体达到爆炸极限，遇点火源发生爆炸燃烧。液化气泄漏区域的持续燃烧，先后导致泄漏车辆罐体、装卸区内停放的其他运输车辆罐体发生爆炸。爆炸使车体、罐体分解，罐体残骸等飞溅物击中周边设施、物料管廊、液化气球罐、异辛烷储罐等，致使 2 个液化气球罐发生泄漏燃烧，2 个异辛烷储罐发生燃烧爆炸。

据调查事故车辆行驶的 GPS 记录，肇事罐车驾驶员唐某驾驶车辆，从 6 月 3 日 17 时到 6 月 4 日 23 时 37 分，近 32h 只休息 4h，期间等候装卸车 2h 50min，其余 24h 均在驾车行驶和装卸车作业。押运员陈某没有驾驶证，行驶过程都是唐某在驾驶车辆。6 月 5 日零时 57 分，车辆抵达该公司后，唐某安排陈某回家休息，自己实施卸车作业。在极度疲惫状态下，操作出现严重失误，装卸臂快接口两个定位锁止扳把没有闭合，致使快接接口与罐车液相卸料管未能可靠连接。

据分析，引发第一次爆炸可能的点火源是该公司生产值班室内在用的非防爆电器产生的电火花。

2. 间接原因

（1）该公司安全管理混乱，责任缺失

① 超许可违规经营；

② 日常安全管理混乱；

③ 疲劳驾驶失管失察；

④ 事故应急管理不到位；

⑤ 装卸环节安全管理缺失。

（2）该公司未落实安全生产主体责任

① 安全生产风险分级管控和隐患排查治理主体责任不落实；

② 特种设备安全管理混乱；

③ 危化品装卸管理不到位；

④ 工程项目违法建设；

⑤ 事故应急管理不到位。

(3) 河南省某公司未落实安全生产主体责任

① 对所属车辆处于脱管状态；

② 未履行异地经营报备职责；

③ 车辆动态监控不到位；

④ 移动式压力容器管理不到位。

(4) 中介技术服务机构未依法履行设计、监理、评价等技术管理服务责任

① 设计单位责任：未严格按照石油化工控制室房屋建筑结构设计相关规范对控制室进行设计；

② 工程监理单位责任：未依法履行建筑工程监理职责；

③ 安全评价单位责任：出具的评价报告风险分析前后矛盾，评价结论严重失实。

(5) 交通运输部门未依法履行危险化学品运输安全监管职责

① 某经济开发区分局：工作失职，监督不力；

② 某市交通运输局：疏于管理，指导不力。

(6) 质监部门未依法履行特种设备安全监察职责

① 某经济开发区市场监管局：工作失职，监督不力；

② 某市质监局：疏于管理，指导不力。

(7) 安监部门未依法履行危险化学品安全监管综合工作职责

① 某经济开发区安监局：未认真履行危险化学品安全监管综合工作职责，监督不力；

② 某市安监局：疏于管理，指导不力。

(8) 公安消防机构未依法履行消防安全监管和工程项目消防审批职责

① 某市公安消防支队某经济开发区大队：工作失职，未正确履行该公司火灾高危单位监督管理职责；

② 某市公安消防支队：疏于管理，指导督促不力。

(9) 经信部门未依法履行化工行业主管部门职责

① 某经济开发区经济发展局：工作不力，未履行化工行业主管部门安全生产监管职责，对建设项目未取得立项、备案手续违规建设行为监管失察；

② 某市经信委：工作不力，未认真履行化工行业主管部门安全生产监管职责；

(10) 住建部门未依法履行建设工程安全监管职责

某经济开发区建设局：工作失职，未对该工程履行日常的工程质量、安全监督等监管职责。

(11) 环保部门未依法履行工程项目环保审批职责

某市环保局临港经济开发区分局：工作失职，对建设项目在未获得环境影响评价报告批复情况下擅自开工建设并投产的违法行为长期监管失察。

(12) 规划部门未依法履行工程项目规划审批职责

某经济开发区规划局：工作失职，对建设工程规划许可未批先建行为失察。

(13) 地方党委政府未依法履行安全生产属地监管职责

① 某经济开发区某镇党委、政府贯彻落实相关法律法规和上级安排部署不到位，履行安全生产属地管理责任不力；

② 某经济开发区党工委、管委会对交通运输、特种设备、化工等行业领域的企业审批、安全监管、执法检查等方面督导执行不严不实，履行安全生产属地管理责任不力；

③ 某市政府贯彻落实相关法律法规和上级安排部署不到位，组织全市安全生产工作不到位，产业布局不合理。

第二节　生产装置串料引发重大爆炸事故

2017 年 12 月 9 日 2 时 9 分，江苏某公司间二氯苯装置发生爆炸事故，造成 10 人死亡，1 人轻伤，见图 9-3。

图 9-3　间二氯苯装置爆炸事故后现场

一、事故经过

2017 年 12 月 8 日 19 时左右，某公司四车间尾气处理操作工发现尾气处理系统真空泵处冒黄烟，随即报告班长。班长检查确认后，将通往活性炭吸附器的风门开到最大，黄烟不再外冒。

19 时 39 分左右，氯化操作工到 1#保温釜用压缩空气(原应使用氮气)将釜内物料压送到 1#高位槽。

19 时 44 分左右，放料工将 1#脱水釜中的间二硝基苯和残液蒸馏回收的杂 2、杂 3 一并放入 1#保温釜内，20 时 4 分放料结束。放料前保温釜温度 127℃，放料后温度降为 123℃，指标正常。

21 时左右，真空泵处再次冒黄烟。班长认为氯化水洗尾气压力高，关闭了脱水釜、保温釜尾气与氯化水洗尾气在三级碱吸收前连通管道上的阀门，黄烟基本消失。

21 时 35 分左右，车间控制室内操对氯化操作工说，1#保温釜温度突然升高，要求检查温度、确认保温蒸汽是否关闭。氯化操作工到现场观察温度约为 152℃，随即手动紧了一圈夹套蒸汽阀。

22 时 42 分左右，班长在车间控制室看到 DCS 系统显示 1#保温釜温度“150℃??”(已超 DCS 量程上限 150℃)，认为是远传温度计损坏，未做相应处置。

23 时 30 分左右，班长与夜班班组 7 人进行了交接班。

23 时 57 分左右，精馏操作工发现 1#高位槽顶部冒黄烟，报告夜班班长，夜班班长和七车间前来协助处理的班长等人赶到现场，夜班班长到 1#高位槽操作平台进行处理，黄烟变小后，人员全部离开了现场。

12 月 9 日 0 时 14 分左右，夜班班长认为 1#保温釜 DCS 温度显示是异常，又来到 1#保温釜，打开保温釜紧急放空阀，没有烟雾排出又关闭放空阀。

0 时 20 分左右，夜班班长到三楼用钢锯将 1#高槽位的尾气放空管锯开一道缝隙，有烟雾持续冒出。

1 时 1 分左右，夜班班长又到 1#保温釜，打开 1#保温釜紧急放空阀，有大量烟雾冒出，接着关闭并离开。

1 时 39 分左右，夜班班长再次来到 1#保温釜，用 F 扳手紧固保温釜夹套蒸汽阀门。

2 时 5 分左右，氯化操作工付某接到内操指令，到 1#保温釜进行压料操作，氯化操作工田某协助，精馏操作工也在现场。

2 时 5 分 31 秒，田某关闭了 1#保温釜放空阀，付某打开压缩空气进气阀向 1#高位槽压料，田某观察压料情况。

2 时 8 分 41 秒，付某关闭压缩空气进气阀，看到 1#保温釜压力快速上升；9 分 2 秒，田某快速打开 1#保温釜放空阀进行卸压；9 分 30 秒，1#保温釜尾气放空管道内出现红光，紧接着保温釜釜盖处冒出淡黑色烟雾，付某、田某和精馏操作工 3 人迅速跑离现场。

2 时 9 分 49 秒，保温釜内喷出的物料发生第一次爆炸；9 分 59 秒，现场发生了第二次爆炸。爆炸造成四车间及相邻六车间厂房坍塌。

二、原因分析

1. 直接原因

尾气处理系统的氮氧化物(夹带硫酸)串入 1#保温釜，与加入回收残液中的间硝基氯苯、间二氯苯、124-三氯苯、135-三氯苯和硫酸根离子等形成混酸，在绝热高温下，与釜内物料发生化学反应，持续放热升温，并释放氮氧化物气体(冒黄烟)；使用压缩空气压料时，高温物料与空气接触，反应加剧(超量程)，紧急卸压放空时，遇静电火花燃烧，釜内压力骤升，物料大量喷出，与釜外空气形成爆炸性混合物，遇燃烧火源发生爆炸。

2. 间接原因

(1) 该公司未落实安全生产主体责任，是事故发生的主要原因。

① 安全管理混乱，安全生产职责不清，规章制度不健全；

② 装置无正规科学设计，该企业间二氯苯生产工艺没有正规技术来源；

③ 违法组织生产，在未取得危险化学品安全生产许可证的前提下，违法组织生产；

④ 变更管理严重缺失，未执行变更管理要求；

⑤ 教育培训不到位，日常安全教育培训流于形式；

⑥ 操作人员资质不符合规定要求，特种作业人员未持证上岗；

⑦ 自动控制水平低，关键单元均没有实现自动控制，仍采用人工操作；

⑧ 厂房设计与建设违法违规，未取得建设用地规划和施工许可证的情况下，违规设计和施工，未经建设工程竣工验收就投入使用。

(2) 设计、监理、评价、设备安装等技术服务单位未依法履行职责，违法违规进行设计、安全评价、设备安装、竣工验收，是事故发生的重要原因。

(3) 县委县政府和化工园区管委会安全生产红线意识不强，对安全生产工作重视不够，属地监管责任不落实，也是事故发生的重要原因。

(4) 负有安全生产监管和建设项目管理的有关部门未认真履行职责，审批把关不严，监督检查不到位，也是事故发生的重要原因。

第三节　储存气柜氯乙烯泄漏扩散导致重大爆燃事故

2018 年 11 月 28 日零时 40 分 55 秒，河北某公司氯乙烯泄漏扩散至厂外区域，遇火源发生爆燃，造成 24 人死亡(其中 1 人后期医治无效死亡)、21 人受伤(4 名轻伤人员康复出院)，38 辆大货车和 12 辆小型车损毁，见图 9-4。

图 9-4　厂外爆燃后毁损的车辆

一、事故经过

2018 年 11 月 27 日 23 时，该公司聚氯乙烯车间氯乙烯工段丙班接班。班长李某、精馏 DCS(自动化控制技术中的集散控制系统)操作员袁某、精馏巡检工郭某、张某、转化岗 DCS 操作员孟某上岗。当班调度为侯某、冯某，车间值班领导为副主任刘某。接班后，袁某在中控室盯岗操作，李某在中控室查看转化及精馏数据，未见异常。从生产记录、DCS 运行数据记录、监控录像及询问交、接班人员等情况综合分析，接班时生产无异常。

27 日 23 时 20 分左右，郭某和张某从中控室出来，直接到巡检室。

27 日 23 时 40 分左右，李某到冷冻机房检查未见异常，之后在冷冻机房用手机看视频。

28 日零时 36 分 53 秒，DCS 运行数据记录显示，压缩机入口压力降至 0.05kPa。中控室视频显示，袁某在之后 3min 内进行了操作；DCS 运行数据记录显示，回流阀开度在 3min 内由 30%调整至 80%。

28 日零时 39 分 19 秒，DCS 运行数据记录显示，气柜高度快速下降，袁某用对讲机呼叫郭某，汇报气柜波动，通知其去检查。随后，袁某用手机向李某汇报气柜波动大。

李某在零时 41 分左右，听见爆炸声，看见厂区南面起火，立即赶往中控室通知调度侯某。侯某电话请示生产运行总监郭某后，通知转化岗 DCS 操作员孟某启动紧急停车程序，孟某使用固定电话通知乙炔、烧碱和合成工段紧急停车，停止输气。

同时，李某、郭某、张某一起打开球罐区喷淋水，随后对氯乙烯打料泵房及周围进行灭火，在灭掉氯乙烯打料泵房及周围残火后，返回中控室。调取气柜东北角的监控视频（视频时间比北京时间慢 7min2s），显示 1#氯乙烯气柜发生过大量泄漏；零时 40 分 55 秒观察到气柜南侧厂区外火光映入视频画面。

零时 42 分 44 秒，气柜区起火（图 9-5）。

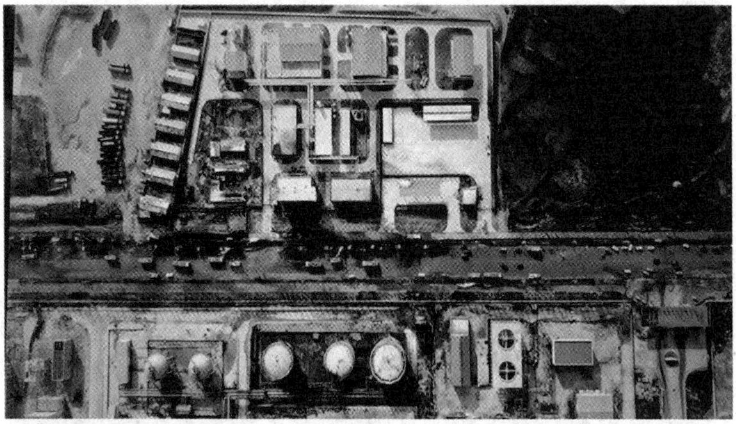

图 9-5　氯乙烯泄漏爆燃事故现场鸟瞰图

二、原因分析

1. 直接原因

该公司违反《气柜维护检修规程》（SHS 01036—2004）第 2. 1 条①和该公司《低压湿式气柜维护检修规程》②的规定，聚氯乙烯车间的 1#氯乙烯气柜长期未按规定检修，事发前氯乙烯气柜卡顿、倾斜，开始泄漏，压缩机入口压力降低，操作人员没有及时发现气柜卡顿，仍然按照常规操作方式调大压缩机回流，进入气柜的气量加大，加之调大过快，氯乙烯冲破环形水封泄漏，向厂区外扩散，遇火源发生爆燃。

2. 间接原因

（1）企业层面

① 企业不重视安全生产，安全生产管理混乱、隐患排查治理不到位、安全管理缺失等问题失察失管；

② 该公司安全管理混乱，主要负责人及重要部门负责人长期不在公司，劳动纪律涣散；

③ 该公司安全投入不足，安全专项资金不能保证专款专用，检修需用的材料不能及时到位；

④ 该公司教育培训不到位，安全教育培训走过场，生产操作技能培训不深入；

⑤ 该公司风险管控能力不足、措施不足；

⑥ 该公司应急处置能力差，应急预案如同虚设，应急演练流于形式，操作人员对装置异常工况处置不当；

⑦ 该公司生产组织机构设置不合理，该公司撤销了专门的生产技术部门、设备管理部门；

⑧ 该公司隐患排查治理不到位。

(2) 部门层面

① 市安全监管局贯彻落实上级文件部署要求不到位，疏于对某化工公司的有效监管；

② 市公安局交警支队宣化二大队未正确履职尽责；

③ 某区人民法院对非法修建停车场申请强制执行一案，未依法采取强制执行措施；

④ 市交通运输局组织论证、设计和评审中，未考虑该公司重大危险源(氯乙烯气柜、球罐)对该路段构成的安全风险；

⑤ 市委、市政府对上级安全生产工作的部署和要求贯彻落实不到位，对有关部门落实安全生产监管责任组织领导不力。

第四节 危废堆放自燃引发重大爆炸事故

2019 年 3 月 21 日 14 时 48 分，江苏省某公司发生特别重大爆炸事故，造成 78 人死亡，76 人重伤，640 人住院治疗，见图 9-6。

图 9-6 危废堆放自燃引发重大爆炸事故

一、事故经过

2019 年 3 月 21 日 14 时 45 分 35 秒，该公司旧固废库房顶中部冒出淡白烟，随即出现明火且火势迅速扩大，至 14 时 48 分 44 秒发生爆炸(图 9-7)。

图 9-7 危废堆放自燃爆炸后事故现场

二、原因分析

1. 直接原因

该公司旧固废库内长期违法储存的硝化废料持续积热升温导致自燃，燃烧引发硝化废料爆炸。起火位置为该公司旧固废库中部偏北堆放硝化废料部位。

硝化废料具有自分解特性，分解时释放热量，且分解速率随温度升高而加快。绝热条件下，硝化废料的储存时间越长，越容易发生自燃。该公司旧固废库内储存的硝化废料，最长储存时间超过 7 年。在堆垛紧密、通风不良的情况下，长期堆积的硝化废料内部因热量累积，温度不断升高。绝热条件下，硝化废料起始温度为 39.2℃时，因自分解放热，储存 1 年后温度会升至自燃点，发生自燃；硝化废料起始温度为 26.8℃时，3 年后会发生自燃；硝化废料起始温度为 21.1℃时，5 年后会发生自燃；硝化废料起始温度为 17.3℃时，7 年后会发生自燃。达到自燃温度时发生自燃，火势迅速蔓延至整个堆垛，堆垛表面快速燃烧，内部温度快速升高，硝化废料剧烈分解发生爆炸，同时殉爆库房内的所有硝化废料，共计约 600 吨袋(1 吨袋可装约 1t 货物)。

2. 间接原因

(1) 该公司无视国家环境保护和安全生产法律法规，长期违法违规储存、处置硝化废料，企业管理混乱，是事故发生的主要原因；

(2) 中介机构弄虚作假，出具虚假失实文件，导致事故企业硝化废料重大风险和事故隐患未能及时暴露，干扰误导了有关部门的监管工作，是事故发生的重要原因；

(3) 有关部门主要问题：县应急管理局未认真履行监督管理职责；市应急管理局监管执法存在漏洞，督促指导隐患整改不力；省应急管理厅履行安全生产综合监督管理职责不到位。

第五节　空分装置爆炸事故

2019 年 7 月 19 日 17 时 45 分左右，河南省某气化厂 C 套空气分离装置发生爆炸事故(见图 9-8)，造成 15 人死亡、16 人重伤。

图 9-8　C 套空气分离装置爆炸事故

一、事故经过

该厂 2019 年 6 月 26 日就已发现 C 套空气分离装置冷箱保温层内氧含量上升，判断存在少量氧泄漏，但未引起足够重视，认为监护运行即可；7 月 12 日，冷箱外表面出现裂缝，泄漏量进一步增大，由于备用空分系统设备不完好等原因，企业却仍坚持“带病”生产，未及时采取停产检修措施，直至 7 月 19 日，空分冷箱发生漏液，保温层珠光砂内就会存有大量低温液体，当低温液体急剧蒸发时冷箱外壳被撑裂，气体夹带珠光砂大量喷出，进而引发冷箱倒塌，导致附近 500m^3 液氧储槽破裂，大量液氧迅速外泄，周围可燃物在液氧或富氧条件下发生爆炸事故。

二、原因分析

直接原因：空气分离装置冷箱泄漏未及时处理，发生“砂爆”进而引发冷箱倒塌，导致附近 500m^3 液氧储槽破裂，大量液氧迅速外泄，周围可燃物在液氧或富氧条件下发生爆炸、燃烧，造成周边人员大量伤亡。

间接原因：事发企业安全意识、风险意识淡薄，风险辨识能力差，装置泄漏后处置不及时、带病运行，设备、生产等专业过程管理存在重大安全漏洞，工厂设计布局不合理，对空气分离等配套装置安全生产重视不够等突出问题。

参 考 文 献

[1] 樊运晓，罗云编著. 系统安全工程[M]. 北京：化学工业出版社，2009.

[2] 闪淳昌. 现代安全管理原理[M]. 北京：中国工人出版社，2003.

[3] 蒋军成. 危险化学品安全技术与管理[M]. 北京：化学工业出版社，2009.

[4] 付林，方文林. 危险化学品安全生产检查[M]. 北京：化学工业出版社，2015.

[5] 胡永宁，马玉国，付林等. 危险化学品经营企业安全管理培训教程(第二版)[M]. 北京：化学工业出版社，2011.

[6] 国家安全生产监督管理总局. 安全评价(第三版)[M]. 北京：煤炭工业出版社，2005.

[7] 杨书宏. 作业场所化学品的安全使用[M]. 北京：化学工业出版社，2005.

[8] 崔政斌，冯永发. 危险化学品企业安全技术操作规程[M]. 北京：化学工业出版社，2012.

[9] 邢娟娟. 企业重大事故应急管理与预案编制[M]. 北京：航空工业出版社，2005.

[10] 国家安全生产应急救援指挥中心. 危险化学品应急救援[M]. 北京：煤炭工业出版社，2008.

[11] 方文林. 危险化学品基础管理[M]. 北京：中国石化出版社，2015.

[12] 方文林. 危险化学品法规标准[M]. 北京：中国石化出版社，2015.

[13] 方文林. 危险化学品应急处置[M]. 北京：中国石化出版社，2015.

[14] 方文林. 危险化学品生产安全[M]. 北京：中国石化出版社，2016.

[15] 方文林. 危险化学品经营安全[M]. 北京：中国石化出版社，2016.

[16] 方文林. 危险化学品储运安全[M]. 北京：中国石化出版社，2017.

[17] 方文林. 危险化学品使用安全[M]. 北京：中国石化出版社，2018.

[18] 方文林. 危险化学品设备安全[M]. 北京：中国石化出版社，2019.

[19] 方文林. 危险化学品典型事故案例汇编[M]. 北京：中国石化出版社，2018.

[20] 方文林. 情景式应急演练策划与组织[M]. 北京：中国石化出版社，2018.

[21] 方文林. 情景式应急预案编制与管理[M]. 北京：中国石化出版社，2018.

[22] 方文林. 应急物资装备与应急人员培训[M]. 北京：中国石化出版社，2018.

[23] 方文林. 应急指挥与处置[M]. 北京：中国石化出版社，2018.

[24] 方文林. 应急处置案例分析[M]. 北京：中国石化出版社，2018.